全国高等职业教育规划教材

电气控制与 S7 – 200 PLC 应用技术

赵全利　主编

机械工业出版社

本书兼顾教学和工程应用,在介绍常用低压电器、电气控制典型电路应用特点的基础上,结合由浅入深的应用实例,系统讲解了 S7-200 PLC 的性能特点、硬件结构、工作原理、编程资源、指令系统、网络通信、程序设计方法及应用,对 PLC 控制系统的编程环境、控制系统设计思想、步骤、方法和调试也进行了详尽的讲述。本书以工程为导向,凸显项目实践,便于推行基于问题、知识点、项目、设计案例的实践育人教学方法和学习方法,便于教与学。每章均配有技能项目实训及其操作步骤、思考与习题,以引导读者逐步认识、熟悉、掌握和应用 PLC。

本书可作为高职、高专等职业院校电气工程、自动化、机电一体化、测控及计算机等专业 PLC 控制技术的教学用书,同时也可作为应用 S7-200 PLC 技术人员的参考用书。

为配合教学,本书配有电子课件、应用实例及课后习题的源代码,读者可以登录机械工业出版社教材服务网 www.cmpedu.com 免费注册后下载,或联系编辑索取(QQ:1239258369,电话:(010) 88379739)。

图书在版编目(CIP)数据

电气控制与 S7-200 PLC 应用技术/赵全利主编. —北京:机械工业出版社,2015.3
全国高等职业教育规划教材
ISBN 978-7-111-49706-6

Ⅰ.①电… Ⅱ.①赵… Ⅲ.①电气控制-高等职业教育-教材
②plc 技术-高等职业教育-教材 Ⅳ.①TM571.2 ②TM571.6

中国版本图书馆 CIP 数据核字(2015)第 054206 号

机械工业出版社(北京市百万庄大街 22 号 邮政编码 100037)
责任编辑:刘闻雨 责任校对:张艳霞
责任印制:李 洋
三河市宏达印刷有限公司印刷
2015 年 5 月第 1 版·第 1 次
184mm×260mm·20.25 印张·502 千字
0001-3000 册
标准书号:ISBN 978-7-111-49706-6
定价:43.00 元

全国高等职业教育规划教材机电专业
编委会成员名单

出版说明

《国务院关于加快发展现代职业教育的决定》指出：到 2020 年，形成适应发展需求、产教深度融合、中职高职衔接、职业教育与普通教育相互沟通，体现终身教育理念，具有中国特色、世界水平的现代职业教育体系，推进人才培养模式创新，坚持校企合作、工学结合，强化教学、学习、实训相融合的教育教学活动，推行项目教学、案例教学、工作过程导向教学等教学模式，引导社会力量参与教学过程，共同开发课程和教材等教育资源。机械工业出版社组织全国 60 余所职业院校（其中大部分是示范性院校和骨干院校）的骨干教师共同策划、编写并出版的"全国高等职业教育规划教材"系列丛书，已历经十余年的积淀和发展，今后将更加紧密结合国家职业教育文件精神，致力于建设符合现代职业教育教学需求的教材体系，打造充分适应现代职业教育教学模式的、体现工学结合特点的新型精品化教材。

"全国高等职业教育规划教材"涵盖计算机、电子和机电三个专业，目前在销教材 300 余种，其中"十五""十一五""十二五"累计获奖教材 60 余种，更有 4 种获得国家级精品教材。该系列教材依托于高职高专计算机、电子、机电三个专业编委会，充分体现职业院校教学改革和课程改革的需要，其内容和质量颇受授课教师的认可。

在系列教材策划和编写的过程中，主编院校通过编委会平台充分调研相关院校的专业课程体系，认真讨论课程教学大纲，积极听取相关专家意见，并融合教学中的实践经验，吸收职业教育改革成果，寻求企业合作，针对不同的课程性质采取差异化的编写策略。其中，核心基础课程的教材在保持扎实的理论基础的同时，增加实训和习题以及相关的多媒体配套资源；实践性较强的课程则强调理论与实训紧密结合，采用理实一体的编写模式；涉及实用技术的课程则在教材中引入了最新的知识、技术、工艺和方法，同时重视企业参与，吸纳来自企业的真实案例。此外，根据实际教学的需要对部分课程进行了整合和优化。

归纳起来，本系列教材具有以下特点：

1）围绕培养学生的职业技能这条主线来设计教材的结构、内容和形式。

2）合理安排基础知识和实践知识的比例。基础知识以"必需、够用"为度，强调专业技术应用能力的训练，适当增加实训环节。

3）符合高职学生的学习特点和认知规律。对基本理论和方法的论述容易理解、清晰简洁，多用图表来表达信息；增加相关技术在生产中的应用实例，引导学生主动学习。

4）教材内容紧随技术和经济的发展而更新，及时将新知识、新技术、新工艺和新案例等引入教材。同时注重吸收最新的教学理念，并积极支持新专业的教材建设。

5）注重立体化教材建设。通过主教材、电子教案、配套素材光盘、实训指导和习题及解答等教学资源的有机结合，提高教学服务水平，为高素质技能型人才的培养创造良好的条件。

由于我国高等职业教育改革和发展的速度很快，加之我们的水平和经验有限，因此在教材的编写和出版过程中难免出现问题和疏漏。我们恳请使用这套教材的师生及时向我们反馈质量信息，以利于我们今后不断提高教材的出版质量，为广大师生提供更多、更适用的教材。

机械工业出版社

前　言

可编程序控制器（PLC）是以微处理器为基础，综合计算机技术、自动控制技术和通信技术发展而来的一种新型工业控制装置，在电气控制等各种自动化控制领域中有着越来越广泛的应用。

本书融入了编者多年参与高校"可编程序控制器"课程的实践育人教学改革的成功案例，并根据不断发展的 PLC 控制技术，在参阅同类教材和相关文献的基础上编写而成。全书主要特点如下。

（1）工程导向

以工程实例为引导，既注重通过 PLC 应用实例映射 PLC 的一般工作原理及其应用特点，又注重 PLC 教学的可阅读性和实践性，更注重 PLC 工程应用的可操作性和实用性。

（2）实例丰富

本书以丰富的应用实例，将每一个知识点贯穿其中，引导读者逐步认识、熟悉、掌握和应用 PLC。

（3）项目实践

各章均以问题—项目—系统设计（案例）作为技能项目实训过程，由浅入深，内容翔实，便于操作和引用。

（4）便于自学

本书为主要知识点提供了内容翔实的描述和实际操作过程，循序渐进、通俗易懂、条理清楚，便于自学。对从事 PLC 应用的工程技术人员和高职高专院校相关专业的师生均能提供强有力的技术支持。

（5）实践育人

本书在取材和编排上，便于教师实践教学，便于学生在实践育人教学模式下学习和掌握 PLC 应用技术。

全书共 9 章，第 1 章简要介绍常用低压电器及电气控制电路的基础知识；第 2 章阐述了现代工业从电气控制发展到 PLC 控制的过程及特点，详细介绍了 S7 - 200 PLC 的基本结构、工作原理、技术指标、硬件配置、外部接线、编程软元件、数据类型及其寻址方式等；第 3 ~5 章详细介绍了 S7 - 200 PLC 的指令系统及应用，以实例为主介绍了梯形图程序设计及顺序控制设计的方法；第 6 章介绍了 S7 - 200 PLC 模拟量采集及闭环 PID 回路应用技术；第 7 章主要介绍了 S7 - 200 PLC 的网络通信实现及通信指令的应用实例；第 8 章以几个典型工程控制系统为例，重点介绍了 PLC 控制系统的总体规划和系统的软硬件设计，详细介绍了 PLC 在工业控制系统中的设计过程和操作步骤；第 9 章介绍了 STEP 7 - Micro/WIN 编程软件的使用方法。

本书各章节中所列举的 PLC 设计实例，都经 STEP 7 - Micro/WIN 编程工具编译通过，一般情况可直接使用或稍作修改用于相关系统的设计。

本书由赵全利主编，王霞、周伟、刘英杰、袁红斌等编著，其中赵全利编写第 1、2、6

章，王霞编写第 3 章，袁红斌编写第 4 章，刘英杰编写第 5 章，刘宝林编写第 7 章，赵军锋编写第 8 章，周伟编写第 9 章，各章技能项目实训及程序上机调试由陈景召、武志敏、袁浩、李毅飞编写和完成，附录 A、附录 B、电子课件、图表制作及文字录入由张静、陈瑞霞、刘大学、刘克纯、田金雨、骆秋容、王如雪、曹媚珠、陈文焕、刘有荣、李刚、孙明建、李索、沙世雁、缪丽丽、田金凤、陈文娟、李继臣、王如新、赵艳波、王茹霞、田同福编写和完成。全书由赵全利统稿，刘瑞新教授主审定稿。本书编写过程中，得到沈阳老师的悉心指导，在此表示感谢。

　　为了方便读者使用，本书配以教学课件、应用实例以及课后习题的源代码。

　　本书在编写过程中参考和引用了大量文献，在此对文献的作者表示真诚感谢。由于编者水平有限，书中难免存在不妥之处，敬请广大读者批评指正。

编　者

目　录

第1章 低压电器及电气控制电路基础

随着电子技术、自动控制技术及计算机科学技术的迅速发展，计算机控制系统得到了广泛应用，可编程控制器已成为实现工业电气自动化控制系统的主要装置。但是控制对象信号的采集及控制系统的驱动输出仍然需要由电气元器件电路完成，传统的继电器接触控制仍然是掌握现代电气控制技术的基础。

本章首先介绍常用低压电器及控制电路结构、原理、设计步骤及典型应用实例。然后，详细介绍几个电气控制系统的基本电路实例，帮助读者加深对所学知识点的掌握。最后，通过技能项目实训，帮助读者掌握低压电器及控制电路的应用技能。

1.1 低压电器

本节主要介绍电气控制系统常用低压电器的分类、用途、结构、主要技术参数及选用原则。

1.1.1 低压电器概述

1. 概述

电器是指能够依据操作信号或外界现场信号的要求，手动或自动地改变电路的状态、参数，实现对电路或被控对象的通断、切换、控制、检测、变换、调节和保护等作用的电气设备。在电气控制设备中，常用的是低压电器元件。

低压电器是指其工作额定电压等级在交流（50 Hz 或 60 Hz）1200 V、直流 1500 V 以下的电器。在我国工业控制动力电气电路中最常用的三相交流电压等级为 380 V，单相交流电压等级 220 V；控制及照明等电气设备中一般可以采用较低的电压等级，如常见的电压等级有110 V、36 V、24 V、12 V；电子电路中常用的电压等级有 5 V、9 V、15 V 等。

传统的继电器接触控制系统大多数由低压电器组成。长期以来，低压电器在中小型工业电气控制系统中得到普遍应用。

随着电子技术、自动控制技术及计算机科学技术的发展，低压电器正在向小型化、智能化和自动化方向发展。

2. 低压电器的作用

低压电器在电气控制技术中占有相当重要的地位，主要有控制、保护和指示等作用。

1）控制作用：对电路负载的控制，如电动机的起动和停止、开关延时、电梯自动停层、电动扶梯快慢速切换等。

2）保护作用：根据设备的特点，对设备、环境以及人身实行自动保护，如电动机的过热保护、电网的短路保护和漏电保护等。

3）指示作用：利用低压电器的控制、保护等功能，检测出设备运行状况与电气电路工作情况，如绝缘监测、保护掉牌指示等。

3. 低压电器的分类

低压电器种类很多，其功能、规格和用途各不相同，常用低压电器有开关电器、主令电器、接触器、继电器、熔断器和控制器等，其主要种类和用途见表1-1。

表1-1　常见低压电器

类别	主要品种	用　途
开关电器	限流式断路器、漏电保护式断路器、直流快速断路器、框架式断路器等	主要用于电路的过负荷保护、短路、欠电压、漏电压保护，也可用于不频繁接通和断开的电路
	开关板用刀开关、负荷开关、熔断器式刀开关、组合开关、换向开关等	主要用作电源切除后，也可用于负荷通断或电路的切换，将线路与电源明显地隔离开，以保障检修人员的安全
主令电器	断路器	主要用于低压动力电路、分配电能和不频繁通断电路，具有故障自动跳闸功能
	控制按钮	在控制电路中用于短时间接通和断开小电流控制电路
	微动开关、接近开关等	移动物体与接近开关感应头接近时，使其输出一个电信号来控制电路的通断
	行程开关	用于检测运动机械的位置，控制运动部件的运动方向、行程长短以及限位保护
	指示灯	用于电路状态的工作指示，也可用作工作状态、预警、故障及其他信号的指示
接触器	交流接触器、直流接触器	可以频繁地接通和分断交、直流主电路，并可以实现远距离控制，主要用来控制电动机、电阻炉和照明器具等电力负载
继电器	电流继电器	根据输入电流大小变化控制输出触点动作
	电压继电器	根据输入电压大小变化控制输出触点动作
	时间继电器	按照预定时间接通或分断电路
	中间继电器	在控制电路中完成触点类型的转换和信号放大
	速度继电器	多用于三相笼型异步电动机的反接制动控制，当电动机反接制动过程结束，转速过零时，自动切除反相序电源，以保证电动机可靠停车
	热继电器	对连续运行的电动机进行过载保护，以防止电动机过热而烧毁，还具有断相保护、温度补偿、自动与手动复位等功能
熔断器	有填料熔断器、无填料熔断器、半封闭插入式熔断器、快速熔断器等	主要用于电路短路保护，也用于电路的过载保护
控制器	起重电磁铁、牵引电磁铁等	主要用于起重、牵引、制动等场合
	磁力起动器、自耦减压起动器等	主要用于电动机的起动控制
	凸轮控制器、平面控制器等	主要用于控制电路的切换

1.1.2　常用低压电器及选用原则

1. 低压隔离器（刀开关）

低压隔离器是指在断开位置能符合规定的隔离功能要求的低压机械开关电器，而隔离开关的含义是在断开位置能满足隔离器隔离要求的开关。低压隔离器外形、图形符号及文字符号如图1-1所示。

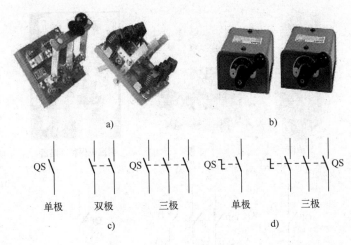

a)   b)

QS　|　　|　|　QS |‑‑| ‑‑ | QS |‑‑| ‑‑ | ‑‑ | QS |‑‑| ‑‑ | QS

单极　　双极　　　三极　　　　单极　　　　三极

c)   d)

图 1-1　刀开关和组合开关

a) 刀开关外形　b) 组合开关外形　c) 刀开关电气图形、文字符号　d) 组合开关电气图形、文字符号

（1）用途

低压隔离器主要用于通、断小负荷电流，实施电源隔离。

（2）结构

低压隔离器结构主要包括触刀、触头插座、绝缘电板和操纵手柄（大容量灭弧罩）。

（3）主要类型

低压隔离器主要类型有带熔断器、带灭弧装置、封闭式开关熔断器组和开启式开关熔断器组等。

（4）典型产品

低压隔离器主要产品有 HD11 – HD14、HS11 – HS13（B）系列和 HR3 系列等。

（5）主要技术参数及选用原则

1）极数。单相交流电源一般选用单极或双极，三相交流电源选用 3 极。

2）额定电流。一般应大于所分断电路中的负载最大电流的总和。电动机作为负载时，应以其起动电流（为电动机额定电流的 5 ~ 7 倍）来计算。

例如，HR3 系列熔断器式刀开关，适用于交流 50 Hz、额定电压 380 V 或直流电压 440 V、额定电流 100 ~ 600 A 的工业企业配电网络中，作为电缆、导线及用电设备的过负载和短路保护，以及在网络正常供电的情况下不频繁地接通和切断电源。

2. 低压断路器

低压断路器又称作自动空气断路器，简称自动空气开关或空气开关。

低压断路器外形、图形符号及文字符号如图 1-2 所示。

（1）低压断路器用途

低压断路器可以通过手动开关作用，分配电能，不频繁地起动异步电动机等电气设备；同时具备自动进行失电压、欠电压过载和短路保护功能，即自动切断故障电路。

（2）低压断路器结构

低压断路器结构主要由触点系统、操作机构、各种脱扣器及保护元件等部分组成，它相当于刀开关、熔断器、热断器、热继电器和欠电压继电器的功能组合。其内部结构如图 1-3 所示。

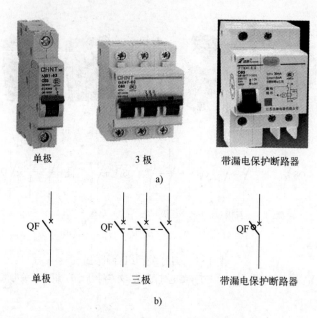

图1-2 断路器外形、电气图形及文字符号

a）低压断路器外形 b）低压断路器电气图形符号、文字符号

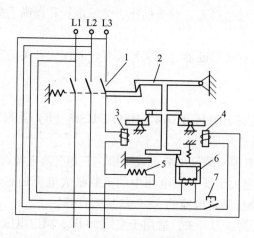

图1-3 低压断路器内部结构

1—主触点 2—自由脱扣机构 3—过电流脱扣器 4—分励脱扣器

5—热脱扣器 6—欠电压脱扣器 7—停止按钮

  通常电力控制系统中的断路器采用手动合闸操作机构，正常工作时主触点1串联于主电路，处于闭合状态，此时自由脱扣器2由过电流脱扣器3勾住，由机械联锁保持主触点闭合，而不消耗电能。

  当电路发生短路或严重过载时，过电流脱扣器3的衔铁吸合，推动自由脱扣机构2动作，主触点断开主电路；当电路过载时，热脱扣器5的热元件发热，且随着发热时间的延长使双金属片向上弯曲，推动自由脱扣机构2动作，主触点断开主电路；当电路失电压或欠电压时，欠电压脱扣器6的衔铁释放，使自由脱扣机构2动作，主触点断开主电路。

（3）主要类型

按结构形式分为万能式和塑料外壳式两类；按控制线路数分单极、2极、3极；实际环境经常使用的是带漏电保护断路器。

（4）典型产品

低压断路器主要产品有 DZ15、DZ20、DZ47 系列。

（5）主要技术参数及选用原则

低压断路器主要技术参数及选用原则如下。

1）额定电压。额定电压指长时间运行时能够承受的工作电压，低压断路器的额定电压应大于被保护电路的工作电压。

2）额定电流。额定电流指长时间运行时的允许持续电流。低压断路器的额定电流应大于被保护电路的总电流。

3）分断能力。分断能力是指在规定条件下能够接通和分断的负载短路时的电流值。低压断路器的极限分断能力应大于电路中最大短路电流的有效值。

例如，DZ47-60 小型断路器，适用于照明配电系统（C 型）或电动机的配电系统（D 型）。主要用于交流 50 Hz/60 Hz、额定电压至 400 V、额定电流至 60 A 的线路中的过载及短路保护作用，同时也可以在正常情况下不频繁地通断电器装置和照明线路；DZ20 系列断路器适用于交流 50 Hz、额定电压 380 V 及以下，直流电压 220 V 及以下网络中，作配电和保护电动机用。在正常情况下，可分别作为线路的不频繁转换及电动机的不频繁起动。

3. 熔断器

熔断器（熔体）串联在被保护电路中，当通过熔体的电流使其发热，在一定时间后，达到其熔点时，熔体熔断，切断电路。熔断器具有结构简单、体积小、重量轻、使用维护方便、价格低廉、分断能力较高和限流能力良好等优点，因此在电路中得到广泛应用。

熔断器外形及电路符号如图 1-4 所示。

a)   b)

图 1-4　熔断器外形、图形及文字符号

a）外形　b）图形及文字符号

（1）用途

熔断器主要用于电路的短路保护和过载保护。在电路发生短路或过载时，熔断器以其自身产生的热量使熔体熔断，从而自动切断电路，实现短路保护及过载保护。

（2）结构

熔断器结构上主要由熔断器座和熔断体（熔体）组成，如图 1-5 所示。

（3）主要类型

熔断器主要类型有插入式、螺旋式、无填料封闭式及有填料封闭管式熔断器等。

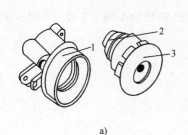
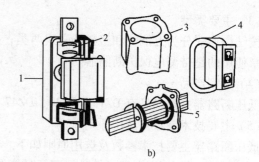

a)   b)

图 1-5 熔断器结构

a）螺旋式熔断器   b）无填料封闭式熔断器

1—底座 2—熔体 3—瓷帽   1—铜圈 2—熔断管（内含熔体、熔片） 3—管帽 4—插座 5—特殊垫圈

其中，螺旋式熔断器当熔断器的熔体熔断的同时，金属丝也熔断，弹簧释放，把指示件顶出，以显示熔断器已经动作。透过瓷帽上的玻璃可以看见。熔体熔断后，只要旋开瓷帽，取出已熔断的熔体，装上与此相同规格的熔体，再旋入瓷座内即可正常使用，操作安全方便。

（4）熔体额定电流选用原则

1）对电流较为平稳的负载（如照明、信号、热电电路等），熔体额定电流应大于或等于负载的额定电流。

2）对于起动电流较大的电路（如电动机），熔体额定电流选取原则应适当增大。

对于单台电动机：熔体额定电流 = (1.5 ~ 2.5) × 电动机额定电流。

对于多台电动机：熔体额定电流 = (1.5 ~ 2.5) × 功率最大的电动机额定电流 + 其余电动机额定电流之和。

必须注意，熔断器对过载反应是很不灵敏的，例如，当电气设备发生轻度过载时，熔断器将持续很长时间才熔断，有时甚至不熔断。因此，除在照明电路中外，熔断器一般不宜用作过载保护，主要用作短路保护。

在对整流管或晶闸管等电力半导体器件实施保护时，为了防止电路过载损坏半导体器件，必须使用快速熔断器（简称快熔）作为保护器件并串联在电路中。快速熔断器又叫半导体器件保护用熔断器，主要用于硅元件变流装置内部的短路保护。由于硅元件的过载能力差，因此要求短路保护元件应具有快速动作的特征。快速熔断器能满足这种要求，且结构简单，使用方便，动作灵敏可靠，因而得到了广泛应用。快速熔断器的额定电流是以有效值表示的，一般正常通过电流为标称额定电流的30% ~ 70%。

4. 控制按钮

控制按钮是一种结构简单，应用广泛的主令电器，它可以与接触器或继电器配合，在控制电路中对电动机实现远距离自动控制，用于实现控制电路的电气联锁。典型控制按钮的外形及电路符号如图1-6所示。

控制按钮一般由按钮、复位弹簧、触点和外壳等部分组成，其结构如图1-7所示。它既有常开触点，也有常闭触点。常态时在复位弹簧的作用下，由桥式动触点将静触点1、2闭合，静触点3、4断开；当按下按钮时，桥式动触点将静触点1、2断开，静触点3、4闭合。触点1、2被称为常闭触点或动断触点，触点3、4被称为常开触点或动合触点。

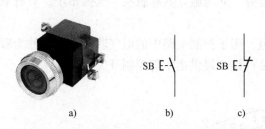
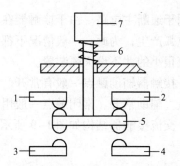

图1-6 典型控制按钮外形、图形及文字符号

a）外形　b）动合按钮　c）动断按钮

图1-7 典型控制按钮的结构示意图

1、2—常闭触点　3、4—常开触点

5—桥式动触点　6—复位弹簧　7—按钮

按钮是一种手动且可以自动复位的主令电器。在控制电路中用作短时间接通和断开小电流（5 A 及以下）控制电路。常用按钮有 LA2、LA20、LAY3、LAY9 等系列。其主要参数有额定电压（AC 380 V/DC 220 V）、额定电流（5 A）。

根据控制电路的要求，对于"停止"和"急停"按钮必须是红色。当按下红色按钮时，必须使设备停止工作或断电；"起动"按钮的颜色是绿色；"起动"与"停止"交替动作的按钮必须是黑色、白色或灰色，不得用红色和绿色；"点动"按钮必须是黑色；"复位"（如保护继电器的复位按钮）必须是蓝色，当复位按钮还有停止的作用时，则必须是红色。

5. 交流接触器

交流接触器是利用电磁吸力的作用来自动接通或断开大电流电路的电器。交流接触器外形、图形及文字符号如图1-8 所示。

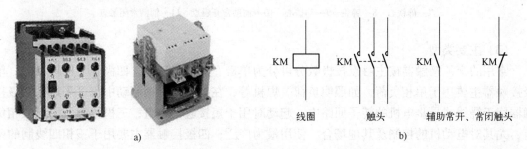

图1-8 交流接触器外形、图形及文字符号

a）接触器外形　b）电气图形、文字符号

交流接触器具有控制容量大、过载能力强、寿命长和设备简单经济等特点，是电力拖动自动控制线路中使用最广泛的电气元件。

（1）用途

接触器线圈在额定输入电压作用下，产生较大的电磁吸力，控制其触点可以频繁地接通或分断大电流的交、直流电路，并可实现远距离控制。其主要控制对象是电动机，也可用于电热设备、电焊机和电容器组等其他负载，同时具有低电压释放保护功能。

（2）结构

接触器的主要组成部分为电磁系统和触点系统。电磁系统是感测部分，触点系统的主触点用于通断主电路。由于接触器在工作时需经常接通和分断额定电流或更大的电流，所以常有电弧产生，为此，一般情况下都装有灭弧装置，并与触点共称触头—灭弧系统。只有额定电流很小的才不设灭弧装置。

接触器辅助触点一般有常开、常闭各两组，用于控制电路中的电气联锁，故又称为联锁触点。辅助常开、常闭触点一般用来实现电路自锁或提供指示灯控制开关。

交流接触器结构如图1-9所示。

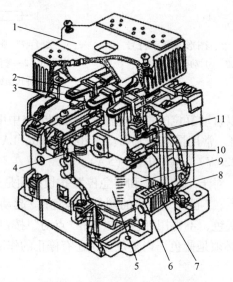

图1-9 CJ10-20型交流接触器

1—灭弧罩 2—触点压力弹簧片 3—主触点 4—反作用弹簧 5—线圈 6—短路环
7—静铁心 8—弹簧 9—动铁心 10—辅助常开触点 11—辅助常闭触点

（3）主要类型

常用的交流接触器按主触点按极数分可分为单极、双极、三极、四极和五极接触器。单极接触器主要用于单相负荷，如照明负荷、焊机等，在电动机能耗制动中也可采用；双极接触器用于绕线式异步电机的转子回路中，起动时用于短接起动绕组；三极接触器用于三相负荷，尤其对电动机的控制及其他场合，使用最为广泛；四极接触器主要用于三相四线制的照明线路，也可用来控制双回路电动机负载。

（4）典型产品

交流接触器主要产品有CJ系列，如CJ10系列、CJ20系列、CJ12B系列等。交流接触器型号含义见表1-2。

表1-2 交流接触器型号及参数

型 号	频率/Hz	辅助触点额定电流/A	线圈（AC）电压/V	主触点额定电流/A	主触点（AC）额定电压/V	可控制电动机功率/kW
CJ20-10				10	380/220	4/2.2
CJ20-16	50	5	~36、127、220、380	16	380/220	7.5/4.5
CJ20-100				100	380/220	50/58

（5）主要技术参数及选用原则

1）额定电压。额定电压是指主触点的最大额定工作电压，它应大于或等于负载的额定电压。接触器的额定电压常规定几个，同时列出相应的额定电流或控制功率。常用的额定电压值为 220 V、380 V、660 V 等。

2）额定电流。额定电流是指接触器主触点在额定工作条件下的电流值。额定电流一般应大于所分断电路中的负载最大电流的总和。电动机作为负载时，应以其起动电流（为电动机额定工作电流的 5~7 倍）来计算。在 380 V 三相电动机控制电路中，额定工作电流可近似等于控制功率的两倍。常用额定电流等级为 5 A、10 A、20 A、40 A、60 A、100 A、150 A、250 A、400 A、600 A。

由于主触点可以通断大电流，带动大的负荷，电压和电流等级都很高，其电流和电压参数一般以触点容量来表示，单位为 VA。

3）通断能力。通断能力可分为最大接通电流和最大分断电流。最大接通电流是指触点闭合时不会造成触点熔焊时的最大电流值；最大分断电流是指触点断开时能可靠灭弧的最大电流。一般通断能力是额定电流的 5~10 倍。当然，这一数值与开断电路的电压等级有关，电压越高，通断能力越小。

4）动作值。动作值可分为吸合电压和释放电压。吸合电压是指接触器吸合前，缓慢增加吸合线圈两端的电压，接触器可以吸合时的最小电压。释放电压是指接触器吸合后，缓慢降低吸合线圈的电压，接触器释放时的最大电压。一般规定，吸合电压不低于线圈额定电压的 85%，释放电压不高于线圈额定电压的 70%。

5）吸引线圈额定电压。吸引线圈额定电压指在接触器正常工作时，吸引线圈上所加的电压值。特别提醒，一般该电压数值以及线圈的匝数、线径等数据均标于线包上，而不是标于接触器外壳铭牌上。通常线圈电压和电流都不高，为小电流通电，其主要作用是吸合电磁铁，通过主触点接通主电源。

6. 继电器

继电器的触点结构与接触器类似。其工作原理是根据特定形式（如电压、电流、温度等）输入信号的变化，通过自身容量较小的触点，接通或断开控制电路，从而实现自动控制和保护主电路中电力装置的控制电器。

继电器由承受机构、中间机构和执行机构三部分组成。承受机构反映继电器输入量，并传递给中间机构，将它与预定的量（即整定值）进行比较，当达到整定值时（过量或欠量），中间机构就使执行机构产生输出量，用于控制电路的通、断。

继电器通常触点容量较小，在控制电路中，主要作为控制信号使用，是电气控制系统中的信号检测及继电传送元件。

电气控制电路常用继电器主要有中间继电器、延时继电器、电压继电器、电流继电器、时间继电器、热继电器和速度继电器等。

（1）中间继电器

电气控制电路普遍使用的是中间继电器。中间继电器实质上是一种电压继电器，由电磁机构和触点系统组成，其工作原理同接触器。中间继电器外形、图形及文字符号如图 1-10 所示。

中间继电器可以将一个输入信号（线圈的工作电压）变成多个输出信号或将信号放大

（即增大触头容量），作为信号传递、联锁、转换以及隔离使用的继电器。中间继电器的触点数量较多（可达 8 对），触点容量较大（5~10 A）、动作灵敏。其常用的中间继电器工作电压直流 24 V、交流 220 V。

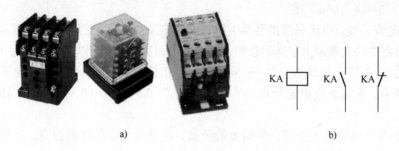

a)   b)

图 1-10 中间继电器外形、图形及文字符号

a) 外形图 b) 吸引线圈 常开触头 常闭触头

选择中间继电器主要考虑被控制电路的电压等级、所需触点的类型、容量和数量。

通过中间继电器控制交流接触器实现对主电路的控制如图 1-11 所示。

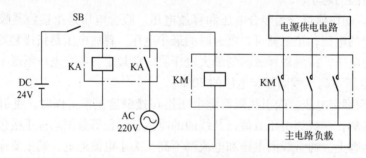

图 1-11 中间继电器控制接触器

在图 1-11 中，当开关 SB 接通后，24 V 直流中间继电器 KA 线圈通电，其常开触点 KA 闭合，220 V 交流接触器线圈 KM 通电，其常开触点 KM 闭合后，电源供电电路向主电路负载供电。

（2）电流继电器

电流继电器按结构类型分为电磁式电流继电器和静态电流继电器；按电流动作可分为过电流继电器和欠电流继电器。电流继电器外形如图 1-12 所示。

图 1-12 电流继电器外形

电磁式电流继电器，为电磁式瞬动过电流继电器，作为过电流起动元件，它广泛用于电力系统二次回路继电保护装置线路中。

静态电流继电器（RL系列），主要用于发电机、变压器和输电线的过负荷和短路保护装置中的起动元件。

（3）延时继电器

延时继电器主要用于直流或交流操作的各种保护（如需要延时起动、延时断电等）和自动控制线路中，延时继电器作为辅助继电器，以增加触点数量和触点容量。

延时继电器可根据需要自由调节延时的时间，常见延时继电器有气囊式和电子式的。一般延时继电器外形如图1-13所示。

图1-13 延时继电器外形

延时继电器按其延时种类分为通电延时继电器和断电延时继电器。延时继电器广泛应用在电动机延时减压起动控制电路中。

（4）热继电器

电动机在实际运行中，常会遇到过载情况，在电动机绕组不超过允许温升的情况下，这种过载是允许的。但如果过载情况严重、时间长，则会加速电动机绝缘的老化，缩短电动机的使用寿命，甚至烧毁电动机。为了保证电动机的正常起动和运转，当电动机一旦出现长时间过载等情况，需要自动切断电路，热继电器由此而生。

热继电器是由流入热元件的电流产生热量，使有不同膨胀系数的双金属片发生形变，当形变达到一定程度时，就推动连杆使触点动作，控制电路断开，接触器失电，主电路断开，实现电动机的过载保护。热继电器作为电动机的过载保护元件，以其体积小、结构简单、成本低等优点在生产中得到了广泛应用。热继电器外形、图形及文字符号如图1-14所示。

图1-14 热继电器外形、图形及文字符号

a）外形图 b）热元件 常开触头 常闭触头

1）用途。热继电器主要用于电力拖动系统中电动机负载的过载保护，它可以根据电路过载程度的大小进行调整。热继电器不能用作短路保护，而只能用作过载保护。

2）结构。热继电器主要由热元件、双金属片和触点组成，如图 1-15 所示。热元件由发热电阻丝做成，导体串联在电路中。双金属片由两种热膨胀系数不同的金属辗压而成，当双金属片受热时，会出现弯曲变形。当电动机正常运行时，热元件产生的热量虽能使双金属片弯曲，但还不足以使热继电器的触点动作。当电动机过载时，双金属片弯曲位移增大，推动导板使常闭触点断开，从而切断电动机控制电路以起保护作用。热继电器动作后一般不能自动复位，要等双金属片冷却后按下复位按钮复位。热继电器动作电流的调节可以借助旋转凸轮于不同位置来实现。

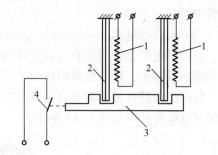

图 1-15　热继电器原理示意图
1—热元件　2—双金属片　3—导板　4—触点复位

3）典型产品。热继电器主要产品有 JR0、JR1、JR2、JR9、R10、JR15、JR16 等系列。JR15、JR16 等系列热继电器采用复合加热方式并采用了温度补偿元件，因此较能正确反映负载的工作情况。

4）技术参数。热继电器的主要技术参数见表 1-3。

表 1-3　常用的热继电器技术参数

| 型号 | 额定电压/V | 额定电流/A | 相数 | 热元件（整定电流范围） | | | 断相保护 | 温度补偿 | 触点数量 |
				最小规格/A	最大规格/A	档数			
JR16	380	20	3	0.25～0.35	14～22	12	有	有	1 对动合 1 对动断
		60		14～22	40～63	4			
		150		40～63	100～160	4			
JR20	660	6.3	3	0.1～0.15	5～7.4	14	无	有	1 对动合 1 对动断
		16		3.5～5.3	14～18	6			
		32		8～12	28～36	6			
		63		16～24	55～71	6			
		160		33～47	144～176	9			
		250		83～125	167～250	4			
		400		130～195	267～400	4			
		630		200～300	420～630	4			

- 额定电压：热继电器能够正常工作的最高的电压值，一般为交流 220 V、380 V、600 V。
- 额定电流：热继电器的额定电流主要是指通过热继电器的电流。
- 整定电流范围：热继电器的主要技术数据是整定电流。整定电流是指长期通过发热元件而不致使热继电器动作的最大电流。当发热元件中通过的电流超过整定电流值的 20% 时，热继电器应在 20 min 内动作。热继电器的整定电流大小可通过整定电流旋钮来改变。选用整定热继电器时一定要使整定电流值与电动机的额定电流一致。

需要指出的是，由于热继电器是受热而动作的，热惯性较大，因而即使通过发热元件的电流短时间内超过整定电流几倍，热继电器也不会立即动作。这样，在电动机起动时热继电器不会因起动电流大而动作，否则电动机将无法起动。如果通过发热元件的电流超过整定电流不多，但时间稍长，热继电器也会动作。为此，热继电器只能作过载保护而不能作短路保护，而熔断器则用于作短路保护而不适宜作过载保护。在电动机控制系统中（特别是容量较大的电动机），这两种保护应同时具备。

5）热继电器选用原则如下。

① 热继电器主要用于电动机的过载保护，选用时必须了解电动机的情况（如工作环境、起动电流、负载性质、允许过载能力等）。

② 原则上应使热继电器的安秒特性尽可能接近甚至重合电动机的过载特性，或者在电动机的过载特性之下，同时在电动机短时过载和起动的瞬间，热继电器应不受影响（不动作）。

③ 当热继电器用于保护长期工作制或间断长期工作制的电动机时，一般按电动机的额定电流来选用。热继电器的整定值可等于 0.95 ~ 1.05 倍的电动机的额定电流，或者取热继电器整定电流的中间值等于电动机的额定电流，然后进行调整。

④ 在不频繁起动场合，要保证热继电器在电动机的起动过程中不产生误动作。例如，对于电动机起动电流为其额定电流的 6 倍、起动时间不超过 6 s 且很少连续起动时，可按电动机的额定电流选取热继电器。

⑤ 在三相异步电动机电路中，对定子绕组为 Y 联结的电动机应选用两相或三相结构的热继电器；定子绕组为 △ 联结的电动机必须采用带断相保护的热继电器。

⑥ 对于正反转和通断频繁的特殊工作制电动机，不宜采用热继电器作为过载保护装置，而应使用埋入电动机绕组的热敏电阻—温度继电器来保护。

7. 行程开关

行程开关是一种常用的小电流主令电器，用于电气控制系统中机械运动部件位置的检测。行程开关又称为限位开关，是利用生产机械某些运动部件上的挡铁碰撞行程开关，使其触点动作，来分断或接通控制电路。典型行程按钮的外形及图形、文字符号如图 1-16 所示。

图 1-16 行程开关外形、图形符号及文字符号
a) 外形 b) 常开触点 常闭触点

通常，这类开关用来限制机械运动的位置或行程，使运动机械按一定位置或行程自动停止、反向运动、变速运动或自动往返运动等。

常用的行程开关有 LX2、LX19、LXK1、LXK3 等系列和 LXW5、LXW11 等系列微动行程开关。

1.2 继电接触式控制系统的结构组成

1.2.1 继电接触式控制系统的结构

所谓继电接触式控制，主要是通过各种开关、按钮、继电器和接触器等来组成控制系统，从而实现对电动机及其他电气设备的控制功能，以满足控制系统的需求。

在 PLC 出现之前，继电接触式控制是工业电气控制的主要形式。尽管现代计算机控制系统已经广泛应用在工业电气控制领域中，但其信息采集输入及输出到主电路控制部分仍然需要电气元器件来完成。对于一些要求不高的小规模的控制，由于继电接触式控制简单、方便、价廉而仍然在使用。因此，继电接触式控制仍然是现代电气控制系统的基础。

一个继电接触式控制系统，由主电路（被控对象）和控制电路组成，控制电路主要由输入部分、输出部分和控制部分组成，如图 1-17 所示。

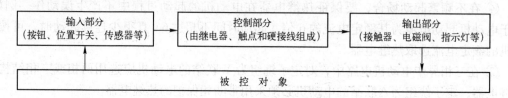

图 1-17　继电接触式控制系统的组成

在图 1-17 中，输入部分是由各种输入设备，如按钮、位置开关及传感器等组成；控制部分是按照控制要求，由若干继电器及触点组成；输出部分是由各种输出设备，如接触器、电磁阀和指示灯等执行部件组成。

继电接触式控制系统根据操作指令及被控对象发出的信号，由控制电路按规定的动作要求决定执行什么动作或动作顺序，然后驱动输出设备实现各种操作功能。

继电接触式控制系统缺点是：接线复杂、灵活性差、工作频率低、可靠性差和触点易损坏等。

1.2.2 继电接触式控制系统的典型实例

异步电动机是一种将电能转换成机械能的动力机械，其结构简单、使用方便、可靠性高、易于维护、不受使用场所限制，广泛应用于厂矿企业、科研生产、交通运输、娱乐生活等领域。根据生产过程和工艺需求，本节所介绍的实例功能要求如下。

1）对三相电动机进行起动、停止、自锁保护控制。

2）电动机实施过载保护、失电保护及短路保护等方面的控制。

实现以上功能的三相异步电动机自锁单向起动控制系统电路如图 1-18 所示，这也是电气控制系统中最典型的电路之一。

1. 电动机自锁起动控制电路构成

电动机自锁起动控制系统电路由主电路和继电控制电路组成。

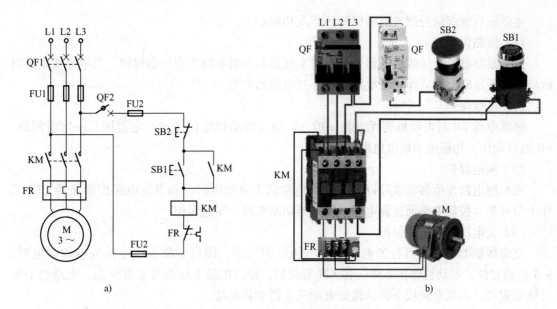

图 1-18　电动机自锁起动控制电路

a）原理图　b）电路实物接线图

（1）主电路

主电路由三相电源、电动机 M、热继电器 FR、接触器（控制电路的输出部分）KM 的主常开触点、三极低压断路器 QF1 及熔断器 FU1 构成。

（2）继电控制电路

1）输入控制部分由漏电保护断路器 QF2、熔断器 FU2、常开按钮 SB1（起动控制）、常闭按钮 SB2（停止控制）及热继电器常闭触点 FR（串联电路）保护组成。

2）控制部分由接触器 KM 辅助常开触点及它的线圈组成（注意：本例控制电路工作电压为两相电压 AC 380 V）。

3）输出控制部分由接触器 KM 的主常开触点实现对主电路的控制。

2. 电动机自锁起动控制电路工作原理

电动机自锁起动控制电路工作原理如下。

1）控制电路起动时，合上 QF1，主电路引入三相电源 L1 – L2 – L3。

2）合上 QF2，控制电路引入 L1 – L3 相电源，当按下起动按钮 SB1，接触器 KM 线圈通电，其常开主触点闭合，电动机接通电源开始起动，同时接触器 KM 的辅助常开触点闭合，这样当松开起动按钮 SB1 后，接触器 KM 线圈仍能通过其辅助触点通电并保持吸合状态。这种依靠接触器本身辅助触点使其线圈保持通电的现象称为自锁，起自锁作用的触点称为自锁触点。

3）按下停止按钮 SB2，接触器 KM 线圈失电，则其主触点断开，切断电动机三相电源，电动机 M 自动停止，同时接触器 KM 自锁触点也断开，控制电路解除自锁，KM 断电。松开停止按钮 SB2，控制电路又回到起动前的状态。

3. 电动机自锁起动控制电路保护环节

由于在生产运行中会有很多无法预测的情况出现，因此为了工业生产能够安全、顺利地进行，减少生产事故造成的损失，有必要在电路中设置相应的保护环节。

电动机自锁起动控制线路的保护环节及功能如下。

（1）短路保护

低压断路器 QF1（或熔断器 FU1）对主电路和控制电路实现短路保护，当电路发生短路故障时，低压断路器立即切断电路，停止对电路的供电。

（2）过载保护

热继电器 FR 对电动机实现过载保护，当通过电动机电流超过一定范围且一定时间后，FR 触点动作，切断电动机供电路。

（3）漏电保护

在控制电路发生漏电故障以及有致命危险的人身触电时，如果漏电保护断路器 QF2 工作十分可靠，控制电路通过漏电保护断路器切断电路，实施保护。

（4）欠电压、失电压保护

交流接触器 KM 还具有欠电压、失电压保护功能，即当电源电压过低或电源断电时，KM 自动复位，电动机停止工作。在 KM 复位后，即便电源电压恢复正常状态，电路也不能自恢复起动，必须重新按下起动按钮电动机才能重新起动。

1.3　电气控制系统图

1.3.1　电气控制系统图及绘制原则

电气控制电路是指根据一定的控制方式用导线将接触器、继电器、行程开关和按钮等电气元件连接组成的一种电气线路，具有对电力控制系统的制动、调速及换向等功能。

电气控制系统图是指用各电气元件及其连接电路来表达电气控制系统的结构、功能及原理等，依据电气控制系统图便于系统安装、调试、使用及维修。常用的电气控制系统图有电气原理图、电气安装接线图及电气元件位置图三种。电气控制系统图是根据国家标准，用规定的图形符号、文字符号及电气规范绘制而成的，使用不同的图形符号表示各种电气元件，用文字符号说明电气元件的基本名称、用途、编号及主要特征等。

1. 常用电气图形、文字符号

（1）图形符号

图形符号通常用于图样或其他文件，用以表示一个设备或概念的图形、标识或字符。

（2）文字符号

文字符号分为基本文字符号和辅助文字符号。文字符号适用于电气技术领域中技术文件的编制，也可表示在电气设备、装置和元件上（或其近旁）以标明它们的名称、功能、状态和特征。如 R 表示电阻类，C 表示电容类，SB 表示按钮类、QS 表示开关类等。

我国规定从 1990 年 1 月 1 日起，电气系统图中的图形符号和文字符号必须符合最新国家标准。常用电气图形符号、文字符号见本书附录 I（GB/T 4728.1～4728.5—2005、GB/T 4728.6～4728.13—2008 标准）。

2. 电气原理图及绘制原则

电气原理图是将电气元件以图形符号和文字符号的形式，通过连接导线按电路工作原理绘制的。它应具有结构简单、便于阅读和分析的结构特点。电气原理图的绘制必须符合国家标准。

电气原理图的主要作用：为操作者在电路安装、调试、分析及维护过程中使其详细了解电路的工作原理，为其提供实施依据。

电气原理图的绘制一般应遵循的主要原则如下。

1）原理图一般分为主电路、控制电路及辅助（其他）电路。

主电路是电路需要控制设备（负载）的驱动电路；控制电路是通过继电器、接触器及主令电器等元件实现对驱动电路及其他辅助功能控制；辅助电路主要包括信号提示、电路保护等功能。

2）主电路应画在电气原理图的左侧或上方；控制电路及辅助电路应画在电气原理图的右侧或下方。

3）电气原理图中的所有元器件符号表示必须符合国家标准。对于分布在不同位置的相同的元件，应该标注数字序号下标来区分；对于同一元件的不同部分（如线圈和触点），可以根据需要分别出现在电路的不同位置，但必须标注相同的文字符号。

4）所有电气元件的图形符号均按没有通电、没有外力作用下的状态绘制。

5）对于原理图中的触点受力的作用方向应遵循：当触点图形垂直时从左到右（即常开触点在垂线左侧，常闭触点在垂线右侧）；当触点图形水平时从下到上（即常开触点在水平线下方，常闭触点在水平线上方）。

6）一般情况下，电气原理图应该按照其控制过程的动作顺序，从上到下（垂直位置）、从左到右（水平位置）的原则绘制。

7）电气原理图中的交叉线，需要连接的接点必须用黑圆点表示；交叉线不需要连接的则无须用黑圆点表示。

8）对于接线端子需要引入标记。如三相电源引入端采用 L1、L2、L3、PE 作为标记。

3. 电气安装接线图

电气安装接线图是电气元件根据电气原理图所绘制的实际接线图。它主要用于电气设备及元件的安装及配线、线路维修及故障处理。电气安装接线图的绘制一般应遵循如下原则。

1）各电气元件按其在安装底板上的实际位置且统一比例以图形符号及文字符号绘制。

2）对于每一个电气元件的所有部件必须绘制在一起。

3）通过连接线按电气原理图要求将部件通过接线端子连接在一起。

4）方向相同的相邻导线可以绘成一股线，通过接线端子的编号不同以示区别。

4. 电气元件位置图

电气元件位置图用来表示电气元件及设备的实际位置，它主要用来与电气安装接线图配合使用，以方便操作者施工或及时找到电气元件的位置。电气元件位置图的绘制原则见有关标准，这里不再详述。

1.3.2 常用电气控制电路设计步骤

一般情况下，电气控制电路设计步骤如下。

1）首先根据项目要求设计出相应的电气控制原理图。

2）电路原理图设计完成后，依照设计电路选择所需电气元件，包括对自动开关的选择、熔断器的选择、接触器的选择和继电器的选择等。

① 自动开关的选择，自动开关的额定电压和额定电流应不小于电路的正常工作电压和电流；热脱扣器的整定电流应与所控制电动机的额定电流或负载额定电流一致；电磁脱扣器的瞬时脱扣整定电流应大于负载电路正常工作时的尖峰电流。

② 熔断器的选择，其类型应根据线路要求、使用场合和安装条件选择；额定电压应大于或等于线路的工作电压；熔体的额定电流应为负载工作电流的 2~3 倍。

③ 接触器的选择，根据接触器所控制的负载性质来选择接触器的类型；额定电压应大于或等于负载电路的电压；额定电流应大于或等于被控电路的额定电流；吸引线圈的额定电压与所接控制电路的电压一致；触点数量和种类应满足主电路和控制电路的要求。

④ 时间继电器的选择，根据控制线路的要求来选择延时方式，即通电延时型或断电延时型；根据延时准确度要求和延时长短要求来选择；根据使用场合、工作环境选择合适的时间继电器。

⑤ 热继电器的选择，热继电器的选择应按电动机的工作环境、起动情况、负载性质等因素来考虑。

3）设计相应的电气安装接线图、电气元件位置图，即对配电盘进行设计。要求设计美观，用料节约，安全、可靠。

4）配电盘设计完成后，对所设计的配电盘进行空载调试。

5）空载调试无误后，对配电盘进行负载调试，直至系统运行成功。

1.4 电气控制系统基本电路

在工业生产中，不同控制要求应设计不同的控制电路，但不论如何复杂的控制电路，都是由一些简单的基本环节来构成，如起动、自锁、互锁、正反转等。下面介绍几种电气控制系统常见的基本电路。

1.4.1 点动、长动控制电路

1. 点动、长动控制电路的组成

图 1-19 所示为点动、长动控制电路（在自锁电路中加入点动控制），其主电路主要由刀开关 QS、熔断器 FU1、接触器主触点 KM、热继电器 FR 的热元件和电动机 M 构成。其控制电路主要由熔断器 FU2、热继电器 FR 的动断（常闭）触点、按钮 SB1、SB2、复合按钮 SB3、和接触器 KM 的动合（常开）辅助触点组成。

2. 点动、长动控制电路的工作原理

在图 1-19 中，SB1 为停止按钮，SB3 为点动按钮，SB2 为长动按钮。合上 QS，接通三相电源，起动准备就绪。

当需要进行点动控制时，按下 SB3，线圈 KM 通电，其主触点闭合，动合辅助触点也闭合，但由于复合按钮 SB3 动断触点的断开，使得无法实现自锁；因此，松开 SB3 时，线圈 KM 失电，

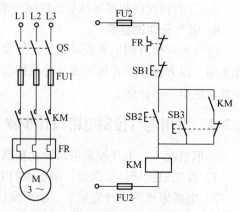

图 1-19 点动、长动控制电路

从而实现点动控制。这可以用于机床上的对刀操作等。

当需要进行长动控制时，按下 SB2，线圈 KM 通电，其主触点和动合辅助触点闭合，实现自锁，松开 SB2，电动机还是能够正常转动，实现长动控制。

停机时，按下 SB1，切断控制电路，导致线圈 KM 失电，其主触点和辅助触点复位，从而切断三相电源，电动机停止转动。

3. 点动、长动控制电路的保护环节

该控制电路的保护环节包括：熔断器 FU1、FU2 分别对主电路和控制电路实现短路保护、热继电器 FR 对电动机实现过载保护、交流接触器具有欠电压、失电压保护功能。

1.4.2 正、反转控制电路

在工业控制中，各种生产机械常常要求具有上、下、左、右、前、后等相反方向的可逆运行，如车床刀具的前进、后退，钻床的上升、下降，带轮的左右传送等，这些都要求电动机能够实现正、反转运行。由电动机原理可知，只需要将三相电源进线中的任意两相对调就可以实现电动机的反转。因此，可逆运行的实质就是两个方向相反的单向运行线路。

1. 正、反转控制电路的组成

图 1-20 所示电路为正反转控制的典型电路之一。

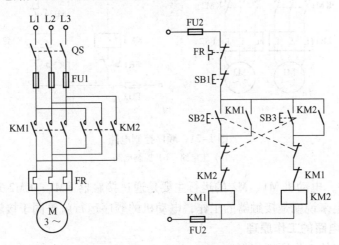

图 1-20　正、反转运行控制电路

2. 正、反转运行控制电路的工作原理

正、反转运行控制电路的工作原理如下。

按下电动机正转起动按钮 SB2，接触器 KM1 线圈通电，其常开主触点闭合，电动机接通电源开始起动，同时接触器 KM 的辅助常开触点闭合自锁；按下停止按钮 SB1，KM1 断电，电动机停止工作；按下反转起动按钮 SB3，接触器 KM2 通电自锁，电动机反转起动。

3. 正、反转运行控制电路的保护环节

正、反转运行控制电路除了具有短路保护、电动机过载保护、欠电压及失电压保护外，为了防止由于误操作而引起相间短路，在控制电路中加入接触器触点 KM1、KM2 互锁及按钮 SB2、SB3 互锁保护环节。

1.4.3 顺序控制电路

在生产实践中，经常会有多个电动机一起工作，但常常要求各种运动部件之间或生产机械之间能够按照顺序先后起动工作；而且停止时，也要求按一定的顺序停止。这就要求电动机能够实现顺序起动或顺序停止。例如，车床主轴在转动时，要求油泵先上润滑油，停止时，主轴停止后，油泵才能够停止润滑。即油泵电动机 M1 和主轴电动机 M2 在起动过程中，油泵电动机先起动，主轴电动机后起动；停止时，主轴电动机先停止，油泵电动机才能够停止。

1. 顺序控制电路的组成

顺序控制电路如图 1-21 所示。

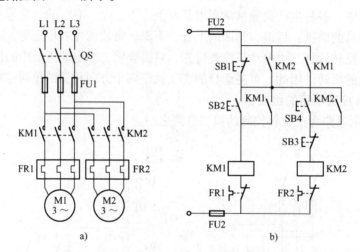

图 1-21　顺序控制电路
a) 主电路　b) 控制电路

在图 1-21 中，电动机 M1、M2 的运行主要是通过接触器 KM1、KM2 来控制，电动机运行的控制，本质上来说就是接触器的工作，电动机的顺序运行就等同于接触器的先后工作。

2. 顺序控制电路的工作原理

顺序控制电路的工作原理如下。

当要求 KM1 先通电而后才允许 KM2 通电，就把 KM1 的动合辅助触点串入 KM2 的线圈电路中。当要求 KM2 先断电而后 KM1 才能断电，就把 KM2 的动合辅助触点与 KM1 电路中停止按钮并联。

3. 顺序控制电路的保护环节

顺序控制电路的保护环节如下。

熔断器 FU1、FU2 分别对主电路、控制电路实现短路保护；热继电器 FR1、FR2 分别对电动机 M1、M2 实行过载保护；接触器 KM1、KM2 具有欠电压保护功能。

1.4.4 转子绕组串电阻起动控制电路

转子绕组串电阻起动控制电路又可细分为按钮操作控制电路、时间原则控制绕线式电动机串电阻起动控制电路、电流原则控制绕线式电动机串电阻起动控制电路。

1. 转子绕组串电阻起动控制电路的组成

图1-22为转子绕组串电阻起动由按钮操作的控制电路图。

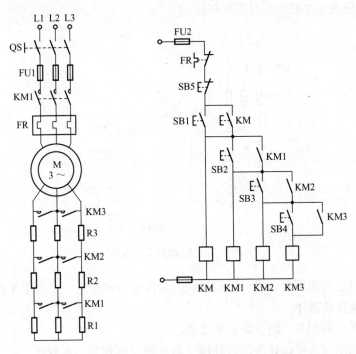

图1-22　按钮操作绕线式电动机串电阻起动控制电路

2. 转子绕组串电阻起动控制电路的工作原理

转子绕组串电阻起动控制电路的工作原理如下。

合上电源开关QS，按下SB1，KM得电吸合并自锁，电动机的电阻全部起动，经一定时间后，按下SB2，KM1得电吸合并自锁，KM1主触点闭合切除第一级电阻R1，电动机转速继续升高，经一定时间后，按下SB3，KM2得电吸合并自锁，KM2主触点闭合切除第二级电阻R2，电动机转速继续升高，当电动机转速接近额定转速时，按下SB4，KM3得电吸合并自锁，KM3主触点闭合切除全部电阻，起动结束，电动机在额定转速下正常运行。

3. 控制电路的保护环节

控制电路的保护环节同以上控制电路。

1.5　技能项目实训

1.5.1　交流接触器（继电器）电路实训

1. 实训目的

1）了解交流接触器（继电器）应用领域。

2）掌握交流接触器（继电器）的接线方法。

3）掌握交流接触器（继电器）的校验及整定方法。

2. 实训内容

1）按如图 1-23 所示的电路进行线路连接（如果使用三相调压器得到低电压供电则更安全），控制按钮观察电路指示灯工作状态。

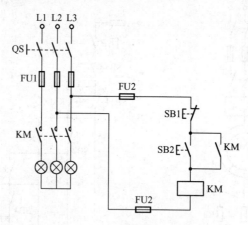

图 1-23　接触器工作电路

2）在有条件进行调压时，可以进行接触器动作电压校验延、欠电压保护校验。

3. 实训设备及元器件

1）线路工具、万用表、电压表、电流表。

2）开关、指示灯、连接导线、接触器（继电器）按钮等必备器件。

4. 实训步骤

1）按电路使用的工作电压正确选择元器件，并使用万用表检测元器件通断状态是否符合要求。

2）按图 1-23 连接好工作电路，检查电路无误。

3）检查电路无误后，按下按钮 SB2 后抬起，观察电路工作状态；按下按钮 SB1 后抬起观察电路工作状态。

4）如果供电电源电压可以调整，在电路工作时，逐渐增大电源电压，可以得到接触器的最小动作电压值；逐渐减小电源电压，可以得到接触器欠电压保护电压值。

5. 注意事项

1）供电系统应带漏电保护装置，保护接地措施，注意用电安全。

2）注意元器件的额定工作电压必须与电源电压值相符合。

3）明确实训要求，按要求完成实验内容。

6. 实训操作报告

根据所观察的电路工作状态，写出该电路工作过程和状态关系。

1.5.2　电动机自锁起动控制电路

1. 实训目的

1）掌握自锁起动电路工作原理及特点。

2）掌握电动机自锁起动控制电路的接线方法。

2. 实训内容

电动机自锁起动控制电路元器件检查、线路连接，电路操作。

3. 实训设备及元器件

1）线路工具、万用表。

2）开关、连接导线、指示灯、接触器（继电器）、小型三相电动机、按钮等必备器件。

4. 实训步骤

1）按电路使用的工作电压正确选择元器件，并使用万用表检测元器件通断状态是否符合要求。

2）按图 1–18 接好工作电路，检查电路无误。

3）检查电路无误后，按下按钮 SB1 后抬起，观察电路工作状态；按下按钮 SB2 后抬起观察电路工作状态。

5. 注意事项

1）明确实训要求，按要求完成实验内容。为安全起见，建议仅作控制电路部分，电路改用低压电源（DC 24 V）供电，用低压指示灯替代接触器或电动机工作状态。

2）注意元器件的额定工作电压必须与电源电压值相符合。

3）实训电路（电动机主电路、控制电路）必须在教师直接指导下严格按用电规范安全要求操作，防止电动机在缺相时工作。电动机外壳要可靠接地。

6. 实验操作报告

根据所观察电路的工作状态，写出该电路工作过程。

1.6 思考与习题

1. 常用的低压电器有哪些？各实现什么功能？

2. 为什么说传统的继电接触控制是现代电气控制的基础？

3. 如何选择刀开关、低压断路器？

4. 一般继电器和交流接触器的作用有什么不同？

5. 在电气控制电路中，什么是主电路？什么是控制电路？

6. 简述电气控制电路设计的基本步骤。

7. 在电气控制电路中如何正确选择熔断器？

8. 画出电动机自锁起动控制电路，要有过载保护和短路保护功能。简述电路中各电气元件的作用。

9. 简述电动机正、反转控制电路的原理和工作过程，指出互锁是如何实现的。

第2章 S7-200 PLC及系统配置

传统的电气控制系统常用的控制元件主要是继电器及其逻辑电路等。随着电子技术、自动控制技术及计算机科学技术的迅速发展，计算机控制系统得到了广泛应用，可编程序控制器已成为实现工业电气自动化控制系统的主要装置。

可编程序控制器（Programmable Logic Controller，PLC）是电气控制技术和计算机科学技术相结合的产物。PLC以微处理器为核心，以存储程序控制的方式执行逻辑运算、定时、计数、模拟信号处理及PID运算等功能，是一种新型工业自动化控制装置。

S7-200系列PLC是德国西门子公司生产的一种超小型可编程序控制器。S7-200 PLC设计紧凑、使用方便、应用灵活、性价比高，具有良好的可扩展性及强大的指令集，能够比较完美地满足多种场合的检测、监测及小规模控制系统的需求。S7-200 PLC还可以作为独立的模块广泛应用在集散化控制系统中，覆盖所有与自动检测、自动控制有关的工业及民用领域，如机床、机械、电力设施、民用设施、环境保护设备等。

本章首先介绍PLC的产生、分类、发展及应用特点，然后，详细介绍S7-200 PLC的工作原理、基本结构、硬件配置、技术指标、端口接线、软元件编址、编程语言等基本知识，并通过一个简单应用实例深化读者对知识点的理解，最后，通过PLC项目应用实例，帮助读者掌握对所学知识点的应用技能。

2.1 PLC概述

通俗地说，PLC就是专用的、便于扩充的计算机控制装置。

1987年国际电工委员会（International Electrical Committee，IEC）颁布的PLC标准草案中对PLC做了如下定义："可编程序控制器是一种数字运算操作系统，专为工业环境下应用而设计。它采用了可编程序的存储器，用来在其内部存储执行逻辑运算、顺序控制、定时、计数和算术运算等操作的指令，并通过数字式或模拟式的输入和输出，控制各种类型的生产机械和生产过程。可编程序控制器及其有关外围设备，都按易于与工业系统连成一个整体、易于扩充其功能的原理设计"。

2.1.1 PLC的产生及工作特点

1. PLC的产生

PLC问世以前，人们主要利用继电接触式控制系统控制工业生产过程。继电接触式控制系统主要由继电器、接触器、按钮和行程开关等组成，具有结构简单、价格低廉、维护容易、抗干扰能力强等优点，在工业控制领域中广泛应用。但是，继电接触式控制系统由于采用固定的接线方式，因此灵活性差、工作频率低、触点易损坏、可靠性差。

20世纪60年代，随着工业自动化程度的提高和计算机科学技术的飞速发展，对工业控制器的要求也越来越高。1968年，美国通用汽车公司（GM）为了适应生产工艺不断更新的需要，提出了把计算机的完备功能以及灵活性好、通用性强等优点与继电接触式控制系统的简单易懂、操作便捷、价格低廉等特性结合起来，做成一种能适应工业环境的通用控制装置，并简化编程方法及程序输入方法，使不熟悉计算机的人员也能很快掌握。

1969 年美国数字设备公司（DEC 公司）根据 GM 要求研制出了第一台 PLC（PDP-14），在美国通用汽车公司的生产线上试用成功，并取得了令人满意的效果。

早期的可编程序控制器是为取代继电器控制线路、存储程序指令、完成顺序控制而设计的，主要用于逻辑运算、定时、计数和顺序控制，这些都属于开关量逻辑控制，所以通常称其为可编程序逻辑控制器（Programmable Logic Controller，PLC）。

20 世纪 70 年代，随着微电子技术的发展，出现了微处理器和微型计算机。微型技术被应用到 PLC 中，计算机的功能得到了充分发挥，不仅用逻辑编程取代硬接线逻辑，还增加了运算、数据传送和处理等功能，使其真正成为一种工业控制计算机设备。1980 年，美国电器制造协会正式将其命名为可编程序控制器（Programmable Controller，PC），但由于容易与个人计算机 PC（Personal Computer）相混淆，人们还是习惯地用 PLC 作为可编程序控制器的缩写，以示区别。

进入 20 世纪 80 年代，随着大规模和超大规模集成电路等微电子技术的快速发展，以16 位和 32 位微处理器构成的微机化 PLC 得到了迅猛发展，使 PLC 在各个方面都有了新的突破，不仅功能增强，体积、功耗减小，成本下降，可靠性提高，而且在远程控制，网络通信，数据图像处理等方面也得到了长足的发展。目前，世界各国的一些著名的电气工厂几乎都在生产 PLC 装置。PLC 已作为一个独立的工业设备被列入生产中，成为当代电控及自动化装置的主导。

PLC 在我国的研制、生产和应用也获得了迅猛发展。20 世纪 80 年代以来，随着 PLC 装置的引进，PLC 的应用在我国得到长足的发展。在改造传统设备、设计新的控制设备产品及生产过程工控系统中，PLC 的应用逐年增多，并取得了显著的经济效益。

2. PLC 的工作特点

PLC 作为一种新型、专用的工业控制装置，其自身有着其他控制设备不可替代的特点。

（1）编程方法简单、易学

PLC 是面向用户的设备，它采用梯形图和面向工业控制的简单指令语句编写程序。梯形图是最常用的可编程序控制器的编程语言，其编程符号和表达方式与继电器电路原理图相似。

梯形图语言形象直观，易学易懂，熟悉继电器电路图的工程技术人员只需花少量时间就可熟练掌握梯形图编程语言。梯形图语言实际上是一种面向用户的高级语言，可编程序控制器在执行梯形图程序时，需要编译程序将它"翻译"成机器语言后再去执行。

（2）功能强、性能价比高

一台小型 PLC 内有成百上千个可供用户使用的编程元件，可以实现非常复杂的控制功能。此外，PLC 还可以通过通信联网，实现分散控制、集中管理。与相同功能的继电器控制系统相比，具有很高的性价比。

（3）硬件配套齐全、适应性强

PLC 及外围模块品种配备种类多，功能全、接线方便，它们可以灵活方便地组合成各种大小和不同功能要求的控制系统。在 PLC 构成的控制系统中，只需在 PLC 的端子上接入相应的输入/输出（I/O）信号线，不需要诸如继电器之类的元器件和大量繁杂的连接电路。

PLC 的输入端口可以通过输入开关信号直接与 DC 24 V 的电信号相连，根据功能选择还可以直接输入工业标准模拟量（电压、电流）信号及工业温控热电阻、热电偶，以供 PLC 采集。

PLC 的输出端可以根据负载需要直接控制 AC 220 V 或 DC 24 V 等电源与其连接，并具有较强的带负载能力；可以直接驱动一般的电磁阀和交流接触器的控制线圈；可以选择直接输出工业标准模拟量（电压、电流）控制信号。

（4）可靠性高，抗干扰能力强

可靠性高，抗干扰能力强是 PLC 最突出的特点之一，主要表现在如下几个方面。

1）传统的继电器控制系统中使用了大量的中间继电器、时间继电器。由于触点接触不良，容易出现故障。而 PLC 用软元件代替大量的中间继电器和时间继电器，仅使用与输入和输出有关的少量硬件，接线可减少到继电器控制系统的 1/10 甚至 1/100，因触点接触不良造成的故障大为减少。

2）I/O 通道均采用光电隔离，使工业现场的外电路与 PLC 内部电路之间在电气上隔离，有效地抑制了外部干扰源对 PLC 的影响；对供电电源及线路采用多种形式的滤波，以消除或抑制高频干扰；对 CPU 等重要部件采用优良的导电、导磁材料进行屏蔽，以减少空间电磁干扰。

3）PLC 采用现代大规模集成电路技术，采用严格的生产工艺制造，内部电路使用了先进的抗干扰技术，具有很高的可靠性。

4）PLC 采用扫描工作方式，减少了由于外界环境干扰引起的故障。在 PLC 系统程序中设有故障检测和自诊断程序，这些程序能对系统硬件电路等故障实现检测和判断。当由外界干扰引起故障时，能立即将当前重要信息加以封存，禁止任何不稳定的读写操作，一旦外界环境正常后，又可恢复到故障发生前的状态，继续原来的工作。

另外，在结构上对耐热、防潮、防尘、抗振等也都有精确的考虑。

因此，PLC 与一般控制系统比较，具有更高的可靠性和很强的抗干扰能力，可以直接用于具有强烈干扰的工业现场，并能持续正常工作。

PLC 平均无故障时间可达数万小时，使用寿命可达 10 年以上。

（5）通信方便、便于实现组态监控

PLC 实现的控制系统通过通信接口可以实现与现场设备及计算机之间的信息交换，可以方便地与上位机实现计算机组态监视与控制系统，为实现分布式（DCS）控制系统、进一步深化自动化技术应用奠定基础。

（6）体积小、功耗低

PLC 体积小，质量轻，便于安装，对于复杂的控制系统，使用 PLC 作为控制装置后，减少了各种时间继电器和中间继电器的数量，可以降低能耗，同时大大缩小控制系统的体积，便于系统内部植入各种机电设备，实现机电一体化。

（7）系统的设计、安装、调试工作量小

PLC 用软件功能取代了继电接触式控制系统中大量的继电器、计数器等器件，大大减少了控制柜的设计、安装及接线工作。

PLC 的梯形图编程方法规律性强，容易掌握。对于复杂控制系统，设计梯形图所需的时间比设计继电器系统电路所需时间要少得多。

PLC 的用户程序可模拟调试，输入信号用小开关代替，输出信号的状态可通过 PLC 上的发光二极管模拟显示，模拟调试成功后再进行现场统一调试，调试工作量及调试时间大大减少。

由于 PLC 及其模块内部包含了各类通用接口电路，因此由 PLC 组成的控制系统外部接线简单、方便，设计周期短，可操作性强。

（8）维护方便工作量小

PLC 的故障率非常低，并且有完善的自诊断和显示功能。当 PLC 本身、外部的输入装置或执行机构发生故障时，可以根据 PLC 上的发光二极管或编程器提供的信息迅速查明故障的原因，如果是 PLC 自身故障可用更换模块的方法迅速排除。

2.1.2　PLC 的分类

PLC 的形式有多种，功能也不尽相同，PLC 一般按照以下原则分类。

1.　按硬件结构形式分类

根据硬件结构形式的不同，可大致将 PLC 分为整体式和模块式。

（1）整体式 PLC

整体式 PLC 是将 CPU、I/O 接口、电源等部件集中装在一个机箱内，具有结构紧凑、体积小、价格低、安装方便的特点。整体式 PLC 提供多种不同 I/O 点数的基本单元和扩展单元供用户选择。基本单元包含 CPU、I/O 接口、与 I/O 扩展单元相连的扩展口、与编程器或 EPROM 写入器相连的接口等。扩展单元内只有 I/O 接口和电源等，没有 CPU。基本单元和扩展单元之间一般用扁平电缆连接，各单元的输入点和输出点的比例一般也是固定的。整体式 PLC 还配备多种特殊功能单元，如模拟量 I/O 单元、位置控制单元、数据输入/输出单元等，使 PLC 的功能得到了进一步的扩展。

小型 PLC 一般采用整体式结构，如西门子 S7 - 200 系列。

（2）模块式 PLC

模块式 PLC 由机架和具有不同功能的模块组成。各模块可直接挂接在机架上，模块之间则通过背板总线连接起来。各模块功能独立，外形尺寸统一，插入什么模块可根据需要灵活配置。厂家一般都备有不同槽数的机架供用户选用，如果一个机架容纳不下所选用的模块，可以增设一个或多个扩展机架，各机架之间用接口模块和电缆相连。

大、中型 PLC 多采用这种结构形式，如西门子 S7 - 300 系列、S7 - 400 系列。

整体式 PLC 的每个 I/O 点的平均价格比模块式 PLC 的价格便宜，在小型控制系统中一般采用整体式结构。但模块式 PLC 的硬件组态方便灵活，I/O 点数的多少、I/O 点数的比例、I/O 模块的使用等方面的选择余地都比整体式 PLC 大得多，维修时更换模块、判断故障范围也很方便，因此较复杂的、要求较高的系统一般选用模块式 PLC。

2.　按功能分类

根据 PLC 的功能强弱不同，可将 PLC 分为低档、中档和高档三类。

（1）低档 PLC

低档 PLC 具有逻辑运算、定时、计数、移位以及自诊断、监控等基本功能，此外，还具有算术运算、数据传送、比较、通信以及进行少量模拟量输入/输出等功能。主要用于逻辑控制、顺序控制或少量模拟量控制的单机控制系统。

（2）中档 PLC

中档 PLC 除具有低档 PLC 的功能外，还具有较强的模拟量输入/输出、算术运算、数据传送和比较、数制转换、远程 I/O、子程序、通信联网等功能。有些还可增设中断控制、PID（Proportional Integral Derivative）控制等功能，适用于复杂控制系统。

（3）高档 PLC

除具有中档 PLC 的功能外，还增加了带符号算术运算、矩阵运算、位逻辑运算、平方根运算以及其他特殊功能函数的运算、制表及表格传送等功能。高档 PLC 具有更强的通信联网功能，可用于大规模过程控制或构成分布式网络控制系统，更利于实现工厂自动化。

3. 按 I/O 点数分类

根据 PLC 的 I/O 点数的多少，可将 PLC 分为小型机、中型机和大型机三类。

（1）小型 PLC

小型 PLC 的 I/O 点数在 256 以下。其中，I/O 点数小于 64 的为超小型或微型 PLC。

（2）中型 PLC

中型 PLC 的 I/O 点数在 256～2048 之间。

（3）大型 PLC

大型 PLC 的 I/O 点数在 2048 以上。其中，I/O 点数超过 8192 的为超大型 PLC。

在实际生产中，一般 PLC 功能的强弱与其 I/O 点数的多少相关，PLC 的功能越强，其可配置的 I/O 点数越多。

2.1.3 PLC 的应用领域

随着微处理器芯片价格的下降，PLC 的成本也越来越低，功能也越来越强大，应用范围越来越广。PLC 不仅能替代继电接触式控制系统，还能用来解决模拟量闭环控制及较复杂的计算和通信问题。PLC 在工业自动化领域的应用比例越来越大，当前已处于自动化控制设备的领先地位。

1. 开关量的逻辑控制

开关量的逻辑控制是 PLC 最基本、最广泛的应用领域。用它取代传统的继电接触式控制系统，实现逻辑控制、顺序控制。

开关量的逻辑控制可用于单机控制，也可用于多机群及自动生产线的控制等。例如：印刷机械、包装机械、组合机床、电镀流水线和电梯控制等。

2. 运动控制

PLC 可用于直线运动或圆周运动的控制。早期直接用开关量 I/O 模块连接位置传感器和执行机械，现在一般使用专用运动模块来实现。

3. 闭环过程控制

PLC 通过模拟量的 I/O 模块实现模拟量与数字量的 A - D、D - A 转换，可实现对温度、压力、流量等连续变化的模拟量的闭环 PID 控制。当过程控制中某个变量出现偏差时，PID 控制算法根据程序设定的参数，进行 PID 运算，其输出控制执行机构，使变量按照设计要求的控制规律变化恢复到设定值上。

4. 数据处理

现代的 PLC 具有数学运算（包括矩阵运算、函数运算、逻辑运算）、数据传递、排序、查表以及位操作等功能，可以完成数据的采集、分析和处理。数据处理一般用在大中型控制系统中。

5. 联机通信

PLC 通过通信线路可以方便地实现与 PLC、上位机及其他智能设备之间的通信，便于网络组成，实现"集中管理，分散控制"的分布式控制系统（DCS）。

2.1.4 PLC 控制和继电器控制的区别

前已述及，继电接触式控制系统，主要由输入部分（开关等）、输出部分（接触器等）和控制部分（继电器及触点）组成。对于各种不同要求的控制功能，必须设计相应的控制电路。

PLC 控制系统主要组成也由输入、输出和控制三部分组成，如图 2-1 所示。

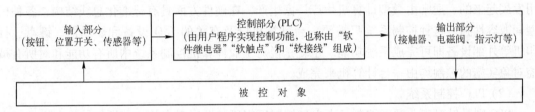

图 2-1 PLC 控制系统的组成

从图 2-1 中可以看出，PLC 控制系统的输入、输出部分和继电接触式控制系统的输入、输出部分基本相同，但其控制部分则采用了"可编程序"的 PLC，而不是实际的继电器电路。因此，在硬件电路基本不变的情况下，PLC 控制系统可以方便地通过改变用户程序实现各种控制功能。用软件改变系统功能是工业控制的一大飞跃，它从根本上解决了继电接触式控制系统控制电路难以改变的问题。同时，PLC 控制系统不仅能实现逻辑运算，还具有数值运算及过程控制等复杂的控制功能。

PLC 控制与继电器控制的主要区别如下。

1. 组成器件不同

继电接触式控制系统由许多真正的硬件继电器组成，而 PLC 控制系统由许多所谓的"软继电器（简称元件）"组成。这些"软继电器"实质上是存储器中的每一位触发器，可以置"0"或置"1"。

2. 触点数量不同

硬件继电器的触点数量有限，用于控制的继电器的触点一般只有 4~8 对，而 PLC 中每只"软继电器"供编程使用的触点数有无数多对。

3. 实施控制的方法不同

在继电器控制电路中，通过各种继电器之间的硬接线来实现某种控制，由于其控制功能已经包含在固定电路之间，因此它的功能专一、灵活性差；而 PLC 控制在输入、输出硬件装置基本不变的情况下，可以通过用户编写梯形图程序（软件功能）实现多种控制功能，使用方便、灵活多变。

继电接触式控制电路中，设置了许多制约关系的互锁电路，以达到提高安全性和节约继电器触点的要求；而在梯形图中，因为采用了扫描工作方式，不存在几个支路并列工作的因素，此外，软件编程也可将互锁条件编制进去，大大简化了控制电路设计工艺。

4. 工作方式不同

继电接触式控制系统采用硬逻辑的并行工作方式，继电器线圈通电或断电，都会使该继电器的所有常开和常闭触点立刻动作；而 PLC 采用循环扫描工作方式（串行工作方式），如果某个软继电器的线圈被接通或断开，其触点只有等到扫描到该触点时才会动作。

2.1.5 PLC 控制和一般计算机控制的区别

1. PLC 控制系统与工控计算机控制系统的区别

PLC 控制系统与工控计算机控制系统是工业中常用的两种控制类型。

（1）工业计算机控制系统

工业计算机控制系统简称 CCS（Computer Control System），是由通用微型计算机推广应用发展起来的，通常由微型计算机生产厂家生产，在硬件方面具有标准化总线结构，各种机型间兼容性强。这种控制系统只需要一台计算机以及有关的 I/O 设备和显示器、键盘、打印机等外部设备即可完成系统功能。也就是说对工业计算机控制系统中所有功能和对所有被控对象实施的控制均由一台计算机来完成。

（2）PLC 控制系统

PLC 则是针对工业顺序控制，由电气控制厂家研制发展起来的，其硬件结构专用，各个厂家产品不通用，标准化程度较差。但 PLC 的信号采集及输出驱动能力强，一般场合下，可以直接和现场的测量信号及执行机构对接。

（3）PLC 控制系统与工控计算机控制系统主要区别

在硬件结构上，PLC 采取整体密封模板组合式。在工艺上，对印制电路板、插座、机架都有严密的处理。在电路上，采取了一系列的抗干扰措施，可靠性上更能满足工业现场的环境要求。

在软件上，工控计算机借用微型计算机丰富的软件资源，对算法复杂、实时性强的控制任务能较好地适应，整体性好，协调性好而便于管理。而 PLC 是专门为工业环境而设计的，虽然两者都采用的是计算机结构，但二者设计的出发点不同，其在工业控制上也存在不少的差异。PLC 在顺序控制的基础上，增加了 PID 等控制算法，编程采用梯形图语言，易于被电气技术人员掌握。但是，一些微型计算机的通用软件还不能直接在 PLC 上应用，需要经过二次开发。

2. PLC 控制系统与单片机控制系统的区别

PLC 本身就是一个复杂的、成功的、可靠的单片机系统，它是建立在单片机之上的产品，是单片机应用系统的一个特例，在选择两者时不具有可比性，只是在不同情况下根据需要进行选择。

1）PLC 是工业控制领域的主力军，能够完成各类逻辑控制、运动控制、模拟量及 PID 控制，适用于工业生产中、大型设备及控制要求较高的场合，但其价格较高；单片机因体积小、价格便宜而适用于小型产品自动控制装置及无线控制领域。

2）PLC 控制抗干扰能力比一般的单片机抗干扰能力要强得多，PLC 更适用于安全系数高的控制系统。

3）PLC 系统设计简单，生产商提供各种功能模块，便于组合，硬件连接方便，因而设计周期短；单片机系统硬件接口电路繁多，适应外电路更广，但设计周期长，可靠性显然较差。

4）PLC 有专用的编程软件，编程简单、易学，程序易于开发；单片机语言编程较难，但可以灵活地优化程序，软件设计繁杂。

5）PLC 更适用于控制强电设备，如电动机等；单片机更适用于工作在弱电控制系统中，如频率计，数字电压表等。

6）不同厂家或型号的 PLC 有相同的工作原理、功能和指标，外部端口接线类似，有一定的互换性；单片机应用系统则千差万别，使用和维护不太方便。

2.1.6 PLC 的发展趋势

PLC 经过 40 多年的发展，在美国、德国、日本等工业发达国家已成为重要的产业之一。世界总销售量不断上升，生产厂家不断涌现，品种不断翻新，产品价格不断下降。目前，世界上有很多厂家生产 PLC，比较有名的厂家有美国的 AB、通用电气（GE）、莫迪康公司（MODICON）；日本的三菱（MITSUBISHI）、富士（FUJI）、欧姆龙（OMRON）等；德国的西门子公司（SIEMENS）；法国的 TE、施耐德公司（SCHNEIDER）；韩国的三星（SAMSUNG）、LG 公司等。

随着人类科学技术的发展，PLC 也正向着高集成度、小体积、大容量、高速度、易使用、高性能的方向发展。

1. 大容量、小体积、多功能

大型 PLC 的 I/O 点数可达 14336 点，采用 32 位微处理器、多 CPU 并行处理、大容量存储器、高速化扫描，可同时进行多任务操作，特别是增强了过程控制和数据处理功能。

PLC 模块化结构的发展，增加了配置的灵活性，将原来大中型 PLC 的功能部分地移植到小型 PLC 上，降低了成本，操作使用十分方便，使其成为现代电气控制系统中不可替代的控制设备。

2. 标准化的编程语言

PLC 的软硬件体系结构都是封闭的，为了使各厂家 PLC 产品相互兼容，国际电工协会（IEC）制定了可编程逻辑控制器标准（IEC1131），其中 IEC1131 - 3 是 PLC 的语言标准。该标准中有顺序功能图（SFC）、梯形图、功能块图、指令表和结构文本共五种编程语言，允许编程者在同一程序中使用多种编程语言。

目前已有越来越多的工控产品厂商推出了符合 IEC1131 - 3 标准的 PLC 指令系统或在个人计算机上运行的软件包。如西门子公司的 STEP 7 - Micro/WIN V4.0 编程软件给用户提供了两套指令集，一套符合 IEC1131 - 3 标准，另一套指令集（SIMAIC 指令集）中的大多数指令也符合 IEC1131 - 3 标准。

3. 多样化智能 I/O 模块

智能型 I/O 模块是以微处理器和存储器为基础的功能部件，它们的 CPU 和 PLC 的主CPU 并行工作，占用主 CPU 的时间很少，有利于提高 PLC 的扫描速度。智能型 I/O 模块本身就是一个小的微型计算机系统，有很强的信息处理能力和控制功能，有的模块甚至可以自成系统，单独工作。可以完成 PLC 主 CPU 难以兼顾的功能，简化某些控制领域的系统设计和编程，提高 PLC 的适应性和可靠性。

智能型 I/O 模块主要有模拟量 I/O、高速计数输入、中断输入、机械运动控制、热电偶输入、热电阻输入、条码阅读器、多路 BCD 码输入/输出、模糊控制器、PID 回路控制、通信等模块。

4. 软件化 PLC 功能

目前已有很多厂家推出了在工业计算机上运行的可实现 PLC 功能的软件包，基于计算机的编程软件包正逐步取代编程器。随着计算机在工业控制现场中的广泛应用，与之配套的工业控制系统的组态软件也相应产生，利用这些软件可以方便地进行工业控制流程的实时和动态监控，完成各种复杂的控制功能，同时提高系统可靠性，节约控制系统的设计时间。

5. 现场总线型 PLC

使用现场总线后，自控系统的配线、安装、调试和维护等方面的费用可以节约 2/3 左右，而且，操作员可以在中央控制室实现远程控制，对现场设备进行参数调节，也可通过设备的自诊断功能寻找故障点。现场总线 I/O 与 PLC 可以组成廉价的分布式控制系统（Distributed Control System，DCS），现场总线控制系统将 DCS 的控制站功能分散给现场控制设备，仅靠现场总线设备就可以实现自动控制的基本功能。

例如，将电动调节阀及其驱动电路、输出特性补偿、PID 控制和运算、阀门自校验和自诊断功能集成在一起，再配上温度变送器就可以组成一个闭环温度控制系统，有的传感器也可植入 PID 控制功能。

2.2 S7 – 200 PLC 基本结构及工作原理

2.2.1 S7 – 200 PLC 硬件基本结构

PLC 是一种以微处理器为核心，专门为工业环境下的电气自动化控制而设计的计算机控制装置。PLC 比普通计算机有着更强的 I/O 接口能力，更适用于工业控制要求的编程语言和优良的抗干扰能力。尽管 PLC 种类繁多，但和普通计算机相似，都是由硬件和软件两大部分组成。PLC 硬件是软件发挥其功能的物质基础，PLC 软件则提供了发挥硬件功能的方法和手段。

1. S7 – 200 PLC 硬件系统构成

（1）S7 – 200 PLC 硬件系统构成

S7 – 200 PLC 硬件系统主要包括 CPU 主机模块、扩展模块、功能模块、相关设备以及编程工具，如图 2-2 所示。

（2）S7 – 200 CPU 模块及特点

S7 – 200 CPU 模块是一个功能强大的整体式 PLC，它集成了一个微处理器、一个集成电源、输入/输出（I/O）端口及 RAM、E^2PROM 等，封装在一个紧凑的外壳内。CPU 模块负责执行程序，输入点用于从现场设备中采集信号，输出点则负责输出控制信号，用于驱动外部负载。CPU22x 系列 PLC 主机（CPU 模块）的外形示意图如图 2-3 所示。

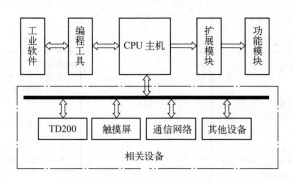

图 2-2　S7 - 200 PLC 系统组成图

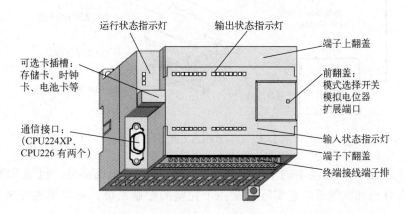

图 2-3　S7 - 200 系列 PLC 主机模块外形示意图

　　其中，前翻盖下面有模式选择开关、模拟电位器以及扩展端口。S7 - 200 PLC 有 RUN 和 STOP 两种工作模式，可由模式选择开关选择。当模式选择开关处于 STOP 位置时，不执行程序但可以对其编写程序；当开关处于 RUN 位置时，PLC 处于运行状态，此时不能对其编写程序；当开关处于 TERM 监控状态时，可以运行程序也可以进行读/写操作。扩展端口用于连接扩展模块，实现 I/O 扩展。

　　端子下翻盖下面为输入端子和传感器电源端子，输入端子的运行状态可以由端子盖上方的一排指示灯显示，正常工作时对应指示灯被点亮。

　　端子上翻盖下面为输出端子和 PLC 供电电源端子，输出端子的运行状态可以由端子盖下方的一排指示灯显示，正常工作时对应指示灯被点亮。

　　运行状态指示灯用于显示 CPU 所处的工作状态。当 CPU 处于 STOP 状态（停机方式）或重新启动时，黄灯常量；当 CPU 处于 RUN 状态（运行方式）时，绿灯常亮；当 CPU 处于 SF 状态（硬件故障或软件错误）时，红灯常亮。

　　可选卡插槽可以插入存储卡、时钟卡、电池卡等，存储器卡用来在没有供电的情况下（不需要电池）保存用户程序。

　　通信接口可以连接 RS - 485 通信电缆，可以通过专用 PPI 通信电缆连接上位机（RS - 232）或编程设备或文本显示器或其他的 CPU，实现 PLC 与上位机或者其他 PLC 之间的通信。

　　S7 - 200 CPU 硬件特点如图 2-4 所示，主要表现在以下方面。

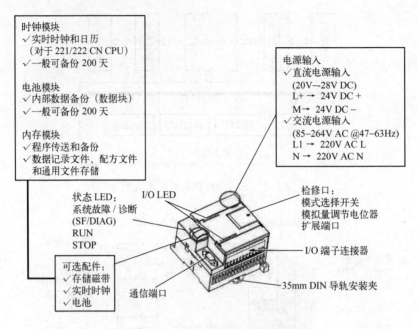

图 2-4　S7-200CN CPU 硬件特点

- CPU 主机是 PLC 最基本的单元模块，是 PLC 的主要组成部分，包括 CPU、存储器、基本 I/O 点和电源等。它实际就是一个完整的控制系统，可以单独完成一定的控制任务。
- 主机 I/O 点数量不能满足控制系统的要求时，用户可以根据需要使用各种 I/O 扩展模块。
- 当需要完成某些特殊功能的控制任务时，可以扩展功能模块，如模拟量输入扩展模块、热电阻（测温）功能模块等。
- 为充分利用系统的硬件和软件资源，可以配备一些相关设备，主要有编程设备、人机操作界面和网络设备等。

2. 输入/输出单元

输入/输出单元通常也称为 I/O 单元或 I/O 模块，是 PLC 与工业生产现场之间连接的部件。PLC 通过输入单元可以检测被控对象的各种数据，将这些数据作为 PLC 对控制对象进行控制的依据，同时 PLC 也可通过输出单元将处理结果送给被控制对象，以实现控制的目的。

I/O 单元内部的接口电路具有电平转换的功能，由于外部输入设备和输出设备所需的信号电平多种多样，而在 PLC 内部，CPU 处理的信息只能是标准电平，这种电平的差异要由 I/O 接口来完成转换。

I/O 接口电路一般具有光电隔离和滤波功能，用来防止各种干扰信号和高电压信号的进入，以免影响设备的可靠性或造成设备的损坏。

I/O 接口电路上通常还有状态指示，使得工作状况直观，方便用户维护。

PLC 还提供了多种操作电平和驱动能力的 I/O 单元，供用户选用。I/O 单元的主要类型有：数字量（开关量）输入、数字量（开关量）输出、模拟量输入和模拟量输出等。

继电接触控制系统的输入输出信号均为开关量信号。

（1）开关量输入单元

常用的开关量输入单元按其使用的电源不同分直流输入单元、交流输入单元和交/直流输入单元三种类型，其开关量输入接口电路（含内部接口电路及外部输入开关信号接线）如图2-5所示。

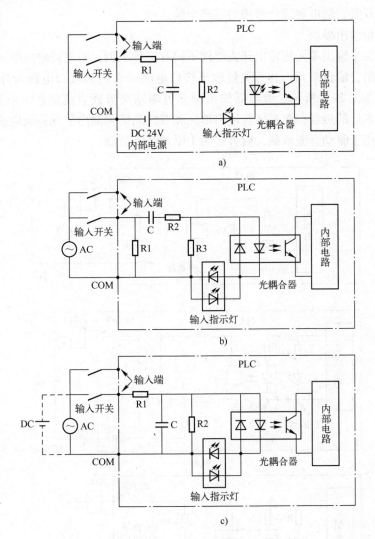

图2-5 开关量输入接口
a）直流输入 b）交流输入 c）交/直流输入

在图2-5中，开关量输入单元均设有RC滤波电路，以防止输入开关触点的抖动或干扰脉冲引起的误动作。直流输入、交流输入及交/直流输入接口电路都是通过光耦合器把输入开关信号传递给PLC内部输入单元，从而实现输入电路与PLC内部电路之间的隔离电路。对于S7-200 PLC，在接口应用中应该注意下面几个问题。

1）允许为某些数字量输入点选择一个定义延时（可从0.2 ms至12.8 ms之间选择）的输入滤波器，可以通过编程软件STEP 7-Micro/WIN下的系统块设置。通过设置输入延时过滤数字量输入信号。因此，输入信号必须在延时期限内保持不变，才能被认为有效。默认滤波器延时时间是 6.4 ms。

2）COM 端为各输入点的内部输入电路的公共端，在 S7 - 200 中，使用符号 1 M 或 2 M 表示。

3）直流输入可以采用 S7 - 200 PLC 内部的 DC 24 V 直接供电，输入开关信号可以是普通按钮、行程开关、继电器或信号报警等产生的。

（2）开关量输出模块

常用的开关量输出单元按输出开关器件不同有三种类型：继电器输出单元、晶体管输出单元和双向晶闸管输出单元，其开关量输出接口电路（含内部接口电路及外部输出负载开关信号接线）如图 2-6 所示。继电器输出单元可驱动交流或直流负载，但其响应速度慢，适用于动作频率低的负载；而晶体管输出单元和双向晶闸管输出单元的响应速度快，工作频率高，前者仅用于驱动直流负载，后者多用于驱动交流负载。

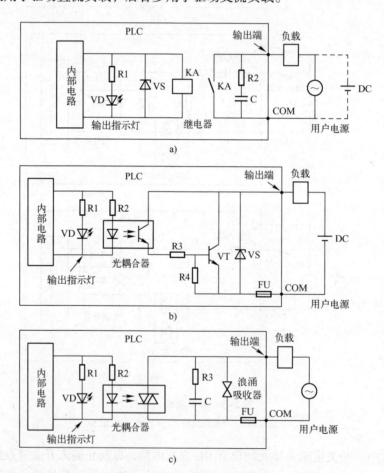

图 2-6　开关量输出接口
a）继电器输出　b）晶体管输出　c）晶闸管输出

PLC 的 I/O 单元所能接受的输入信号个数和输出信号个数称为 PLC 输入/输出（I/O）点数，如输入点 I0.0、I0.1、I0.2，输出点 Q1.0。I/O 点数是选择 PLC 的重要依据之一，当系统的 I/O 点数不够时，可通过 PLC 的 I/O 扩展接口对系统进行扩展。

2.2.2 PLC 软件组成

在建立 PLC 硬件接口电路基础上，软件就是实现控制功能的方法和手段。

PLC 的软件主要分为系统软件和用户程序两大部分。系统软件是 PLC 制造商编制的，并固化在 PLC 内部 PROM 或 EPROM 中，随产品一起提供给用户的，用于控制 PLC 自身的运行；用户程序是由使用者编制、用于控制被控装置运行的程序。

1. 系统软件

系统软件又分为系统管理程序、编程软件和标准程序库。

1）系统管理程序是系统软件最重要的部分，是 PLC 运行的主管，具有运行管理、存储空间管理、时间控制和系统自检等功能。其中，存储空间管理是指生成用户程序运行环境，规定输入/输出、内部参数的存储地址及大小等；时间控制主要是对 PLC 的输入采样、运算、输出处理、内部处理和通信等工作的时序实现扫描运行的时间管理；系统自检是对 PLC 的各部分进行状态检测，及时报错和警戒运行时钟等，确保各部分能正常有效地工作。

2）编程软件是一种用于编写应用程序的工具，具有编辑、编译、检查和修改等功能。常用的编程软件是西门子的 STEP 7 - Micro/WIN。

3）标准程序库是由许多独立的程序块组成的，包括输入、输出、通信等特殊运算和处理程序，如信息读写程序等，各个程序块能实现不同的功能，PLC 的各种具体工作都是由这部分程序完成的。

2. 用户程序

用户程序是指用户根据工艺生产过程的控制要求，按照使用的 PLC 所规定的编程语言或指令系统而编写的应用程序。用户程序除了 PLC 的控制逻辑程序外，对于需要操作界面的系统还包括界面应用程序。

用户程序的编制可以使用编程软件在计算机或其他专用编程设备上进行，也可使用手持编程器。用户程序常采用梯形图、助记符等方法编写，用户程序必须经编程软件编译成目标程序后，下载到 PLC 的存储器中进行调试。

3. 梯形图程序

梯形图与继电器控制系统的电路图很相似，具有直观易懂的优点，很容易被熟悉继电器控制的电气人员掌握。

图 2-7a 是传统的继电器控制线路图；图 2-7b 是相应的 PLC 梯形图程序，其中，I0.0、

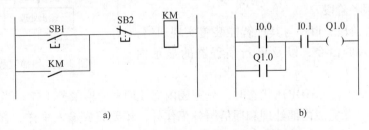

a)   b)

图 2-7　传统继电器控制电路图和 PLC 梯形图

a）继电器控制电路　b）PLC 梯形图

I0.1 等软触点代表逻辑"输入"条件，如开关、按钮等。Q0.1 等线圈通常代表逻辑"输出"结果，其输出可控制负载，如信号灯、接触器、中间继电器的通电或断电等。

从图上看，梯形图程序使用的内部继电器等，都是由软件来控制的，因此，使用方便，修改灵活。而继电器控制线路采用的却是不易更改的硬接线方式。

2.2.3 PLC 的工作原理

PLC 是专用工业控制计算机，通过执行反映控制要求的用户程序来实现控制。

PLC 是按集中输入、集中输出、周期性循环扫描的方式进行工作的。PLC 的 CPU 是以分时操作系统方式来处理各项任务的，每一瞬间只能做一件事情，程序的执行是以串行方式依次完成相应元件的控制动作，以循环扫描工作方式周而复始工作。

1. PLC 扫描工作方式

PLC 是通过执行反映控制要求的用户程序来完成控制任务的，需要执行多种操作，但 CPU 不可能同时去执行多个操作，它只能按分时操作（串行工作）方式，每一次执行一个操作，按顺序逐个执行，这种串行工作过程称为 PLC 的扫描工作方式。由于 CPU 的运算处理速度很快，所以从宏观上来看，PLC 的输出结果似乎是同时完成的。

用扫描工作方式执行用户程序时，扫描是从程序第一条指令开始，在无中断或跳转控制的情况下，按程序存储顺序的先后，逐条执行用户程序，直到程序结束，然后再从头开始扫描执行，周而复始重复运行。

2. PLC 工作流程图

PLC 上电初始化，主要包括硬件初始化、I/O 模块配置检查、断电保持范围设定及其他初始化处理。PLC 的扫描工作过程中除了执行用户程序外，还要完成内部处理、通信服务等工作，如图 2-8 所示。整个扫描工作过程包括内部处理、通信服务、输入采样、程序执行和输出处理五个阶段。整个过程扫描执行一遍所需的时间称为扫描周期。扫描周期与 CPU 运行速度、PLC 硬件配置及用户程序长短有关，典型值为 1 ~ 100 ms。

（1）内部处理阶段

在内部处理阶段，PLC 进行自检，对监视定时器（WDT）复位并完成其他一些内部处理工作。

（2）通信服务阶段

在通信服务阶段，PLC 与其他智能装置实现通信，响应编程器键入的命令，以及更新编程器的显示内容等。

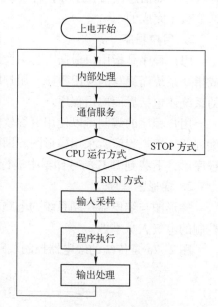

图 2-8　扫描过程示意图

当 PLC 处于停止（STOP）状态时，只完成内部处理和通信服务工作；当 PLC 处于运行（RUN）状态时，除完成内部处理和通信服务工作外，还要完成输入采样、程序执行和输出刷新工作。

（3）输入采样阶段

在输入采样阶段，PLC 以扫描工作方式按顺序对所有输入端的输入状态进行采样，并存入刷新输入映像寄存器,接着进入程序执行阶段。这时,即使输入状态发生变化,输入映像寄存器的内容也不会改变,输入映像寄存器只有在对下一个扫描周期的输入状态采样后才能被刷新。

(4)程序执行阶段

在程序执行阶段,PLC 对程序按顺序进行扫描执行。若程序用梯形图来表示,则总是按先上后下,先左后右的顺序进行;当遇到程序跳转指令时,则根据跳转条件是否满足来决定程序是否跳转;当指令中涉及输入、输出状态时,PLC 从输入映像寄存器和元件映像寄存器中读出,根据用户程序进行运算,运算的结果再存入元件映像寄存器中。对于元件映像寄存器来说,其内容会随程序执行的过程而变化。

(5)输出处理阶段

当所有程序执行完毕,进入输出处理阶段。在这一阶段里,PLC 将输出映像寄存器中与输出有关的状态(输出继电器状态)转存到输出锁存器中,并通过一定方式输出,驱动外部负载。

综上所述,PLC 采用了周期循环扫描、集中输入、集中输出的工作方式,具有可靠性高、抗干扰能力强等优点。但 PLC 的串行扫描方式、输入接口的信号传递延迟、输出接口中驱动器件的延迟等原因也造成了 PLC 的响应滞后。不过对一般的工业控制,这种滞后是完全可以接受的。

2.3 S7 – 200 PLC 硬件系统配置

S7 – 200 PLC 适用于各种场合中的监测及系统自动控制,具有极高的可靠性、极其丰富的指令集、强大的通信能力和丰富的扩展模块,便捷的操作特性易于用户掌握。随着技术的进步,S7 – 200 PLC 的功能还在不断地提高和改进。系统配置主要表现以下几个方面。

1)增强的内置集成功能,如 CPU 224XP 集成 14 个输入/10 个输出共 24 个数字量 I/O 点、2 个模拟量输入/1 个模拟量输出共 3 个模拟量 I/O 端口;CPU 226 集成 24 个输入/16 个输出共 40 个数字量 I/O 点。

2)增强的扩展模块特性,如数字扩展模块 EM 223 DC 24 V 支持 32 个输入/输出和 32 个输入/继电器输出,高密度扩展模块 EM 232 的模拟量输出多达 4 个,高密度扩展模块 EM 231 的模拟量输入多达 8 个。

3)增强的编程软件包,STEP 7 – Micro/WIN V4.0 编程软件能在 Windows 平台上编制用户程序。同时,对通信设置也做了改进,如果 STEP 7 – Micro/WIN V4.0 第一次启动时检测到 USB 电缆,就会自动选择 USB 通信方式。

4)增强的口令保护,为程序作者的知识产权提供更好的安全保护。

2.3.1 S7 – 200 CPU 模块

S7 – 200 CPU22x 系列 PLC 主机有 CPU221、CPU222、CPU224、CPU224XP 和 CPU226 五种不同结构配制的 CPU 单元,供用户根据不同需要选用。

1. CPU 模块实物外形

CPU22x 系列 PLC 主机(CPU 模块)实物外形如图 2-9 所示。

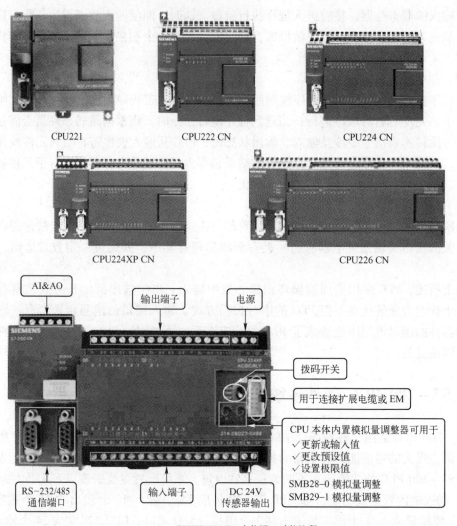

CPU221   CPU222 CN   CPU224 CN

CPU224XP CN   CPU226 CN

CPU224XP CN 实物端口功能注释

图 2-9 S7-200 CN 系列 CPU 实物图片

2. 模块功能

1）CPU221 PLC 集成了 6 输入/4 输出数字量 I/O 点（即 CPU 只能读取 6 个外部开关量信号、输出 4 个开关量信号控制负载），6 KB 程序和数据存储空间；4 个独立的 30 kHz 高速计数器、2 路独立的 20 kHz 高速脉冲输出；1 个 RS-485 通信编程口，具有 PPI 通信协议、MPI 通信协议和自由方式通信功能。

CPU221 PLC 无 I/O 扩展功能，适合 I/O 点数较少的小型控制系统。

2）CPU222 CN PLC 集成了 8 输入/6 输出数字量 I/O 点，6 KB 程序和数据存储空间；4 个独立的 30 kHz 高速计数器、2 路独立的 20 kHz 高速脉冲输出；具有实现 PID 运算控制功能，构成闭环控制系统；1 个 RS-485 通信编程口，具有 PPI 通信协议、MPI 通信协议和自由方式通信功能。

CPU222 CN PLC 可以连接 2 个扩展模块。

CPU222 CN PLC 是具有可扩展、应用广泛的全功能控制器。

3）CPU224 CN PLC 集成了 14 输入/10 输出数字量 I/O 点；16 KB 程序和数据存储空间；6 个独立的 30 kHz 高速计数器、2 路独立的 20 kHz 高速脉冲输出；具有实现 PID 运算控制功能，构成闭环控制系统；1 个 RS-485 通信编程口，具有 PPI 通信协议、MPI 通信协议和自由方式通信功能。CPU224 CN PLC 具有较强的控制功能。

CPU224 CN PLC 可以连接 7 个扩展模块，最大扩展为 168 路数字量 I/O 点或 35 路模拟量 I/O 端口，CPU224 CN PLC 是具有较强控制能力的控制器。

4）CPU224 XP CN PLC 集成了 14 输入/10 输出数字量 I/O 点、2 输入/1 输出模拟量 I/O 端口；22 KB 程序和数据存储空间间；6 个独立的 100 kHz 高速计数器、2 路独立的 100 kHz 高速脉冲输出；具有 PID 运算控制功能，构成闭环控制系统；2 个 RS-485 通信编程口，具有 PPI 通信协议、MPI 通信协议和自由方式通信功能；内置模拟量 I/O、自整定 PID、线性斜坡脉冲指令等功能。

CPU224 XP CN PLC 可以连接 7 个扩展模块，最大扩展为 168 路数字量 I/O 点或 38 路模拟量 I/O 端口。

CPU224 XP CN PLC 是具有强大控制能力的新型 CPU。

5）CPU226 CN PLC 集成了 24 输入/16 输出数字量 I/O 点、2 输入/1 输出模拟量 I/O 端口；26 KB 程序和数据存储空间；6 个独立的 30 kHz 高速计数器、2 路独立的 20 kHz 高速脉冲输出；具有 PID 运算控制功能，构成闭环控制系统；2 个 RS-485 通信编程口，具有 PPI 通信协议、MPI 通信协议和自由方式通信功能。

CPU226 CN PLC 可以连接 7 个扩展模块，最大扩展为 248 路数字量 I/O 点或 35 路模拟量 I/O 端口，CPU226 CN PLC 具有更快的运行速度和功能更强的内部集成特殊模块，完全能够适应一些较复杂的中、小型控制系统。

2.3.2　S7-200 CPU 性能特点及技术指标

1. 性能特点

S7-200 CPU 性能特点主要表现如下。

（1）立即读写 I/O 点

S7-200 CPU 的指令集提供了立即读写物理 I/O 点的指令，用户可以在程序中立即读写 I/O 点，而不受 PLC 循环扫描工作方式的影响。

（2）提供高速 I/O 点

S7-200 CPU 具有集成的高速计数功能，能够对外部高速事件计数而不会影响 S7-200 的性能。这些高速计数器都有专用的输入点作为时钟、方向控制、复位端和启动端等功能输入；S7-200 还支持高速脉冲输出功能，其输出点 Q0.0 和 Q0.1 可形成高速脉冲串（PTO）或脉宽调制（PWM）控制信号。

（3）对数字量输入加滤波器

S7-200 CPU 允许用户为某些或者全部本机数字量输入点选择输入滤波器，并可以对滤波器定义 0.2~12.8 ms 的延迟时间，系统默认的延迟时间为 6.4 ms。该延迟时间能滤除输入杂波，从而减小输入状态发生意外改变的可能。输入滤波器是系统块的一部分，它需要通过编程软件下载并储存在 S7-200 CPU 中。

（4）对模拟量输入加滤波器

S7-200 CPU 允许用户对每一路模拟量输入选择软件滤波器，滤波值是多个模拟量输入采样值的平均值。滤波器具有快速响应的特点，可以反映信号的快速变换，系统默认为对所有模拟量输入进行滤波配置。

（5）设置停止模式下的数字量/模拟量输出状态

S7-200 CPU 输出表可以用来设置数字量/模拟量的输出状态，用于指明在从运行模式进入停止模式后，是将已知值传送至数字量/模拟量输出点，还是使输出保持停止模式之前的状态。输出表是系统块的一部分，它需要通过编程软件下载并储存在 S7-200 CPU 中。

（6）捕捉窄脉冲

S7-200 CPU 为每个本机数字量输入提供脉冲捕捉功能，该功能允许 PLC 捕捉到持续时间很短的高电平脉冲或者低电平脉冲。当一个输入设置了脉冲捕捉功能，输入端的状态变换就被锁存一直保持到下一个扫描循环刷新，这样就能确保一个持续时间很短的脉冲被捕捉到，并一直保持到 S7-200 CPU 读取该输入点。

（7）设置掉电保护存储区

S7-200 CPU 允许用户定义最多6个断电保护区的地址范围，变量存储器 V、位存储器 M、计数器 C 和定时器 T。在默认情况下，M 存储器的前 14B 是非保持的。对于定时器，只有保持型定时器 TONR 可以设为断电保护。而且定时器和计数器只有当前值可以保持，定时器位和计数器位是不能保持的。

（8）快速响应中断服务程序

S7-200 CPU 允许用户在程序扫描周期中使用中断，与中断事件相关的中断服务程序作为程序的一部分被保存。在正常的程序扫描周期中，有中断请求就立即执行中断事件。在中断优先级相同的情况下，S7-200 CPU 遵循"先来先服务"的原则来执行中断服务程序。

（9）实现 PID 运算操作

S7-200 PLC 设置了 PID 回路指令，通过程序设置 PID 回路表参数，可以十分方便地通过执行 PID 回路指令，对模拟量构成闭环控制系统。

（10）提供模拟电位器

S7-200 PLC 提供有模拟电位器，位于模块前盖下面，可以用螺钉旋具进行调节。调节电位器能增大/减小存于特殊存储器中的值，这些只读值在程序中可有很多功能，如更新定时器或计数器的当前值，输入或修改预置值、限定值等。

（11）提供四层口令保护

S7-200 PLC 所有型号都提供口令保护功能，用以限制对特殊功能的访问。对 CPU 功能及存储器的访问权限是通过设置口令来实现的。S7-200 CPU 提供了限制 CPU 访问功能的四个等级，若要进行四个等级的访问，需输入正确的口令。

2. S7-200 CPU 技术指标

（1）S7-200 CPU 电源技术规范

CPU221~CPU226 分别设定了 DC 24 V 和 AC 120~220 V 两种电源供电模式。

例如，CPU222 DC/DC/DC，其中第 1 个参数 DC 表示 CPU 工作供电为直流电源（20.4 ~28.8 V），第 2 个 DC 表示输入信号控制电压为直流电源，第 3 个参数 DC 表示输出控制电压（负载的工作电源）为直流电源。CPU 直流供电如图 2-10a 所示。

例如，CPU222 AC/DC/继电器，其中第 1 个参数 AC 表示 CPU 工作供电为交流电源（AC 85～265 V），第 2 个 DC 表示输入信号控制电压为直流电源，第 3 个参数表示继电器输出，其触点控制负载的电压可以为交、直流电源（电流 <2 A，电压 85～265 V）。CPU 交流供电如图 2-10b 所示。

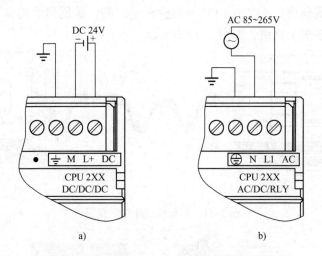

图 2-10　CPU 供电电源

a) CPU 直流供电　b) CPU 交流供电

（2）S7-200 CPU 单元技术指标

S7-200 CPU 单元技术指标见表 2-1。

表 2-1　S7-200 PLC 技术指标

特　性		CPU221	CPU222	CPU224	CPU224XP	CPU226
用户程序长度	运行模式	4096 B	4096 B	8192 B	12288 B	16384 B
	不在运行	4096 B	4096 B	12288 B	16384 B	24576 B
数据存储区		2048 B	2048 B	8192 B	10240 B	10240 B
掉电保护时间		50 h	50 h	100 h	100 h	100 h
本机 I/O	数字量	6 入/4 出	8 入/6 出	14 入/10 出	14 入/10 出	24 入/16 出
	模拟量	无	无	无	2 入/1 出	无
扩展模块数量		0 个模块	2 个模块	7 个模块	7 个模块	7 个模块
高速计数器	单相	4 路 30 kHz	4 路 30 kHz	6 路 30 kHz	4 路 30 kHz 2 路 200 kHz	6 路 30 kHz
	两相	2 路 20 kHz	2 路 20 kHz	4 路 20 kHz	3 路 20 kHz 1 路 100 kHz	4 路 20 kHz
脉冲输出（DC）		2 路 20 kHz	2 路 20 kHz	2 路 20 kHz	2 路 100 kHz	2 路 20 kHz
模拟电位器		1	1	2	2	2
实时时钟		配时钟卡	配时钟卡	内置	内置	内置
通信口		1 RS-485	1 RS-485	1 RS-485	2 RS-485	2 RS-485
I/O 映像区		256（128 入/128 出）				
布尔指令执行速度		0.22 μs/指令				

2.3.3 S7-200 数字量输入输出（I/O）扩展模块

在 S7-200 CPU 输入或输出点不能满足系统需要时，可以通过数字量 I/O 扩展模块扩展输入输出点。扩展模块外部连接示意图如图 2-11 所示。除 CPU221 外，其他 CPU 模块均可配接一个或多个扩展模块，连接时 CPU 模块放在最左侧，扩展模块用扁平电缆与左侧的模块依次相连，形成扩展 I/O 链，如图 2-12 所示。

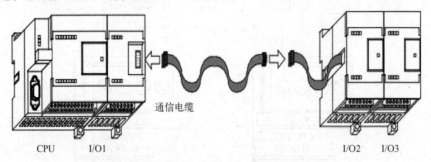

图 2-11 扩展模块连接示意图

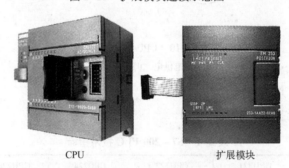

图 2-12 扩展模块实物

注意，控制模块依次连接的顺序可以不受位置限制，但各扩展 I/O 模块端口地址是按其 I/O 扩展链中的顺序由 CPU 进行统一编址的。

S7-200 PLC 提供了 3 种类型的数字量扩展模块，分别是数字量输入模块 EM221、数字量输出模块 EM222、数字量输入/输出模块 EM223，其技术数据见表 2-2。这些扩展模块有直流输入模块和交流输入模块；有直流输出模块、交流输出模块和继电器输出模块；有 8 点、16 点和 32 点的数字量输入/输出模块，方便用户灵活选择，以完善 CPU 的功能，满足不同的控制需要。

表 2-2 S7-200 数字量扩展模块技术数据

型 号	类 型			
EM221 输入模块	8 点输入、DC 24 V	8 点输入、AC 120/230 V	16 输入、DC 24 V	
EM222 输出模块	4 点输出、DC 24 V	4 点继电器输出	8 点输出、AC 120/230 V	
	8 点输出、DC 24 V	8 点继电器输出		
EM223 输入/输出模块	4 点输入、DC 24 V 4 点输出、DC 24 V	8 点输入、DC 24 V 8 点输出、DC 24 V	16 点输入、DC 24 V 16 点输出、DC 24 V	32 点输入、DC 24 V 32 点输出、DC 24 V
	4 点输入、DC 24 V 4 点继电器输出	8 点输入、DC 24 V 8 点继电器输出	16 点输入、DC 24 V 16 点继电器输出	32 点输入、DC 24 V 32 点继电器输出

S7 - 200 数字量扩展模块的每一个 I/O 点与 S7 - 200 CPU 的 I/O 点统一按字节序编址，便于用户编程。

2.3.4　S7 - 200 模拟量输入输出扩展模块

在工业控制过程中，常需要对一些模拟量（连续变化的物理量）实现输入或输出控制，如温度、压力、流量等都是模拟输入量，某些执行机构（如电动调节阀、晶闸管调速装置和变频器等）也要求 PLC 输出模拟信号。

由于 CPU 直接处理的只能是数字信号，因此在模拟信号输入时，必须将模拟信号转换为 CPU 能够接受的数字信号，即进行模 - 数（A - D）转换；在模拟信号输出时，必须将 CPU 输出的数字信号转换为模拟信号，即进行数 - 模（D - A）转换。

在 S7 - 200 CPU 系列中，仅 CPU224XP 自带 2 输入/1 输出模拟量端口。如果 CPU 不能满足模拟信号输入输出通道需求时，可以使用模拟量扩展模块来实现 A - D 转换（模拟量输入）和 D - A 转换（模拟量输出）S7 - 200 配备了 3 种模拟量扩展模块，系列号分别为 EM231、EW232、EW235，其技术数据见表 2-3。

表 2-3　模拟量输入输出扩展模块

模　块	EM231	EM232	EM235
点数	4 路模拟量输入	2 路模拟量输出	4 路输入、1 路输出

S7 - 200 CPU 的模拟量扩展模块中 A - D、D - A 转换器的数字量位数均为 12 位。

1. 模拟量输入模块

模拟量输入模块 EM231 可以实现 4 路模拟量输入，输入信号为差分输入，可以实现电压单极性、电压双极性及电流三种输入模式（量程）；其输出信号为 12 位数字量，由 CPU 读入。

（1）模拟量输入模块。

EM231 模拟量输入模块有 5 档量程供用户选择：直流单极输入 0 ~ 10 V、0 ~ 5 V、电流输入 0 ~ 20 mA、直流双极输入 ± 10 V、± 5 V，用户可以通过模块下部的 DIP 开关设置不同的输入量程，如图 2-13 所示。量程为 0 ~ 10 V 时的分辨率为 2.5 mV。

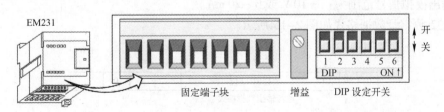

图 2-13　EM231 配置 DIP 开关

图 2-13 中的 DIP 开关 1、2、3 的不同组合可以选择模拟量的输入量程，设置选择见表 2-4（ON 表示开，OFF 表示关）。

（2）数字量数据格式

表 2-4　EM231 模拟量输入量程 DIP 开关设置表

单极性			满量程输入	分辨率
SW1	SW2	SW3		
ON	OFF	ON	0 ~ 10 V	2.5 mV
	ON	OFF	0 ~ 5 V	1.25 mV
双极性			满量程输入	分辨率
SW1	SW2	SW3		
OFF	OFF	ON	±5 V	2.5 mV
	ON	OFF	±2.5 V	1.25 mV

模拟量转换为数字量的数据格式如图 2-14 所示。

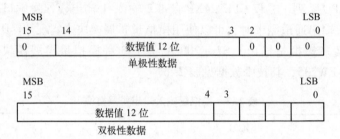

图 2-14　模拟量转换为数字量格式

模拟量输入模块的有效数据位为 12 位, 在单极性格式中, 最低 3 个位均为 0, 即 A - D 转换有效数据位每变化一个最小位, 数字量则以 8 为单位变化, 相当于 12 位数据 $\times 8 = 2^{12} \times 8 = 32768$, 因此, 取全量程范围的数字量输出对应为 0 ~ 32000; 在双极性格式中, 最低 4 个位均为 0, 即 A - D 转换有效数据位每变化一个最小位, 数字量则以 16 为单位变化, 相当于 12 位数据 $\times 16$, 由于含一位双极性符号位, 全量程范围的数字量输出相当于 -32000 ~ 32000。

EM231 模拟量输入模块电压输入时, 其输入阻抗 $\geq 10\ \mathrm{M\Omega}$; 电流输入时输入电阻为 250 Ω; A - D 转换时间为 < 150 μs; 模拟量阶跃输入响应时间为 1.5 ms。

2. 模拟量输出模块

EM232 模拟量输出模块可以实现 2 路模拟量输出, 输入信号为 CPU 写入的 12 位数字量, 其输出模拟信号范围为: ±10 V 或 0 ~ 20 mA。

EM232 数字量数据格式如图 2-15 所示。

图 2-15　EM232 数字量格式

当输出信号为 ±10 V 时，全量程范围的数字量输入相当于 −32000 ～ +32000；当输出信号为 0 ～ 20 mA 时，全量程范围的数字量输入相当于 0 ～ +32000。

EM232 模拟量输出模块转换精度为 ±0.5%；电压输出时响应时间为 100 μs、其负载电阻≥5 kΩ；电流输出时响应时间为 2 ms、其负载电阻≤500 Ω。

3. 模拟量输入/输出模块

EM235 模拟量输出模块可以实现 4 路模拟量输入/1 路模拟量输出，输入模拟量量程档位多，方便用户选择，适合在一般单闭环控制系统中使用。

EM235 可以通过模块下部的 DIP 开关设置不同的输入量程和分辨率，如图 2−16 所示。量程为 0 ～ 10 V 时的分辨率为 2.5 mV。

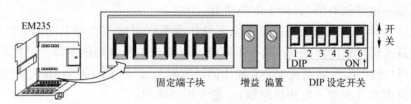

图 2−16　EM235 配置 DIP 开关

图 2−16 中的 DIP 开关 1 ～ 6 的不同组合可以选择模拟量的输入范围和分辨率，设置选择见表 2−5（ON 表示开，OFF 表示关）。

EM235 数字量数据格式与 EM231 相同。

表 2−5　选择模拟量量程和精度的 EM235 配置 DIP 开关表

单极性						满量程输入	分辨率
SW1	SW2	SW3	SW4	SW5	SW6		
ON	OFF	OFF	ON	OFF	ON	0 ～ 50 mV	12.5 μV
OFF	ON	OFF	ON	OFF	ON	0 ～ 100 mV	25 μV
ON	OFF	OFF	OFF	ON	ON	0 ～ 500 mV	125 μA
OFF	ON	OFF	OFF	ON	ON	0 ～ 1 V	250 μV
ON	OFF	OFF	OFF	OFF	ON	0 ～ 5 V	12.5 mV
ON	OFF	OFF	OFF	OFF	ON	0 ～ 20 mA	5 μA
OFF	ON	OFF	OFF	OFF	ON	0 ～ 10 V	2.5 mV
双极性						满量程输入	分辨率
SW1	SW2	SW3	SW4	SW5	SW6		
ON	OFF	OFF	ON	OFF	OFF	±25 mV	12.5 μV
OFF	ON	OFF	ON	OFF	OFF	±50 mV	25 μV
OFF	OFF	ON	ON	OFF	OFF	±100 mV	50 μV
ON	OFF	OFF	OFF	ON	OFF	±250 mV	125 μV
OFF	ON	OFF	OFF	ON	OFF	±500 mV	250 μV
OFF	OFF	ON	OFF	ON	OFF	±1 V	500 μV
ON	OFF	OFF	OFF	OFF	OFF	±2.5 V	1.25 mV
OFF	ON	OFF	OFF	OFF	OFF	±5 V	2.5 mV
OFF	OFF	ON	OFF	OFF	OFF	±10 V	5 mV

2.3.5　S7-200 热电偶、热电阻输入扩展模块

（1）热电偶和热电阻

在工业过程控制系统中，热电偶和热电阻通常用来实现对温度物理量的检测。

热电偶（传感器）工作原理是基于两种不同的金属导体两端分别焊接在一起，当一端温度固定（冷端），回路电势会随着另一端温度（热端）的变化而变化，通过对回路电势的测量实现对温度的测量。一般情况回路电势通过断开冷端接点作为热电偶的输出。不同金属材料产生的回路电势不同，适用场合也不同。与 S7-200 PLC 热电偶扩展模块配套使用的热电偶分度号为：J 型、K 型、E 型、N 型、S 型、T 型和 R 型，每种类型热电偶对应有标准分度表（温度 - 电势值对照），便于用户使用。

热电阻（传感器）工作原理是基于金属导体在不同温度下有着不同的电阻值，通过对电阻值的测量实现对温度的测量。由于不同金属材料产生的电阻值不同，适用场合也不同。与 S7-200 PLC 热电阻扩展模块配套常使用的热电阻分度号为 Pt100 或 Cu。每种类型热电阻对应有标准分度表（温度 - 电势值对照），便于用户使用。

（2）热电偶输入扩展模块

S7-200 PLC 的 EM231 热电偶扩展模块直接以热电偶输出的电势作为输入信号，进行 A-D 转换后输入给 PLC，可以实现 4 路热电偶输入。该模块具有冷端补偿电路，可用于 J、K、E、N、S 和 R 型热电偶，可通过模块下方的 DIP 开关来选择热电偶的类型、断线检查、测量单位、冷端补偿等功能，如图 2-17 所示，设置选择见表 2-6（ON 表示开，OFF 表示关）。

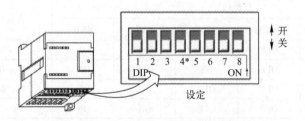

图 2-17　EM231 热电偶扩展模块 DIP 开关

表 2-6　EM231 热电偶扩展模块功能 DIP 开关设置

开关 1，2，3	热电偶类型	设　置	描　　述
SW1,2,3 ［开关图示］ 配置 ↑1-接通 ↓0-断开 * 将 DIP 开关 4 设定 为 0（向下）位置	J（默认）	000	开关 1~3 为模块上的所有通道选择热电偶类型（或 mV 操作），例如，选 E 类型，热电偶开关 SW1 = 0，SW2 = 1，SW3 = 1
	K	001	
	T	010	
	E	011	
	R	100	
	S	101	
	N	110	
	+/-80 mV	111	

开关 5		断线检测方向	设　　置	描　　述
SW5 配置 ↑1－接通 ↓0－断开		正向标定 （＋3276.7度）	0	0 指断线为正 1 指断线为负
		负向标定 （－3276.7度）	1	
开关 6		断线检测使能	设置	描述
SW6 配置 ↑1－接通 ↓0－断开		使能	0	通过加上 20 μA 电流到输入端进行断线检测。断线检测使能开关可以使能或禁止检测电流。断线检测始终在进行，即使关闭了检测电流。如果输入信号超过了 ± 200 mV，则EH231 热电偶模块开始断线检测，如检测到断线，测量读数被设定成由断线检测所设定的值
		禁止	1	
开关 7		温度范围	设置	描述
SW7 配置 ↑1－接通 ↓0－断开		摄氏度（℃）	0	EM231 热电偶模块能够报告摄氏温度和华氏温度，摄氏温度和华氏温度转换在内部进行
		华氏度（℉）	1	
开关 8		断线检测方向	设置	描述
SW8 配置 ↑1－接通 ↓0－断开		冷端补偿使能	0	使用热电偶必须进行冷端补偿，如果没有使能冷端补偿，模块的转换则会出现错误。因为热电偶导线连接到模块连接器时会产生电压，当选择 ±80 mV 的范围时，冷端补偿会自动禁止
		冷端补偿禁止	1	

如果需要使用热电偶冷端补偿功能，可设 SW8 为 OFF。

所有连接到扩展模块上的热电偶必须是同一类型。

（3）热电阻输入扩展模块

EM231 热电阻输入扩展模块提供了与多种热电阻的连接口，通过 DIP 开关来选择热电阻的类型、接线方式、测量单位和开路故障的方向，可以实现 2 路热电阻输入。

所有连接到扩展模块上的热电阻必须是同一类型。

热电阻传感器与 EM231 热电阻控制模块连接方式有 2 线、3 线和 4 线三种，后两种主要是为了消除连接导线引起的测量误差，4 线方式准确度最高，一般情况下使用 3 线方式即可满足测量要求。可以通过 DIP 开关 SW8（OFF 为 3 线、ON 为 2 线或 4 线）设置热电阻连接方式。

2.3.6　网络通信及其他控制模块

S7－200 PLC 除了前面介绍的常用模块外，还配备了网络通信、位置控制、称重、文本显示器及触摸屏等扩展模块。

（1）网络通信模块

网络通信模块有 EM277 PROFIBUS – DP 从站通信模块、工业以太网通信模块 243 – 1、调制解调器模块 EM241（通过模拟电话线实现远距离通信）等。

（2）位置控制模块

位置控制模块 EM253 用于 S7 – 200 PLC 定位控制系统，它能够产生脉冲序列，实现对电动机速度及位置的开环控制。

（3）称重模块

称重模块 SIWAREX MS 可以实现多用途电子称重，如轨道衡、吊称及力矩的测量。

（4）文本显示器

S7 – 200 PLC 文本显示器 TD 产品包括 TD200 和 TD400C，使用方便，具有良好的信息交互功能。

（5）触摸屏

S7 – 200 PLC 系统有多种触摸屏，以实现更为完善的人机界面，如 TP070、TP170A 等。

2.4 S7 – 200 PLC I/O 编址及外部端口接线

2.4.1 I/O 端口编址

CPU 模块必须通过编程实现从输入端口获取外部设备信息、从输出端口对外部设备的控制功能。CPU 模块是通过系统分配给各端口相应的编址来访问输入输出端口的。S7 – 200 PLC 对 I/O 端口按类型划分如下。

（1）数字量输入端口

CPU 模块分配给数字量输入端口地址以字节（8 bit）为单位，一个字节 8 个数字量输入点，起始地址为 I0.0（输入端口 0 字节第 0 位）。

（2）数字量输出端口

CPU 模块分配给数字量输出端口地址以字节（8 bit）为单位，一个字节 8 个数字量输出点，起始地址为 Q0.0（输出端口 0 字节第 0 位）。

（3）模拟量输入端口

CPU 模块分配给模拟量输入端口地址以字（16 bit）为单位，一个字一个模拟量输入端口，起始地址为 AIW0（必须从偶数开始）。

（4）模拟量输出端口

CPU 模块分配给模拟量输出端口地址以字（16 bit）为单位，一个字一个模拟量输出端口，起始地址为 AQW0（必须从偶数开始）。

必须注意，CPU 模块分配给模拟量输入输出端口地址总是以 2 个通道的规律增加的。例如，CPU224 XP 在 CPU 模块上集成了两个模拟量输入端口和一个模拟量输出端口，则其模拟量输入通道的地址为 AIW0 和 AIW2；模拟量输出通道的地址为 AQW0。对于 CPU224 XP 后面扩展的第一个模拟量输入模块通道的起始地址为 AIW4，第一个模拟量输出模块通道的起始地址为 AQW4，而不能使用 AQW2。

在 CPU22x 系列中，每种主机 CPU 模块所提供的本机 I/O 点的 I/O 地址是固定的，在进行 I/O 扩展时，可以在 CPU 扩展槽口右边依次连接多个扩展模块，每个扩展模块的组态地址编号取决于各模块的类型和该模块在 I/O 链中所处的位置。编址时同种类型输入或输出点的模块在链中按与主机的位置递增，其他类型模块的有无以及所处的位置不影响本类型模块的编号。

例如，某一控制系统选用 CPU224，系统所需的输入输出点数各为：数字量输入 24 点、数字量输出 20 点、模拟量输入 6 点、模拟量输出 2 点。那么，本系统可有多种不同模块的选取组合，并且各模块在 I/O 链中的位置排列方式也可能有多种。图 2-18 所示为其中的一种扩展 I/O 模块链接形式，表 2-7 所列为其对应的各模块的编址情况。

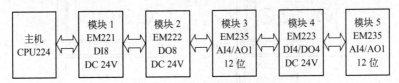

图 2-18　扩展 I/O 模块链

表 2-7　各模块编址

主机-I/O		模块 1-EM221-I/O	模块 2-EM222-I/O	模块 3-EM235-I/O	模块 4-EM223-I/O		模块 5-EM235-I/O
I0.0	Q0.0	I2.0	Q2.0	AIW0	I3.0	Q3.0	AIW8
I0.1	Q0.1	I2.1	Q2.1	AIW2	I3.1	Q3.1	AIW10
I0.2	Q0.2	I2.2	Q2.2	ATW4	I3.2	Q3.2	ATW12
I0.3	Q0.3	I2.3	Q2.3	ATW6	I3.3	Q3.3	ATW14
I0.4	Q0.4	I2.4	Q2.4				
I0.5	Q0.5	I2.5	Q2.5	AQW0			AQW4
I0.6	Q0.6	I2.6	Q2.6				
I0.7	Q0.7	I2.7	Q2.7				
I1.0	Q1.0						
I1.1	Q1.1						
I1.2							
I1.3							
I1.4							
I1.5							

由此可见，S7-200 PLC 系统扩展对输入/输出端口编址的组态规则如下。

1）对于同类型输入或输出点的模块按 I/O 链中顺序进行编址。

2）对于数字量，输入/输出映像寄存器的单位长度为 8 bit（1 B），本模块实际 I/O 位数按字节未满 8 bit 的，未用位不能分配给 I/O 链的后续模块（即后续模块编址必须从又一连续字节开始）。

3）对于模拟量输入，以 2 B（1 W）递增方式来分配地址空间，一个模块占 4 个地址。

4）对于模拟量输出，以 2 B 递增方式来分配地址空间，一个模块占 2 个地址。

由于每个有模拟量输出的模块占两个输出通道地址空间，即使第一个模块只有一个输出 AQW0，第二个模块的输出地址也应从 AQW4 开始寻址，而不能使用 AQW2。

2.4.2　S7-200 PLC 模块外部接线及注意事项

PLC 是通过 I/O 点与外界建立联系的，用户必须灵活掌握 I/O 点与外部设备的连接关系和配电要求。

1. CPU 模块工作电源接线图

S7 – 200 PLC 的 CPU 模块工作电源有直流电源（24 V）或交流电源（85～265 V）两种供电方式。电源接线如图 2-19 所示。

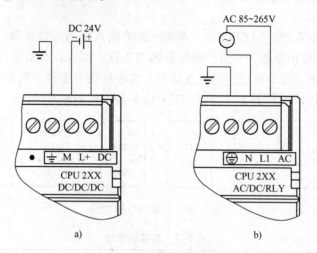

图 2-19　CPU 模块电源接线图

a）DC 24 V 直流电源　b）交流工作电源

CPU 工作电源为直流 24 V，L₊ 接电源正极、M 接电源负极；CPU 工作电源为交流电源时，其电压值应根据相应产品的使用说明书选取，其接地端可以采用共地方式（大地电位比较稳定时），即将 PLC 控制系统中电路的接地点、机壳的接地点与电网提供的可靠地线连接在一起，一般情况为 PE（保护接地）线整个系统以大地为电位参考点，可以稳定系统工作，便于安全操作。

2. 输入输出端口接线

（1）直流输入接线图

对于 S7 – 200 PLC 所有型号 CPU 模块的直流输入（DC 24 V）端口，既可以作为源形输入（公共端接负电位）也可以作为漏形输入（公共点接正电位），CPU 的直流输入接线图如图 2-20 所示。

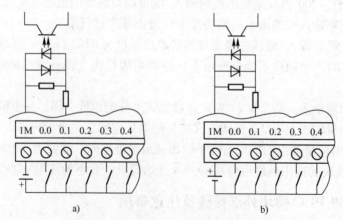

图 2-20　CPU 直流输入接线图

a）DC 24 V 直流输入（漏形）　b）DC 24 V 直流输入（源形）

图中端子 1M 是同一组输入点（0.0～0.4）在其内部输入电路的公共点，每个点输入电流约几个毫安，每个点输入开关可以是任何部件（如光电开关、传感器开关、接近开关等）信息的无源开关信号。

（2）直流输出接线图

对于 S7-200 所有型号 CPU 的输出，可分为 DC 24 V 漏形直流输出、DC 24 V 源形直流输出，CPU 的输出接线图如图 2-21 所示。

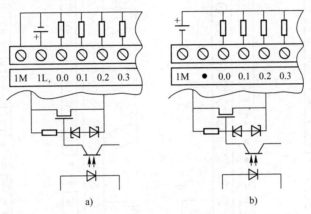

图 2-21　CPU 直流输出接线图

a）DC 24 V 直流输出（源形）　　b）DC 24 V 直流输出（漏形）

（3）继电器输出接线图

继电器输出接线图如图 2-22 所示。

继电器输出电路可以实现 PLC 与外部负载电路的完全隔离。继电器输出是通过其机械触点把外部电源与负载连接成供电回路的，其触点容量可以工作在交、直流电源 250 V 以下、驱动电流 2 A 以下的阻性负载。图 2-22 中的 1L 端是输出电路若干输出点的公共端。

（4）模拟量输入/输出接线图

对于 S7-200 CPU224XP，其模拟量输入/输出接线图，如图 2-23 所示。

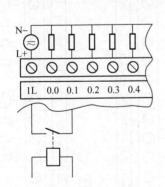
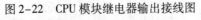

图 2-22　CPU 模块继电器输出接线图

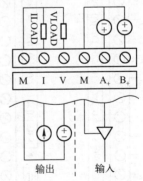

图 2-23　CPU224XP 模拟量输入/输出接线图

3. S7-200 CPU 模块外围接线

下面以 CPU221、CPU222、CPU224、CPU224XP 和 CPU226 为例，简要介绍 CPU 的 I/O 点与外部设备的连接图（以 DC 24 V 漏形直流输入、DC 24 V 源形直流输出型为例）。为了分析问题方便，在这些连接图中，外部输入设备都用开关表示，外部输出设备（负载）则以电阻代表。

（1）CPU221 模块外围接线图

CPU221 模块集成了 6 输入/4 输出共 10 个数字量 I/O 点，输入点为 24 V 直流双向光耦合输入电路，输出有直流（MOS 型）和继电器两种类型。CPU221 模块典型外围接线如图 2-24 所示。其中，图 a 为直流电源/直流输入/直流输出的 CPU 外围接线图，图 b 为交流电源/直流输入/继电器输出的 CPU 外围接线图。

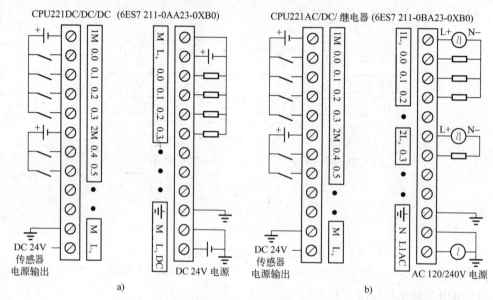

图 2-24　CPU221 典型外围接线图

a）直流电源/直流输入/直流输出　b）交流电源/直流输入/继电器输出

（2）CPU222 模块外围接线图

CPU222 集成了 8 输入/6 输出共 14 个数字量 I/O 点，CPU222 模块典型外围接线如图 2-25 所示。

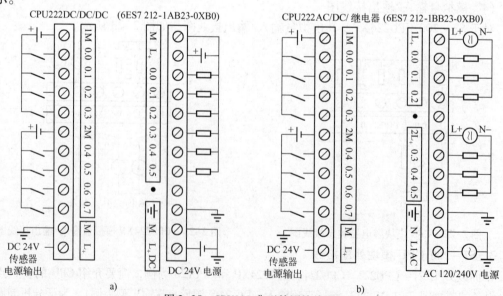

图 2-25　CPU222 典型外围接线图

a）直流电源/直流输入/直流输出　b）交流电源/直流输入/继电器输出

（3）CPU224 模块外围接线图

CPU224 集成 14 输入/10 输出共 24 个数字量 I/O 点，CPU224 模块典型的外围接线如图 2-26 所示。

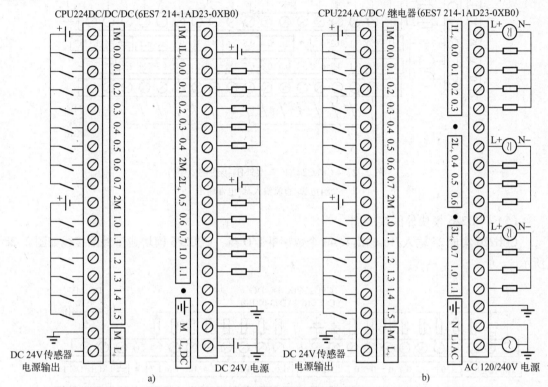

图 2-26　CPU224 典型外围接线图

a) 直流电源/直流输入/直流输出　b) 交流电源/直流输入/继电器输出

（4）CPU224XP 模块外围接线图

CPU224XP 集成 14 输入/10 输出共 24 个数字量 I/O 点和 2 输入/1 输出共 3 个模拟量 I/O 点，CPU224XP 模块典型外围接线如图 2-27 所示。

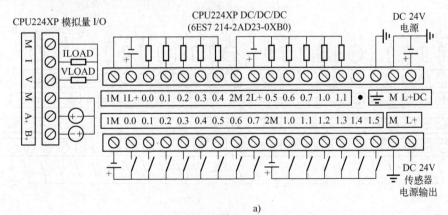

a)

图 2-27　CPU224XP 典型外围接线图

a) 直流电源/直流输入/直流输出

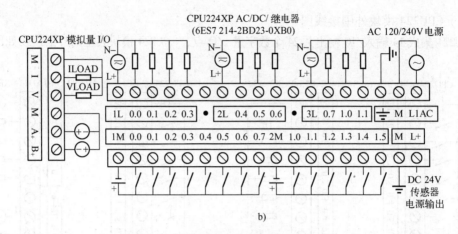

图 2-27 CPU224XP 典型外围接线图（续）

b）交流电源/直流输入/继电器输出

（5）CPU226 模块外围接线图

CPU226 集成 24 输入/16 输出共 40 个数字量 I/O 点，CPU226 模块典型外围接线如图 2-28 所示。

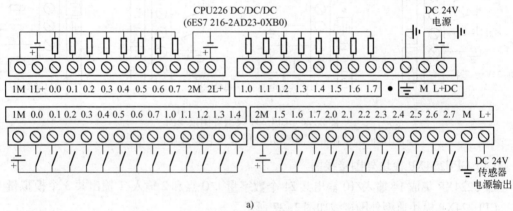

a)

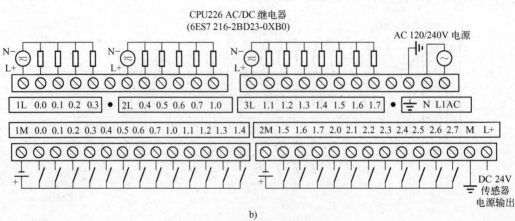

b)

图 2-28 CPU226 典型外围接线图

a）直流电源/直流输入/直流输出 b）交流电源/直流输入/继电器输出

4. 扩展模块外部接线

（1）EM221 扩展模块外围接线图

EM221 扩展模块外围接线图如图 2-29 所示。

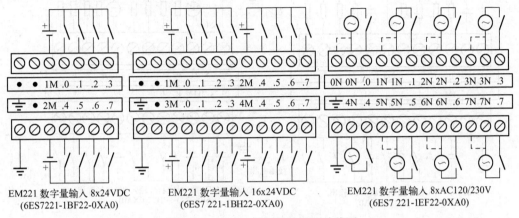

EM221 数字量输入 8×24VDC
(6ES7221-1BF22-0XA0)

EM221 数字量输入 16×24VDC
(6ES7 221-1BH22-0XA0)

EM221 数字量输入 8×AC120/230V
(6ES7 221-1EF22-0XA0)

图 2-29　EM221 扩展模块外围接线图

（2）EM222 扩展模块外围接线图

EM222 扩展模块外围接线图如图 2-30 所示。

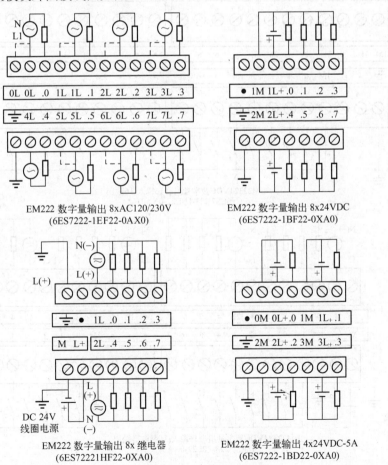

EM222 数字量输出 8×AC120/230V
(6ES7222-1EF22-0AX0)

EM222 数字量输出 8×24VDC
(6ES7222-1BF22-0XA0)

EM222 数字量输出 8× 继电器
(6ES72221HF22-0XA0)

EM222 数字量输出 4×24VDC-5A
(6ES7222-1BD22-0XA0)

图 2-30　EM222 扩展模块外围接线图

（3）EM223扩展模块外围接线图

EM223扩展模块外围接线图如图2-31所示。

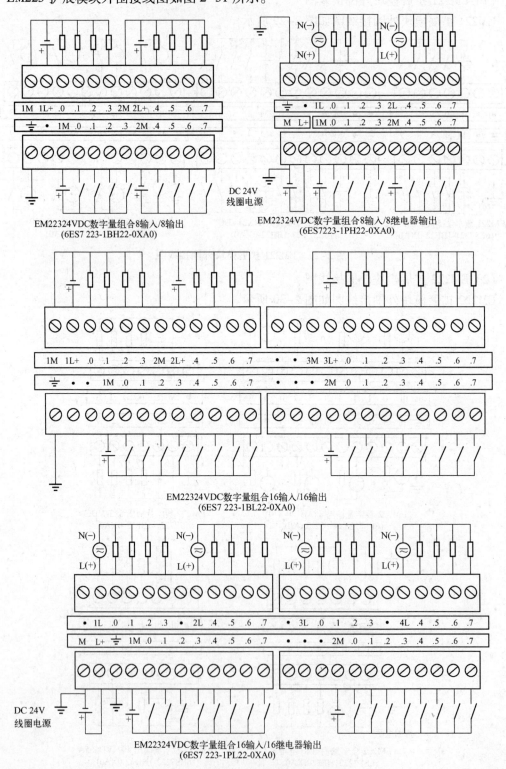

图 2-31　EM223 扩展模块外围接线图

（4）EM231/EM232 扩展模块外围接线图

EM231/EM232 扩展模块外围接线图如图 2-32 所示。

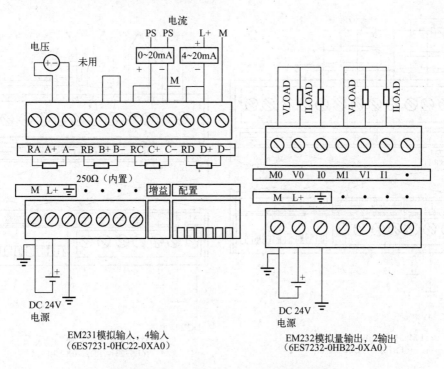

EM231模拟输入，4输入
（6ES7231-0HC22-0XA0）

EM232模拟量输出，2输出
（6ES7232-0HB22-0XA0）

图 2-32　EM231/EM232 扩展模块外围接线图

（5）EM235 扩展模块外围接线图

EM235 扩展模块外围接线图如图 2-33 所示。

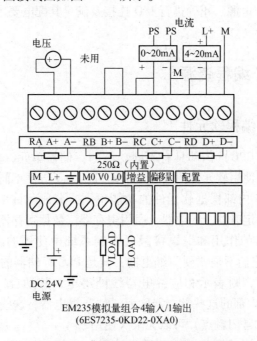

EM235模拟量组合4输入/1输出
（6ES7235-0KD22-0XA0）

图 2-33　EM235 扩展模块外围接线图

（6）EM231 热电阻、热电偶扩展模块外围接线图

EM231 热电阻、热电偶扩展模块外围接线图如图 2-34 所示。

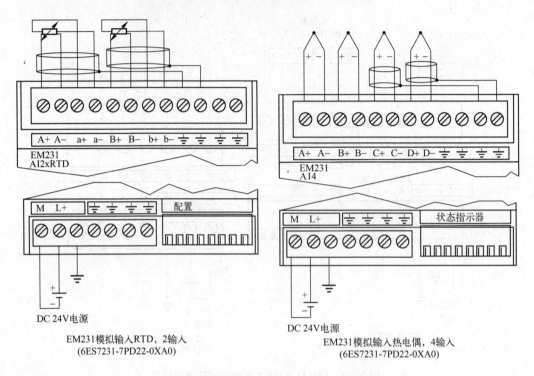

EM231模拟输入RTD，2输入
(6ES7231-7PD22-0XA0)

EM231模拟输入热电偶，4输入
(6ES7231-7PD22-0XA0)

图 2-34　EM231 热电阻、热电偶扩展模块外围接线图

注意：在实际应用中，用户应根据所使用的主机和扩展模块参考相应 PLC 的 CPU 用户手册，正确选择 PLC 工作电源、正确进行 I/O 连接及满足其配电要求（电源的正/负极和电压值）。

2.5　S7－200 PLC 编程资源

2.5.1　S7－200 PLC 编程软元件

编程软元件是 PLC（CPU）内部具有不同功能的存储器单元，每个单元都有唯一的地址，在编程时，用户只需使用软元件的符号地址即可。为了方便不同的编程功能需要，存储器单元作了分区，即 PLC 内部根据软元件的功能不同，分成了许多区域，如输入寄存器、输出寄存器、位存储器、定时器、计数器、通用寄存器、数据寄存器及特殊功能存储器等。

PLC 内部这些存储器的作用和继电接触式控制系统中使用的继电器十分相似，也有"线圈"与"触点"，但它们不是"硬"继电器，而是 PLC 存储器的存储单元。当写入该单元的逻辑状态为"1"时，则表示相应继电器线圈得电，其动合（软）触点闭合，动断（软）触点断开。所以，内部的这些继电器称为"软"继电器，这些软继电器的最大特点是其触点（包括常开触点和常闭触点）可以无限次使用。

软元件的地址编排采用"区域号＋区域内编号"方式。CPU224、CPU226 部分编程软

元件的编号范围和功能描述见表2-8。

表2-8 S7-200 PLC软元件的编号范围

元件名称	符号	编号范围	功能说明
输入寄存器	I	I0.0~I1.5 共14点	接受外部输入设备的信号
输出寄存器	Q	Q0.0~Q1.1 共10点	输出程序执行结果并驱动外部设备
位存储器	M	M0.0~M31.7	在程序内部使用,不能提供外部输出
定时器	256 (T0~T255)	T0, T64	保持型通电延时 (1 ms)
		T1~T4, T65~T68	保持型通电延时 (10 ms)
		T5~T31, T69~T95	保持型通电延时 (100 ms)
		T32, T96	ON/OFF 延时 (1 ms)
		T33~T36, T97~T100	ON/OFF 延时 (10 ms)
		T37~T63, T101~T255	ON/OFF 延时 (100 ms)
计数器	C	C0~C255	加法计数器,触点在程序内部使用
高速计数器	HC	HC0~HC5	用来累计比CPU扫描速率更快的事件
顺序控制继电器	S	S0.0~S31.7	提供控制程序的逻辑分段
变量存储器	V	VB0.0~VB5119.7	数据处理用的数值存储元件
局部存储器	L	LB0.0~LB63.7	使用临时的寄存器,作为暂时存储器
特殊存储器	SM	SM30.0~SM549.7	CPU与用户之间交换信息
特殊存储器	SM (只读)	SM0.0~SM29.7	只读信号
累加寄存器	AC	AC0~AC3	用来存放计算的中间值

2.5.2 软元件类型和功能

1. 输入继电器 (I)

输入继电器又称为输入过程映像寄存器,一个输入继电器对应一个PLC的输入端子,用于接收外部开关信号的控制。输入继电器与输入开关信号的连接及内部等效电路如图2-35所示。

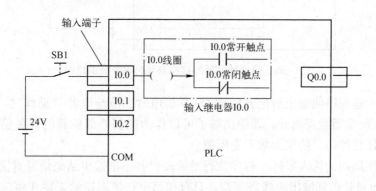

图2-35 输入继电器外接控制开关及内部等效电路图

例如,当外部的开关SB1闭合(输入回路导通),输入继电器的线圈I0.0得电,则该继电器"动作"，在程序中表现为该继电器常开触点闭合/常闭触点断开。这些触点可以在编程时任意使用，并且使用次数不受限制。

必须特别指出，PLC输入继电器通过输入端口不能识别外部开关是常开开关还是常闭开关，它只能识别外部输入电路（开关）的状态是闭合的还是断开的。

在PLC每个扫描周期的开始，PLC对各个输入端子点进行采样，并把采样值送到输入映像寄存器。PLC在接下来的本周期各阶段不再改变输入映像寄存器中的值，直到下一个扫描周期的输入采样阶段。

输入继电器可以按位来读取数据，其直接寻址的地址格式为：I[字节地址].[位地址]，如I1.0（第1个字节第0位）。

输入继电器也可以按字节、字或双字来读取数据（一次读取8位、16位或32位），其直接寻址地址格式为：I[长度B/W/D][起始字节地址]，如IB1（第1个字节）、IW1（第1个字）。

（以下软元件地址格式类同，只是继电器符号改变）。

在编程时应注意：

1）输入继电器只能由输入端子接收外部信号控制，不能由程序控制。

2）为了保证输入信号有效，输入开关动作时间必须大于一个PLC扫描工作周期。

3）输入继电器软触点只能作为中间控制信号，不能直接输出给负载。

4）输入开关外接电源的极性和电压值应符合输入电路的要求，如直流输入、交流输入。

2. 输出继电器（Q）

输出继电器又称输出过程映像寄存器，一个输出继电器对应一个PLC的输出端子，可以作为负载的控制信号。输出继电器与负载电路的连接及内部等效电路如图2-36所示。

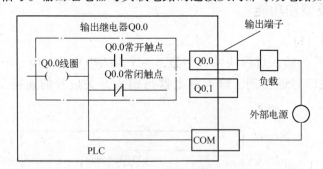

图2-36　输出继电器外接控制及内部等效电路图

例如，当通过程序使输出继电器线圈Q0.0得电时，该继电器"动作"，在程序中表现为常开触点闭合/常闭触点断开，即输出端子可以作为控制外部负载的开关信号。这些触点可以在编程时任意使用，使用次数不受限制。

在每个扫描周期的输入采样、程序执行等阶段，并不把输出结果信号直接送到输出锁存器（端点），而只是送到输出映像寄存器，只有在每个扫描周期的末尾才将输出映像寄存器中的结果几乎同时送到输出锁存器，对输出端点进行刷新。

输出继电器可以按位来写入数据，如Q1.1；也可以按字节、字或双字来写入数据，如 QB1。

在编程时应注意：

1）输出端点只能由程序写入输出继电器控制。

2）输出继电器触点不仅可以直接控制负载，同时也可以作为中间控制信号，供编程使用。

3）输出外接电源的极性和电压值应符合输出电路的要求，输出继电器的执行部件有继电器、晶体管和晶闸管 3 种形式，图 2-36 是继电器输出等效电路。

4）在继电器输出电路中，输出继电器（软触点）控制着 PLC 内部的一个实际的继电器，PLC 输出端输出的是这个实际继电器的触点开关状态。继电器输出起着 PLC 内部电路与负载供电电路的电气隔离作用，同时，负载所需的外接电源可使用直流或交流，其输出电流、电压值应满足输出触点的要求。

3. 通用辅助继电器（M）

通用辅助继电器（又称位存储区或内部标志位）在 PLC 中没有输入/输出端子与之对应，在逻辑运算中只起到中间状态的暂存作用，类似继电器控制系统中的中间继电器。

通用辅助继电器可以按位来存取数据，如 M26.7。也可以按字节、字或双字来存取数据，如 MD20。

4. 特殊继电器（SM）

特殊继电器的某些位（特殊标志位）具有特殊功能或用来存储系统的状态变量、控制参数和信息，是用户与系统程序之间的界面。用户可以通过特殊标志位来沟通 PLC 与被控制对象之间的信息；用户也可以通过编程直接设置某些位使设备实现某种功能（参看 S7 - 200 用户手册）。

特殊继电器有只读区和可读写区，例如，常用的 SMB0 单元有 8 个状态位为只读标志，其含义如下。

SM0.0：PLC 运行（RUN）指示位，该位在 PLC 运行时始终为 1。

SM0.1：该位在 PLC 由 STOP 转入 RUN 时，该位为 ON 一个扫描周期，常用作调用初始化子程序。

SM0.2：若保持数据丢失，则该位在一个扫描周期中为 1。

SM0.3：开机后进入 RUN 方式，该位将 ON 一个扫描周期。

SM0.4：该位提供了一个周期为 1 min、占空比为 0.5 的时钟脉冲，可作为简单延时使用。

SM0.5：该位提供了一个周期为 1 s、占空比为 0.5 的时钟脉冲。

SM0.6：该位为扫描时钟，本次扫描时置 1，下次扫描时置 0。可用作扫描计数器的输入。

SM0.7：该位指示 CPU 工作方式开关的位置（0 为 TERM 位置，1 为 RUN 位置）。

在每个扫描周期的末尾，由 S7 - 200 更新这些位。

特殊继电器可以按位存取数据，如 SM0.1。也可以按字节、字或双字存取数据，如 SMB86。

5. 变量存储器（V）

变量存储器用来存储变量（可以被主程序、子程序和中断程序等任何程序访问，也称为全局变量），可以存放程序执行过程中数据处理的中间结果，如位变量 V1.0、字节变量 VB10、字变量 VW10、双字变量 VD10。

6. 局部变量存储器（L）

局部变量存储器用来存放局部变量（局部变量只在特定的程序内有效），可以用来存储临时数据或者子程序的传递参数。局步变量可以分配给主程序段、子程序段或中断程序段，但不同程序段的局部存储器是不能相互访问的。

7. 顺序控制继电器（S）

PLC 中的顺序控制继电器也称状态器或状态元件，是顺控继电器指令的重要元件，常与顺序控制指令 LSCR、SCRT、SCRE 结合使用，实现顺序控制或步进控制，如 S2.1、SB4。

8. 定时器（T）

定时器是 PLC 中常用的编程软元件，主要用于累计时间的增量，其分辨率有 1 ms、10 ms 和 100 ms 3 种。定时器的工作过程与继电器控制系统的时间继电器类同，当定时器的输入条件满足时开始累计时间增量（当前值），当定时器的当前值达到预设值时，定时器触点动作。定时器地址格式为：T[定时器号]，如 T24。

9. 计数器（C）

计数器是用来累计输入脉冲的个数。当输入触发条件满足时，计数器开始累计它的输入端脉冲上升沿（正跳变）的次数；当计数器计数值达到预定的设定值时，计数器触点动作。计数器地址格式为：C[计数器号]，如 C24。

10. 累加器（AC）

累加器是用来暂存数据的寄存器，可以进行读、写两种操作，它可以向子程序传递参数，也可以从子程序返回参数，或用来存储运算中间结果。S7 – 200 提供了 4 个 32 位的累加器，其地址格式为：AC[累加器号]，如 AC0、AC3 等。累加器的可用长度为 32 位，可采用字节、字、双字的存取方式。按字节、字存取时只能存取累加器的低 8 位或低 16 位，双字可以存取累加器全部的 32 位，如图 2-37 所示。

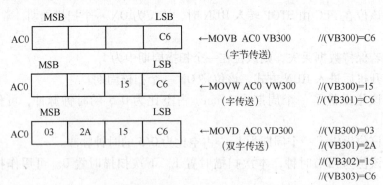

图 2-37　累加器的操作

11. 模拟量输入/输出映像寄存器（AI/AQ）

模拟量输入映像寄存器用以存放 A – D 转换后输入的 16 位的数字量，其地址格式为：AIW[起始字节地址]，如：AIW2。注意：必须用偶数字节地址（0，2，4…）且只能进行读操作。

模拟量输出映像寄存器用以存放需要进行 D－A 转换的 16 位的数字量,其地址格式为:AQW［起始字节地址］,如:AQW2。注意:必须用偶数字节地址（0,2,4…）且只能进行写操作。

12. 高速计数器（HC）

一般计数器的计数频率受扫描周期的影响,不能太高。而高速计数器可累计比 CPU 的扫描速度更快的事件。高速计数器的当前值是一个双字长（32 位）的整数,且为只读值。高速计数器的数量很少,地址格式为:HC［高速计数器号］,如 HC2。

2.5.3 PLC 的编程语言

PLC 为用户提供了完善的编程语言来满足编制用户程序的需求。它提供的编程语言通常有梯形图（LAD）、语句表（STL）和顺序功能图（SFC）等。

1. 梯形图（LAD）

前已述及,梯形图与继电器控制系统的电路图很相似,具有直观易懂的优点,很容易被熟悉继电器控制的电气人员掌握。

梯形图是最常用的 PLC 图形编程语言,其主要特点如下。

1）梯形图中使用的"继电器"或"线圈",不是真实的物理电器,而是在软件中使用的编程元件,每一编程元件与 PLC 存储器中元件映像寄存器的一个存储单元对应。

2）梯形图两侧的垂直公共线称为公共母线（BUS bar）。在分析梯形图的逻辑关系时,为了借用继电器电路的分析方法,可以想象左右两侧母线之间有一个左正右负的直流电源电压,当图中的触点接通时,有一个假想的"概念电流"或"能流（power flow）从左到右流动,这一方向与执行用户程序时的逻辑运算的顺序是一致的,如图 2-38 所示。

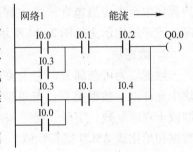

图 2-38　PLC 梯形图

3）根据梯形图中各触点的状态和逻辑关系,求出与图中各线圈对应的编程元件的状态,称为梯形图的逻辑解算。逻辑解算是按梯形图中从上到下、从左到右的顺序进行的。

4）梯形图中的线圈和其他输出指令应放在最右边。

5）梯形图中各编程元件的常开触点和常闭触点均可以无限多次地使用。

梯形图适合熟悉继电器电路的人员使用,设计复杂的触点电路时最好使用梯形图。

2. 语句表（STL）

语句表编程语言是一种与汇编语言类似的助记符编程语言,用一个或几个容易记忆的字符来代表 PLC 的某种操作功能。每个语句由地址（步序号）、操作码（指令）和操作数（数据）3 部分组成。语句表可以实现某些不易用梯形图或功能块图来实现的功能。

语句表编程语言常用在没有显示屏的简易编程器中,用一系列 PLC 操作命令组成的语句表将梯形图描述出来,再通过简易编程器输入到 PLC 中。

下面的程序是用语句表语言编写的一个简单的定时程序。

```
Network 1          // I0.0 接通,定时 200 × 10 ms = 2 s 后 T36 的常开触点闭合,Q0.0 输出
LD        I0.0
TON       T36,200
```

```
Network 2          // I0.0 断开,T36 复位
LD      T36
=       Q0.0
```

使用语句表编程速度快,可以在每条语句后面加上注释,便于理解和阅读。

3. 顺序功能图 (SFC)

顺序功能图是一种位于其他编程语言之上的图形语言,使用它可以对具有并发、选择等复杂结构的系统进行编程。

顺序功能图提供了一种组织程序的图形方法,在顺序功能图中允许和别的语言编制的程序嵌套。顺序功能图有步、转换和动作 3 种主要元件组成,如图 2-39 所示。可以用顺序功能图来描述系统的功能,根据它可以很容易地画出梯形图程序。

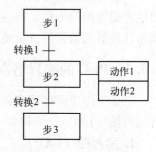

图 2-39 顺序功能图

2.5.4 PLC 的程序结构

广义上的 PLC 程序由用户程序、数据块和系统块 3 部分组成。

1. 用户程序

用户程序是必选项,在存储空间中也称为组织块,它处于最高层,可以管理其他块,可用各种语言(如 LAD、STL 等)编写用户程序。用户程序中至少应当包含一个主程序或附加若干个子程序及若干个中断程序。程序结构示意如图 2-40 所示。

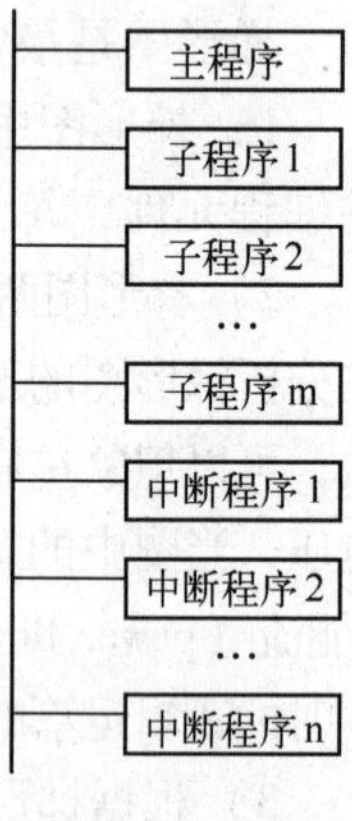

2. 数据块

数据块为可选部分,它主要存放控制程序运行所需的数据,在数据块中允许以下数据类型:布尔型,表示编程元件的状态;十进制、二进制或十六进制数;字母、数字和字符型。数据块仅允许对 V 存储区进行数据初始化或 ASCII 字符赋值。

3. 系统块

图 2-40 PLC 的
一般程序结构

系统块存放的是 CPU 组态数据,如 PLC 通信参数设置等,用户可以根据需要在编程软件中进行设置。如果在编程软件或者其他编程工具上未进行 CPU 的组态,则系统以默认值进行自动配置。

需要特别指出的是,以上数据块和系统块要同编译通过的用户程序一并下载至 PLC 才能有效。

2.5.5 S7-200 PLC 编程软件简介

使用 S7-200 PLC,首先要在 PC 上安装 STEP 7-Mirco/WIN 编程软件。按照 STEP 7-Mirco/WIN 软件规定的编程语言(指令格式)编写的 PLC 用户程序,可在该软件环境下进行录入编辑、编译、调试及运行监控。

STEP 7-Micro/WIN 是 SIEMENS 公司专门为 SIMATIC 系列 S7-200 可编程控制器研制开发的编程软件,它使用上位计算机作为图形编程器,用于在线(联机)或离线(脱机)开发用户程序,并可以在线实时监控用户程序的执行状态。

在 STEP 7-Mirco/WIN 软件环境下,同一程序可以使用梯形图、语句表和功能块图三

种编程语言进行编程，可以直接进行显示切换。

STEP 7 – Mirco/WIN 软件环境及操作在本书第 9 章中作详细介绍。

2.6　一个 PLC 简单应用实例

在第 1 章中，已经介绍了三相异步电动机的主要用途、功能和继电器接触式控制电路。这里要求用 PLC 实现对电动机进行起动、停止、自锁保护、过载保护的控制，控制要求如下。

1）按下输入控制起动按钮，电动机自锁起动，按下输入控制停止按钮，电动机停止运行。

2）利用热继电器常闭触点实现过载保护。

1. PLC 电动机自锁起动控制系统构成

PLC 三相异步电动机自锁控制系统如图 2-41 所示。

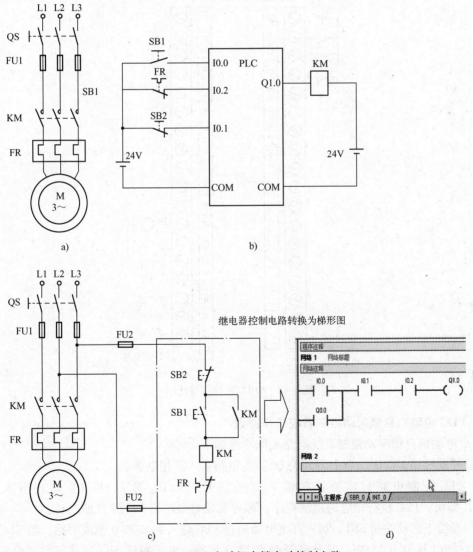

图 2-41　PLC 电动机自锁启动控制电路

a）主电路　b）控制电路　c）继电器接触式控制电路　d）控制程序

在图 2-41 中，图 a 为主电路，由电动机 M、热继电器 FR、接触器（输出部分）KM 的主常开触点、熔断器 FU1 刀开关 QS 构成；图 b 为控制电路，由 S7-200 PLC 控制器，起动按钮 SB1（输入部分）、停止按钮 SB2（输入部分）、接触器 KM 辅助常开触点及它的线圈组成（注意：本例控制线路接触器工作电压为 DC24 V）；图 c 为传统的继电器控制电路，将其电路移植到 PLC 相应的软元件并稍作修改，得到 PLC 梯形图控制程序如图 d 所示。

2. 端口及接线

以 S7-200 CPU224 PLC（集成 14 输入/10 输出共 24 个数字量 I/O 点）模块作为控制器，PLC 电动机自锁起动控制电路外围接线图如图 2-42 所示。

在图 2-42 中，开关符号连接的端口均为输入端口（如 I0.0、I0.1、I0.2）；接触器连接的输出端口为 Q1.0。

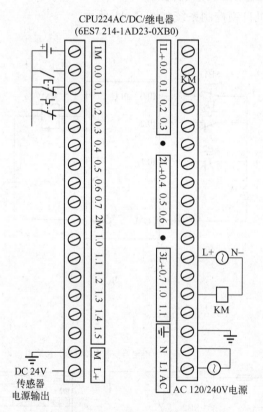

图 2-42　CPU224 外围接线图

3. PLC 电动机自锁起动控制系统工作原理

PLC 电动机自锁起动控制系统电路工作原理如下。

1）控制线路起动时，合上刀开关 QS，主电路引入三相电源。

2）PLC 控制电路只需要连接输入开关信号（I0.0、I0.1、I0.2）输出开关信号（Q1.0）即可，PLC 执行相应的控制程序，即可实现对继电器 KM 的自锁控制。

3）当按下起动按钮 SB1，24V 直流电源通过 PLC 输入端口 I0.0 形成回路，置 PLC 内部的输入软继电器 I0.0 为 ON，其软常开触点 I0.0 导通；由于按钮 SB2 原状态是闭合的，故软输入软继电器 I0.1 为 ON，其软常开触点 I0.1 也是导通的，因此，PLC 内部的输出继电器 Q1.0 得电为 ON，其内部触点闭合，24V 直流电源通过内部触点使接触器 KM 线圈形成通电回路，同时实现自锁功能；KM 线圈得电时，其常开主触点 KM 闭合，电动机接通电源开始全起动；

4）按下停止按钮 SB2，I0.1 回路断电，软继电器 I0.1 线圈失电，则其软触点断开，Q1.0 失电为 OFF，使接触器 KM 线圈断电，KM 触点断开，切断电动机三相电源，电动机 M 自动停止运行，控制电路又回到起动前的状态。

5）热继电器 FR 对电动机实现过载保护，正常工作时，热继电器常闭触点闭合，I0.2 为 ON，电路工作正常，当通过电动机电流超过一定范围时，热继电器动作，常闭触点断开，I0.2 为 OFF，切断电动机供电回路。

6）熔断器 FU1 对主电路实现短路保护，电路同时具有欠压、失压保护。

2.7 技能项目实训

2.7.1 PLC 简单实例项目训练

1. 实训目的
1）了解可编程控制器应用领域及特点。
2）初步认识可编程控制器简单的应用过程，建立学习、应用可编程控制器的自信心。

2. 实训内容
1）熟悉可编程控制器实训设备、演示课件及应用实例。
2）用 PLC 实现一个最简单的开关电路。
3）用 PLC 定时器实现简单定时功能（定时时间为 1 s 的定时器开关）。

3. 实训设备及元器件
1）安装有 STEP7 - Micro/WIN 编程软件的 PC。
2）S7 - 200 PLC 实验工作台或 S7 - 200PLC 装置。
3）PC/PPI + 通信电缆线。
4）开关、指示灯、导线等必备器件。

4. 实训步骤
下面介绍 PLC 应用的操作步骤。
（1）用 PLC 实现最简单的开关电路
功能要求，按下开关 SB1（闭合）时，指示灯亮，松开 SB1（断开）时，指示灯灭。操作步骤按序如下。

1）选择输入端口 I0.0、输出端口 Q0.0，连接外部设备接线如图 2-43 所示。
2）在上位机运行软件 STEP 7 - Micro/WIN32，自动产生新建项目，项目名称默认为"项目 1"。
3）执行菜单命令"PLC"→"类型"，在其对话框中选择设置所使用 PLC 的 CPU 型号。
4）在窗口左边的指令树栏目中单击"程序块"

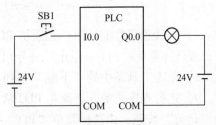

图 2-43 简单开关控制 PLC 接线图

→"主程序",进入梯形图编辑窗口,在网络 1 中输入程序,如图 2-44 所示。

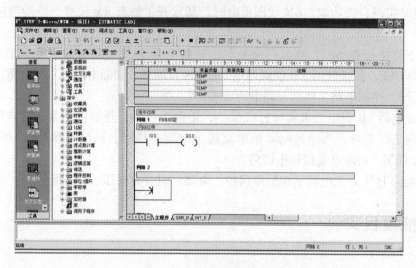

图 2-44　梯形图编辑窗口

5）执行菜单命令"PLC"→"编译"或"全部编译"命令,编译程序。发现运行错误或需要修改程序时重复上面过程,直至程序编译成功,产生目标文件。

6）建立通信。在 STEP 7 – Micro/WIN 主操作界面下,单击操作栏中的"通信"图标或选择主菜单中的"查看→组件→通信"选项,然后双击"双击刷新"图标,STEP 7 – Micro/WIN 将检查连接的所有 S7 –200 CPU 站,并为每个站建立一个 CPU 图标。

在窗口左边的操作栏选择"通信"按钮,建立上位机与 PLC 通信连接,如图 2-45 所示。

图 2-45　上位机与 PLC 通信连接

7）下载程序之前,用户必须将 PLC 置于"停止"模式。单击工具条中的"停止"按钮,或选择菜单"PLC→停止"命令可实现。

8）单击工具条中的"下载"按钮,或选择菜单"文件→下载"命令,程序开始下载。

9）运行程序之前,必须将 PLC 从"停止"模式转换为"运行"模式。单击工具条中的"运行"按钮,或选择菜单"PLC→运行"命令可实现程序运行。

10）观察实验结果。

程序执行过程：当 SB1 闭合时，I0.0 触点闭合，Q0.0 为 ON，点亮指示灯。

（2）用 PLC 定时器实现简单定时功能

功能要求：在 SB1 按下（闭合）时，指示灯不亮，延时 1 s 时间后，点亮指示灯。PLC 硬件接线图与图 2-43 相同。

操作步骤及要求参改前面内容进行（略）。

编程环境下的定时器梯形图和语句表程序如图 2-46 所示。

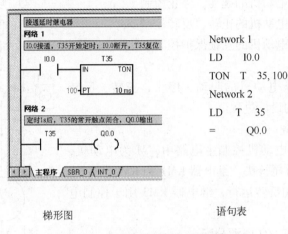

梯形图   语句表

图 2-46　定时器梯形图和语句表程序

程序执行过程如下。

当 SB1 闭合时，I0.0 触点闭合，定时器 T35 开始计时，计时时间达到设定值（100 × 10 ms = 1 s）时，定时器 T35 触点闭合，线圈 Q0.0 为 ON，点亮指示灯。

当 SB1 断开时，触点 I0.0 断开，定时器 T35 复位，定时器触点 T35 断开，指示灯灭。

5. 注意事项

1）明确实验要求，按要求完成实验内容。

2）爱护实验中用到的设备器件。在连接 PLC 外部电路时，注意输入输出电路对电源的要求（可参考相应 PLC 的 CPU 使用说明书）。

3）注意用电安全。

6. 实训操作报告

1）按实例整理出 PLC 应用的操作步骤及工作过程。

2）指出梯形图程序与输入输出端口的对应关系。

3）写出该程序的调试步骤和实验结果。

说明：本书中其他实验操作步骤可参阅本实验，在后面章节中不再赘述。

2.7.2　PLC 三相异步电动机正反转控制系统

1. 实训目的

1）掌握 PLC 外部电源及 I/O 端口电路接线原理与方法。

2）熟悉电动机主电路与控制电路的关系。

3）了解梯形图程序的作用。

2. 控制系统要求

电气设备上下、左右、前后的运动，正是利用电动机的正转和反转功能实现的。三相异步电动机的正反转可借助正反向接触器改变定子绕组的相序来实现，控制的方法很多，但都必须保证正反向接触器不会同时接通，以防造成电动机短路故障（常用"互锁"电路来避免此类故障）。

对三相异步电动机正反转控制系统的要求是：

1）实现三相异步电动机的起动、停止控制。

2）实现三相异步电动机的正转、反转控制。

3）实现三相异步电动机的互锁保护控制。

3. 控制系统设计

下面介绍三相异步电动机的起动、停止、正转、反转和互锁保护控制功能的设计过程。

（1）电动机主电路

在如图 2-47 所示电动机控制主电路中，M 为电动机，三绕组，每绕组均有首尾接头。继电器 KM1 和 KM2 分别控制电动机的正转运行和反转运行，继电器 KM3 用于控制电动机的星型连接。

（2）PLC 控制系统 I/O 资源分配

进行 PLC 系统设计时，I/O 资源分配非常重要。资源规划的好坏，将直接影响系统软件的设计质量。根据系统控制要求，设计使用 3 个继电器分别控制电动机的正转、反转与停止，资源分配表见表 2-9。

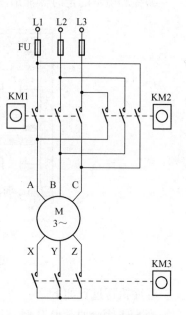

图 2-47 电动机正反转主电路工作原理图

表 2-9 系统 I/O 资源分配表

名　称	代　码	地　址	说　明
正转起动按钮	SB1	I0.0	电动机正向转动
反转起动按钮	SB2	I0.1	电动机反向转动
停止按钮	SB3	I0.2	电动机停止
控制继电器 1	KM1	Q0.0	控制电动机的正向转动
控制继电器 2	KM2	Q0.1	控制电动机的反向转动
控制继电器 3	KM3	Q0.3	控制电动机星形连接

（3）选定 PLC 型号

根据 I/O 资源的配置可知，系统共有 3 个开关量输入点，3 个开关量输出点。考虑到 I/O 点的利用率和 PLC 的价格，可选用西门子公司的 S7-200 PLC CPU221。

（4）控制系统接线图

三相异步电动机正反转控制外围接线图如图 2-48 所示。PLC 的输入开关量 I0.0、I0.1 和 I0.2 能检测来自按钮 SB1、SB2 和 SB3 的输入信号，PLC 的输出开关量 Q0.0、Q0.1 和 Q0.3 的输出值，用于驱动外部控制继电器，以实现相应的控制动作。

（5）控制系统软件设计

在 STEP 7 – Micro/WIN V4.0 编程环境中，通过软件设计实现对电动机的起动、停止、正转、反转和互锁保护等功能，其梯形图程序如图2-49所示。

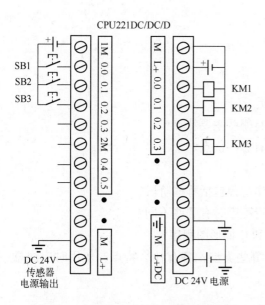

图2-48 电动机正反转 PLC 控制接线图

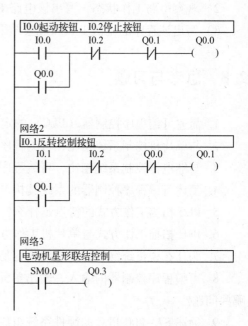

图2-49 电动机正反转 PLC 控制梯形图程序

4. 实验设备及元器件

1）S7 – 200 PLC 实验工作台或 PLC 装置。

2）安装有 STEP 7 – Micro/WIN 编程软件的 PC。

3）PC/PPI + 通信电缆线。

4）常开、常闭开关若干个、24 V 接触器（或使用继电器模拟）、导线等必备器件。

5. 实训步骤

1）按图2-48进行 PLC 外部硬件线路连接。

2）将 PC/PPI + 通信电缆线与 PC 连接。

3）启动编程软件，编辑如图2-49所示的梯形图程序。

4）编译、保存、下载梯形图程序到 S7 – 200 PLC 中。

5）启动运行 PLC，操作按钮进行电动机正转、停止、反转观察运行结果，发现运行错误或需要修改程序时重复上面过程。

6. 注意事项

1）电动机主电路部分应在教师直接指导下按规范安全操作，防止电动机在缺相时工作，电动机外壳要可靠接地，注意用电安全。

2）在电动机主电路不方便实现时（或者为安全起见），可以观察接触器（或相应的指示灯）的状态来确定控制电路的工作情况。

3）注意电源极性、电压值是否符合所使用 PLC 输入、输出电路、接触器及指示灯的要求。

7. 实训操作报告

1）分析外部连接开关及接触器与软继电器关系及功能。

2）观察电路工作状态，写出该电路工作过程和状态。

3）写出该程序的调试步骤和观察结果。

2.8 思考与习题

1. 简述可编程序控制器（PLC）的定义和分类。

2. 与单片机控制系统相比，可编程序控制器有哪些主要特点？

3. 与继电器控制系统相比，可编程序控制器有哪些优点？

4. 简述可编程序控制器的系统结构。

5. PLC 扫描工作方式的特点是什么？扫描工作过程包括哪些阶段？

6. PLC 扫描工作方式与单片机工作方式在执行程序时有哪些不同？

7. 为什么说传统继电控制电路很容易转换为 PLC 梯形图程序？

8. 可编程序控制器的输入、输出单元各包括哪些类型？各有什么特点？使用时应注意哪些问题？

9. 简述 S7 – 200 PLC 的硬件系统组成。

10. S7 – 200 PLC 常见的扩展模块有哪几类？扩展模块的具体作用是什么？

11. S7 – 200 PLC 扩展模块编址的组态规则是什么？举例说明。

12. S7 – 200 PLC 包括哪些编程软元件？其主要作用是什么？

13. 说明特殊继电器位 SM0.0、SM0.1、SM0.5 的含义，试用 SM0.0 及 SM0.5 位编写一个工作状态显示灯及周期为 1 s 的闪光灯程序。

14. 在 PLC 输入端子 I0.0 外接一个常开开关，该开关对 PLC 内部的输入继电器 I0.0 的控制关系是什么？在 PLC 输出端子 Q0.0 外接一个继电器，则 PLC 内部的输出继电器 Q0.0 对外接继电器的控制关系是什么？

15. PLC 外接端子和输入输出继电器是什么关系？哪些信号可以用来控制输入继电器？哪些信号可以用来控制输出继电器？

16. 输入继电器触点可以直接驱动负载吗？输出继电器的触点可以作为中间触点吗？

17. PLC 输入输出端子与外部设备（如开关、负载）连接时，应注意哪些方面？

18. 阅读图 2-27（CPU224XP 典型外围接线图），其中，"交流电源/直流输入/继电器输出"的含义是什么？指出 CPU 供电电源类型、I/O 端口供电、I/O 接线方式及注意事项。

19. 判断下列描述正确与否？

① PLC 可以取代继电控制系统，因此，电气元件将被淘汰。

② PLC 就是专用的计算机控制系统，可以使用任何高级语言编程。

③ PLC 在外部电路不变的情况下，在一定范围内，可以通过软件实现多种功能。

④ PLC 为继电器输出时，可以直接控制电动机。

⑤ PLC 为继电器输出时，外部负载可以使用交、直流电源。

⑥ PLC 可以识别外接输入电路开关是常开开关还是常闭开关。

⑦ PLC 可以识别外接输入电路开关是闭合状态还是断开状态。

⑧ PLC 中的软元件就是存储器中的某些位或数据单元。

20. PLC 程序结构由哪几部分组成？

21. 以 2.7.2 项目为例，说明图 2-48 所示 PLC 外部设备接线与图 2-47 所示主电路的控制关系。

22. 以 2.7.2 项目为例，结合图 2-47、图 2-48 及图 2-49 说明电动机正、反转 PLC 控制系统的工作过程。

第3章 S7-200系列PLC基本指令及编程

指令是计算机能够执行的命令，一条条指令的有序集合就构成了程序。

程序设计是编程者为实现特定的功能通过编程语言，在相应的编程软件环境下来实现的。在S7-200的编程软件中，支持梯形图LAD（Ladder）、语句表STL（Statement List）和功能块图（Function Block Diagram）等编程语言来编制用户程序。其中，梯形图和语句表是最基本、最常用的PLC编程语言，它们不仅支持结构化编程方法，而且两种编程语言可以相互转化。本章在介绍S7-200 PLC的数据类型、寻址方式及指令格式的基础上，详细介绍S7-200 PLC梯形图和语句表两种编程语言的基本指令及应用。

3.1 S7-200 PLC数据类型及寻址方式

3.1.1 数据类型

程序是通过指令对数据的处理来完成其特定功能的，程序中的数据可以使用不同的数据结构和类型，以方便程序设计，提高程序效率和可靠性。

S7-200 PLC数据类型可以是整型、实型（浮点数）、布尔型（逻辑型）或字符串型，常用的二进制数据长度有位（1 bit）、字节（8 bit）、字（16 bit）和双字（32 bit）。

1. 位、字节、字和双字

（1）位（bit）数据

所谓位数据，是指一位二进制数据，有"0"和"1"两种取值，其数据类型为布尔（BOOL）型。在PLC中，位数据可用来表示开关量（或称数字量）的两种逻辑状态，如触点的断开和接通、线圈的通电和断电等。如果该位为"1"，则表示梯形图中对应编程元件的线圈"通电"，称该编程元件为"1"状态，或称该编程元件ON（接通）；如果该位为"0"，对应编程元件的线圈和触点的状态与上述的相反，称该编程元件为"0"状态，或称该编程元件OFF（断开）。

（2）字节（Byte）数据

所谓字节数据，是由8位二进制数组成数据。其中的第0位为最低位（LSB），第7位为最高位（MSB）。在PLC中，字节数据可用来表示无符号数据范围为0~255、有符号数据范围为-128~+127，也可以用来同时表示8个开关量（或称数字量）的逻辑状态，如触点的断开和接通、线圈的通电和断电等。例如，输入8路开关量I0.0~I0.7 = 11111111时，若表示为数据，则输入继电器IB0 = 255；若表示为逻辑状态，则表示输入继电器IB0 = 11111111，即I0.0~I0.7的逻辑状态均为ON。

（3）字（Word）数据

所谓字数据，是由两个字节组成1个字（16 bit）数据。在PLC中，字数据可用来表示无符号数据范围为0~65535、有符号数据范围为-32768~32767，也可以用来同时表示16

个开关量（或称数字量）的逻辑状态，如触点的断开和接通、线圈的通电和断电等。

（4）双字（Double Word）数据

所谓双字数据，是由两个字组成1个双字（32 bit）数据。

有符号数一般用二进制补码形式表示，其最高位为符号位，0 表示正数，1 表示负数，一个字（16 bit）表示最大的正数为 16#7FFF（+32767）、最小的负数为 16#8000（-32768），其中，16#表示十六进制数。字节、字和双字的取值范围见表 3-1。

表 3-1 数据的位数和取值范围

数 据 位 数	无符号数		有符号整数	
	十进制	十六进制	十进制	十六进制
B（字节），8 位值	0~255	0~FF	-128~127	80~7F
W（字），16 位值	0~65,535	0~FFFF	-32768~+32767	8000~7FFF
D（双字），32 位值	0~4,294,967,295	0~FFFF FFFF	-2,147,483,648~ +2,147,483,647	8000 0000~7FFF FFFF

2. 常数的表示方法

在 PLC 指令中常数的数据长度可以是字节、字或双字，S7-200 CPU 以二进制方式存储常数。常数也可以用十进制、十六进制、ASCII 码或浮点数形式来表示，表 3-2 是一般常数在 S7-200 PLC 程序中的表示方法。

表 3-2 常数表示法

常 数	格 式	举 例
十进制常数	［十进制值］	20090709
十六进制常数	16#［十六进制值］	16#4E4F
二进制格式	2#［二进制值］	2#1011_0101
ASCII 码常数	'［ASCII 码文本］'	'Document'
实数或浮点数格式	ANSI/IEEE 754-1985	+1.175463E-20（正数）；-1.175463E-20（负数）
字符串	"［字符串文本］"	"It's OK!"

3.1.2　直接寻址与间接寻址

S7-200 CPU 将信息以数据的形式存储在不同的存储单元中，每个存储单元都有唯一确定的地址，根据对存储单元中信息存取形式不同，可分为直接寻址方式和间接寻址方式。

1. 直接寻址

直接寻址方式是指明确给出存储单元的地址，即在程序中直接使用编程元件的名称和地址编号，用户程序根据地址直接对存储单元数据进行读写操作。

直接寻址可以采用位寻址、字节寻址、字寻址和双字寻址等方式。

（1）位寻址

位寻址也称"字节·位"寻址，其格式为 Ax. y，其中 A 表示元件名称，x 表示字节地址，y 表示位地址，位寻址示意图如图 3-1 所示。

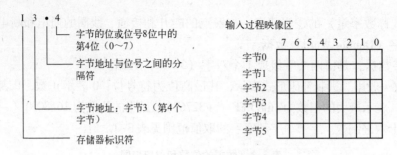

图 3-1　字节·位寻址示意图

例如，I3.4 表示输入继电器（I）的位寻址格式，其中"3"表示字节地址编号，"4"表示位地址编号，即输入继电器 IB3 的第 4 位。

（2）字节、字、双字寻址

字节、字、双字寻址格式为：

存储区域标识 + 数据类型 + 存储区域内的首字节地址

例如，输入继电器第 0 字节 IB0、第 1 字节 IB1。

下面以变量存储器为例，说明字节、字、双字寻址格式。

如 VB100，其中 V 表示存储区域标识符，B 表示访问一个字节，100 表示字节地址。

如 VW100，表示由 VB100 和 VB101 组成的 1 个字（16 bit），W 表示访问一个字（Word），100 为起始字节的地址（即字数据的高位字节）；

如 VD100，表示由 VB100 ~ VB103 组成的双字（32 bit），D 表示访问一个双字（Double Word），100 为起始字节的地址（即双字数据的最高位字节），如图 3-2 所示。

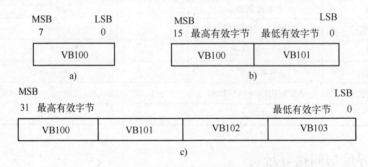

图 3-2　字、字节和双字对同一地址存取操作数的比较

a）VB100　b）VW100　c）VD100

注意：对于字、双字数据表示均为低位字节为数据的高位，其他按序排列，这一点不同于其他计算机多字节数据的表示方法。

S7 - 200 PLC 允许对几乎所有的软继电器编程元件进行直接寻址。

（3）其他直接寻址

对于一些具有一定功能的器件，可以直接写出其编号（符号地址），如定时器 T10，在这种编址中，指明了三个相关变量的信息，即 T10 定时器、T10 定时器触点的状态和 T10 定时器定时时间的当前值。

此外，还可以采用不同的寻址格式对同一地址进行寻址。例如：输入字节寻址 IB3 表示同时由位寻址 I3.0 ~ I3.7 组成。

　　表 3-3 是 S7-200 PLC 的各种 CPU 存储空间的取值范围。在该表中，输入/输出映像寄存器（继电器）的存储范围都远远大于 CPU 具有的输入/输出端子的数量，这是在制造集成电路芯片时为了方便生产，而统一按端口的最大配置数量制作造成的，不能作为输入/输出口地址选择的依据。另外，累加寄存器 AC 支持字节、字和双字的存取，但是，以字节或字为单元存取累加器时，只能访问累加器的低 8 位或低 16 位信息。

表 3-3　S7-200 存储器范围及特性

描述	CPU221	CPU222	CPU224S	CPU224XP	CPU226
用户程序长度： 在运行模式下编辑 不在运行模式下编辑	4096 B 4096 B	4096 B 4096 B	8192 B 12288 B	12288 B 16384 B	16384 B 24576 B
用户数据大小	2048 B	2048 B	8192 B	10240 B	10240 B
输入映像寄存器（I）	I0.0 ~ I15.7	I0.0 ~ I15.7	I0.0 ~ I15.7	I0.0 ~ I15.7	I0.0 ~ I15.7
输出映像寄存器（Q）	Q0.0 ~ Q15.7	Q0.0 ~ Q15.7	Q0.0 ~ Q15.7	Q0.0 ~ Q15.7	Q0.0 ~ Q15.7
模拟量输入（只读）	AIW0 ~ AIW30	AIW0 ~ AIW30	AIW0 ~ AIW62	AIW0 ~ AIW62	AIW0 ~ AIW62
模拟量输出（只写）	AQW0 ~ AQW30	AQW0 ~ AQW30	AQW0 ~ AQW62	AQW0 ~ AQW62	AQW0 ~ AQW62
变量存储器（V）	VB0 ~ VB2047	VB0 ~ VB2047	VB0 ~ VB8191	VB0 ~ VB10239	VB0 ~ VB10239
局部存储器（L）	LB0 ~ LB63	LB0 ~ LB63	LB0 ~ LB63	LB0 ~ LB63	LB0 ~ LB63
位存储器（M）	M0.0 ~ M31.7	M0.0 ~ M31.7	M0.0 ~ M31.7	M0.0 ~ M31.7	M0.0 ~ M31.7
特殊存储器（SM） 只读	SM0.0 ~ SM179.7 SM0.0 ~ SM29.7	SM0.0 ~ SM299.7 SM0.0 ~ SM29.7	SM0.0 ~ SM549.7 SM0.0 ~ SM29.7	SM0.0 ~ SM549.7 SM0.0 ~ SM29.7	SM0.0 ~ SM549.7 SM0.0 ~ SM29.7
定时器（T） 有记忆接通延迟（1 ms） 有记忆接通延迟（10 ms） 有记忆接通延迟（100 ms） 接通/关断延迟（1 ms） 接通/关断延迟（10 ms） 接通/关断延迟（100 ms）	256（T0 ~ T255） T0，T64 T1 ~ T4，T65 ~ T68 T5 ~ T31，T69 ~ T95 T32，T96 T33 ~ T36，T97 ~ T100 T37 ~ T63，T101 ~ T255	256（T0 ~ T255） T0，T64 T1 ~ T4，T65 ~ T68 T5 ~ T31，T69 ~ T95 T32，T96 T33 ~ T36，T97 ~ T100 T37 ~ T63，T101 ~ T255	256（T0 ~ T255） T0，T64 T1 ~ T4，T65 ~ T68 T5 ~ T31，T69 ~ T95 T32，T96 T33 ~ T36，T97 ~ T100 T37 ~ T63，T101 ~ T255	256（T0 ~ T255） T0，T64 T1 ~ T4，T65 ~ T68 T5 ~ T31，T69 ~ T95 T32，T96 T33 ~ T36，T97 ~ T100 T37 ~ T63，T101 ~ T255	256（T0 ~ T255） T0，T64 T1 ~ T4，T65 ~ T68 T5 ~ T31，T69 ~ T95 T32，T96 T33 ~ T36，T97 ~ T100 T37 ~ T63，T101 ~ T255
计数器（C）	C0 ~ C255	C0 ~ C255	C0 ~ C255	C0 ~ C255	C0 ~ C255
高速计数器（HC）	HC0 ~ HC5	HC0 ~ HC5	HC0 ~ HC5	HC0 ~ HC5	HC0 ~ HC5
顺序控制继电器（S）	S0.0 ~ S31.7	S0.0 ~ S31.7	S0.0 ~ S31.7	S0.0 ~ S31.7	S0.0 ~ S31.7
累加寄存器（AC）	AC0 ~ AC3	AC0 ~ AC3	AC0 ~ AC3	AC0 ~ AC3	AC0 ~ AC3
跳转/标号	0 ~ 255	0 ~ 255	0 ~ 255	0 ~ 255	0 ~ 255
调用/子程序	0 ~ 63	0 ~ 63	0 ~ 63	0 ~ 63	0 ~ 127
中断程序	0 ~ 127	0 ~ 127	0 ~ 127	0 ~ 127	0 ~ 127
正/负跳变	256	256	256	256	256
PID 回路	0 ~ 7	0 ~ 7	0 ~ 7	0 ~ 7	0 ~ 7
端口	端口 0	端口 0	端口 0	端口 0，1	端口 0，1

2. 间接寻址

间接寻址方式是指存储（数据）单元的地址首先存放在另一存储（地址）单元，这个存储地址的单元称为存储数据单元的指针，指针即地址。间接寻址是使用指针来存取存储器中数据的一种寻址方式。S7 - 200 CPU 允许使用指针对 I、Q、V、M、S、T（仅当前值）和 C（仅当前值）存储区域进行间接寻址，但不能对独立的位（bit）或模拟量进行间接寻址。使用间接寻址方式存取数据的过程如下。

（1）建立指针

使用间接寻址之前，应创建一个指向该位置的指针。由于存储器的物理地址为 32 位，所以指针的长度应当为双字。只能用变量存储器 V、局部存储器 L 或累加器 AC1、AC2 和 AC3 来存放数据单元的地址（指针）。

为了生成指针，必须用双字传送指令（MOVD）将要间接寻址的某存储器的地址装入用来作为指针的编程元件中，装入的是地址而不是数据本身。例如：

  MOVD&VB200,AC1   //VB200 的地址送入 AC1,建立指针

  MOVD&C3,VD6   //C3 的地址送入 VD6,建立指针

  MOVD&MB4,LD8   //MB4 的地址送入 LD6,建立指针

指令的输入操作数开始处使用求地址 "&" 符号，表示所寻址的操作数是要进行间接寻址的存储器的地址；指令的输出操作数是指针所指向的存储器地址（32 bit），其数据长度为双字。

（2）用指针来存取数据

用指针来存取数据时，操作数前加 "＊" 号，表示该操作数为一个指针，指针间接寻址方式如图 3-3 所示。图中 ＊AC1 说明 AC1 是一个指针，＊AC1 表示指针 AC1 所指向的存储单元（VB101），在 MOVW 指令中，确定的是一个字长的数据。此例中，存于 VB101 和 VB102 的数据被传送到累加器 AC0 的低 16 位。

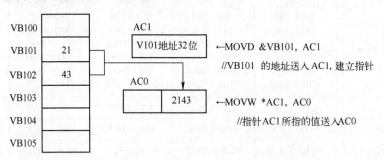

图 3-3　指针间接寻址方式

注意：指针是 32 位的，通过指针所存取的数据单元可以是 8 位（字节）、16 位（字）和 32 位（双字）。

（3）修改指针

在程序中，使用指针的移动，可以对存储单元数据进行连续存取操作。

由于指针是 32 位的数据，应使用双字指令来修改指针值，如双字加法（＋D）或双字加 1（INCD）指令。修改指针需要根据所存取的数据长度来正确调整指针。当存取字节数

据时，指针调整单位为1，即可执行1次INCD指令；当存取字时，指针调整单位为2；当存取双字时，指针调整单位为4，移动指针间接寻址如图3-4所示。

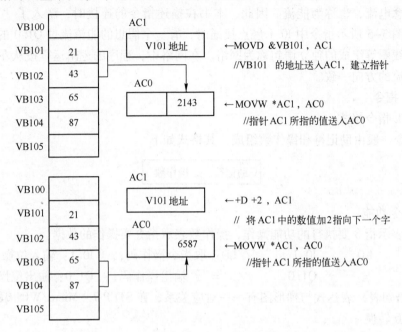

图3-4　移动指针间接寻址

3.2　S7-200 PLC指令基本格式及编程规约

3.2.1　S7-200 PLC指令基本格式

在S7-200 PLC程序设计中，常用的指令有梯形图（以下简称LAD）和语句表（以下简称STL两种表示方法。

1. LAD指令

LAD（梯形图）是使用最广泛的PLC图形编程语言，梯形图与继电器控制系统的电路图具有相似、直观、易懂的优点。

梯形图由触点、线圈和具有一定功能的方块图（简称功能块或指令盒）组成。触点代表逻辑输入条件，例如，外部输入开关状态等；线圈代表逻辑输出结果，用来控制外部的指示灯、交流接触器和内部的标志位等；功能块则用来表示定时器、计数器或者数学运算指令。

（1）LAD指令格式

LAD（梯形图）使用类似于电气控制形式的符号来描述指令要执行的操作，以符号上的数据表示需要操作的数据，简单LD位指令的梯形图格式如图3-5所示。

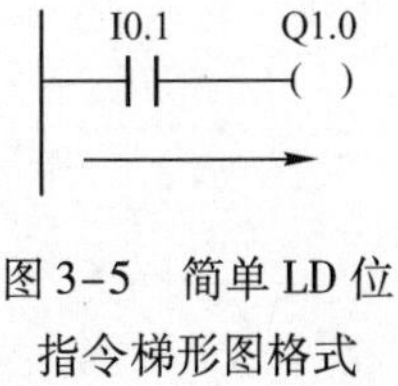

（2）指令功能

图3-5所示指令表示当输入位（常开按钮控制）I0.1闭合时，

图3-5　简单LD位指令梯形图格式

输出位（线圈驱动）Q1.0 为 ON（得电）。

在梯形图中，为了便于理解和分析各个元器件间的输入与输出关系，可以假想电路中某支路存在概念电流，也称为能流。因此，本书在描述指令的连接时，融入了"电路"的概念。例如，图 3-5 所示指令中 I0.1 触点接通时，有一个假想的能流流过 Q1.0 的线圈。

触点和线圈等组成的独立语句称为网络。在网络中，程序的逻辑运算按从左到右的方向执行，与能流的方向一致。

2. STL 指令

（1）STL 指令格式

STL 指令一般由助记符和操作数组成，其格式如下。

助记符	操作数

（2）指令功能

助记符表示指令要执行的功能操作，操作数表示指令要操作的数据。

例如：　　　　LD　　　I0.1　　　　//LD：取指令操作码；　　I0.1：输入位操作数。

　　　　　　　＝　　　Q1.0　　　　//"＝"：输出操作码；　　Q1.0：输出位操作数。

STL（语句表）表达式与梯形图有一一对应关系，在 STEP 7 – Micro/WIN 编程环境中可以方便地相互转换。

3. 指令中操作数表示方法

指令中的操作数一般由标识符和参数两部分组成，标识符指出操作数的存储区域及操作数的位数，参数则表示该操作数在存储区的具体位置。

（1）位操作数表示

指令中的位操作数只能以直接寻址方式对其进行读写操作。在图 3-5 中，操作数 I0.1 中的 I 表示输入映像寄存器，0.1 表示 I 寄存器 0 字节中的第 1 位输入点；操作数 Q1.0 中的 Q 表示输出映像寄存器，1.0 表示 Q 寄存器 1 字节中的第 0 位输出位。

（2）字节、字、双字操作数表示

以变量存储器为例，指令中对其字节、字、双字操作数直接寻址的表示方法如图 3-6 所示。

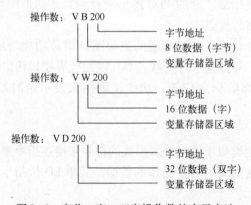

图 3-6　字节、字、双字操作数的表示方法

3.2.2 S7-200 PLC 梯形图编程规约

使用梯形图编程时应符合以下规约。

1）每个网络单元（即输出单元）构成一个梯级，每个网络必须以触点开始，根据其逻辑条件组成逻辑控制，网络结束（右侧）为输出单元，输出单元应为软元件线圈或定时器、计数器等指令（盒）。网络不能以触点终止。

2）一个网络可有若干个线圈，只要线圈位于该特定网络的并行分支上。不能在网络上串联一个以上线圈（即不能在一个网络的一条水平线上放置多个线圈）。

3）梯形图中，输入、输出及其他软继电器或指令的触点，可以任意重复使用。

4）同一编号的线圈在同一程序中不得使用多次，虽然编译时可以通过，但容易发生逻辑错误。

5）线圈或指令盒不能直接与左母线连接，若需要，可以根据程序要求通过特殊功能继电器 SM0.0（常态为 ON）或 SM0.1 连接。

6）触点可以任意并联和串联，多个线圈和指令盒也可以并联使用。

7）为编程方便、提高编程效率和便于阅读，编程应按"上繁下简、左繁右简"的原则进行。

8）编程时，以假设电路中概念电流（能流）的理解方式为出发点，更能确保程序的正确性。

9）由于 PLC 采用扫描工作方式，对于某些程序块，如子程序、中断程序（第 5 章介绍），如果按一般计算机常规编程思想编写梯形图，会出现梯形图程序执行情况与编程者本来意图不一致的结果。需要读者深刻理解 PLC 扫描工作方式的工作过程才能避免这些错误。

3.3 基本逻辑指令

基本逻辑指令是 PLC 中最基本最常用的指令，主要用来完成基本的位逻辑运算及控制。位逻辑指令的典型应用有电动机控制、交通信号灯控制、电梯自动控制、密码锁、抢答器、两位（或三位）式闭环控制及位控报警器等领域。位逻辑指令主要包括触点输入、线圈驱动输出指令、位逻辑指令、置位/复位指令、立即指令、边沿触发指令及堆栈操作指令等。

3.3.1 触点输入/线圈驱动输出指令

1. LD、LDN 指令

1）取指令 LD（Load）

LD 指令格式如图 3-7 所示，其中 bit 为触点位操作数（下同）。

使用 LD 指令启动梯形图任何逻辑块的第一条指令时，对应输入端点连接开关导通，触点 bit 闭合；对应输入端点连接开关断开，触点 bit 断开。一般用于连接动合（常开）触点。LD 指令也称动合指令。

2）取反指令 LDN（Load Not）

LDN 指令格式如图 3-8 所示

图 3-7　LD 指令梯形图及语句表示例　　　　图 3-8　LDN 指令梯形图及语句表示例

使用 LDN 指令启动梯形图任何逻辑块的第一条指令时，对应输入端点连接开关导通，触点 bit 断开；对应输入端点连接开关断开，触点 bit 闭合。LDN 指令也称动断指令。

2. ＝（Out）输出指令

＝（Out）输出指令又称线圈驱动指令，其指令格式如图 3-9 所示。

在梯形图中，该指令必须放在网络的最右端。

触点输入/输出指令的梯形图及语句表示例对照如图 3-10 所示。

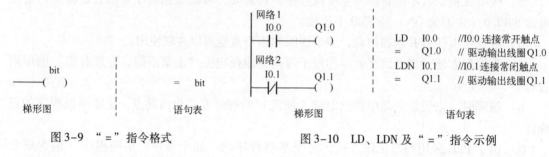

图 3-9　"＝"指令格式　　　　　　　图 3-10　LD、LDN 及"＝"指令示例

注意：

1）LD、LDN 指令操作数区域为：I、Q、M、T、C、SM、S、V；"＝"指令的操作数区域为 M、Q、T、C、SM、S。

2）指令中常开触点和常闭触点，作为使能的条件，在语法上和实际编程中都可以无限次重复使用。

3）PLC 输出线圈，作为驱动元件，在语法上可以无限次使用。由于在重复使用的输出线圈中只有程序中最后一个是有效的，其他都是无效的，输出线圈具有最后优先权。所以，同一程序中，"＝"指令后的线圈使用 1 次为宜。

4）在第 2 章已经强调，PLC 输入继电器只能识别相应的外部端口开关是接通状态还是断开状态，不能识别外部连接的是常开触点还是常闭触点。

例如，设图 3-10 程序中的 I0.0 由 PLC 外接常开触点控制，I0.1 由外接常闭触点控制，如图 3-11 所示。

在执行图 3-10 指令后，图 3-11 电路工作过程如下。

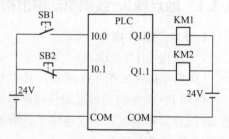

图 3-11　PLC 外接电路

1）当输入常开触点 SB1 闭合时，执行 LD 指令，继电器 I0.0 线圈得电，常开触点为 ON，Q1.0 为 ON，输出线圈 KM1 得电。

2）当输入常闭触点 SB2 未按下（闭合）时，继电器 I0.1 线圈得电，由于执行 LDN 指令，常闭触点 I0.1 为 OFF，Q1.1 为 OFF，输出线圈 KM2 失电。

3）当输入常闭触点 SB2 按下（断开）时，继电器 I0.1 线圈失电，则常闭触点 I0.1 为 ON，Q1.1 为 ON，输出线圈 KM2 得电。

由此可以看出：当 SB2 按下断开时，KM2 得电工作；当 SB2 未按下接通时，KM2 失电。

特别需要指出，由于 PLC 执行程序采用的是串行执行，循环扫描的工作方式，则输入触点的动作时间与扫描周期有关，因此要求外接输入开关的有效时间必须大于一个扫描工作周期。如果输入开关的工作频率很高，PLC 只能检测到在一个扫描周期内执行程序那一时刻的开关状态。

3.3.2 逻辑"与"指令

1. 逻辑"与"指令 A

逻辑"与"指令 A（And）：用于动合触点的串联连接，只有串联在一起的所有触点全部闭合时，输出才有效。

逻辑与指令梯形图、指令表以及时序图如图 3-12 所示：

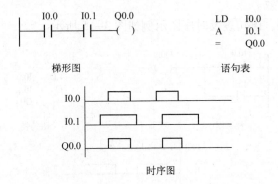

图 3-12　逻辑与指令梯形图、指令表以及时序图

2. 逻辑"与非"指令 AN

逻辑"与非"指令 AN（And Not）用于动断触点的串联连接。

A 和 AN 指令梯形图及语句表示例如图 3-13 所示。

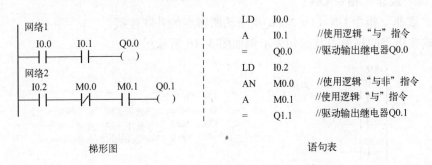

图 3-13　A 和 AN 指令梯形图及语句表示例

A 和 AN 指令的操作数区域为 I、Q、M、SM、T、C、S、V、L。单个触点可以连续串联使用，最多为 11 个。

【例 3-1】使用 3 只开关控制一盏灯，3 只开关分别控制 PLC 的输入端口地址 I0.1、

I0.2 和 I0.3，灯接在 PLC 输出端口 Q0.0 上。要求 3 只开关全部闭合时灯才能被点亮，其他状态灯熄灭。

根据控制要求，需要将 3 个输入触点串联，其对应的梯形图与指令表如图 3-14 所示。

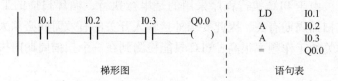

图 3-14　逻辑"与"操作指令的应用

3.3.3　逻辑"或"指令

1. 逻辑"或"指令 O

逻辑"或"指令 O（Or）用于动合触点的并联连接，并联在一起的所有触点中，只要有一个闭合，输出就有效。

逻辑或指令梯形图、语句表及时序图示例如图 3-15 所示。

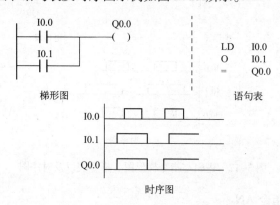

图 3-15　逻辑"或"指令梯形图、语句表及时序图示例

2. 逻辑"或非"指令 ON

逻辑"或非"指令 ON（Or Not）用于动断触点的并联连接。

逻辑或非指令的梯形图及语句表示例如图 3-16 所示。

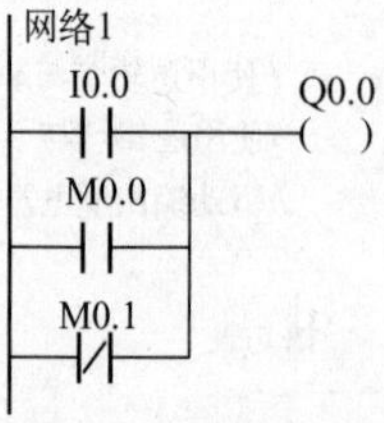

```
网络1
 I0.0        Q0.0
 ┤├         ( )        LD   I0.0
 M0.0                  O    M0.0    //使用逻辑"或"指令
 ┤├                    ON   M0.1    //使用逻辑"或非"指令
 M0.1                  =    Q0.0    //驱动输出继电器Q0.0
 ┤/├
```

图 3-16　逻辑"或非"指令梯形图及语句表示例

O 和 ON 指令的操作数区域为：I、Q、M、SM、T、C、S、V、L。单个触点可以连续并联使用。

【例 3-2】使用 3 个开关控制一盏灯，3 只开关分别控制 PLC 的输入端口 I0.1、I0.2 和 I0.3 上。灯接在 PLC 输出端口 Q0.0 上。要求 3 只开关任意一个开关闭合均可使其点亮。

其对应的梯形图与语句表如图 3-17 所示。

梯形图

```
LDN    I0.1
O      I0.2  //逻辑或，I0.2与I0.1并联
O      I0.3
=      Q0.0 //逻辑或，I0.2与I0.3并联
```

语句表

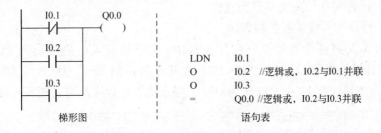

图 3-17 逻辑或指令应用示例

【例 3-3】起动 - 保持 - 停止电路功能的 PLC 控制程序。

起动 - 保持 - 停止电路广泛应用于生产实践中，例如，电动机的单向连续运转控制电路，其控制程序如图 3-18 所示。

梯形图

```
LD     I0.0    //起动，电路起动控制
O      Q0.0    //自锁，电路保持控制
AN     I0.2    //停止，电路停止控制
=      Q0.0    //线圈输出
```

语句表

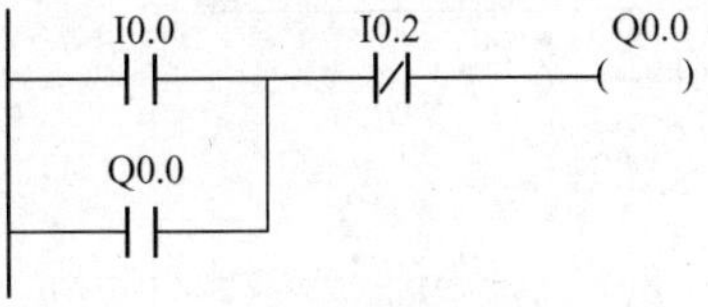

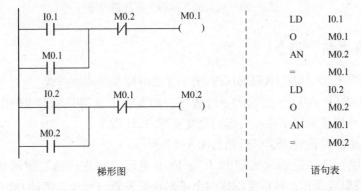

图 3-18 起保停控制电路编程实例

起动 - 保持 - 停止电路控制程序最主要的特点是具有“记忆”功能。当 I0.0 常开触点闭合，而 I0.2 的常闭触点仍闭合时，则 Q0.0 线圈得电，Q0.0 的常开触点闭合，这时，当 I0.0 的常开触点断开，Q0.0 仍得电时，这就是所谓的“自锁”或者“自保持”功能；当 I0.2 常闭触点断开，Q0.0 线圈失电，其常开触点断开，即便是 I0.2 常闭触点闭合，Q0.0 线圈依然为断电的状态。

【例 3-4】互锁电路 PLC 控制设计。

互锁电路也广泛应用于生产实践中，其控制程序如图 3-19 所示。

梯形图

```
LD     I0.1
O      M0.1
AN     M0.2
=      M0.1
LD     I0.2
O      M0.2
AN     M0.1
=      M0.2
```

语句表

图 3-19 PLC 互锁控制电路

程序的输入信号分别是 I0.1 和 I0.2，若 I0.1 先接通，M0.1 有输出并保持（即自锁），同时 M0.1 常闭触点断开，此时即便是 I0.2 接通，也不能使 M0.2 动作；若先接通 I0.2，M0.2 有输出并保持（即自锁），同时 M0.2 常闭触点断开，此时即便是 I0.1 接通，也不能使 M0.2 动作；这种相互约束关系称为互锁。

【例3-5】简易 3 人抢答器控制程序。

图 3-20 为 3 人简易抢答器控制程序，其中，3 个抢答人分别控制与 PLC 端口 I0.0、I0.1 和 I0.2 相连接的常开按钮；主持人按下常开按钮控制 I0.3，Q0.3 为 ON，开始抢答；主持人按下常开按钮控制 I0.4，Q0.3 为 OFF，停止抢答。程序具有自锁及互锁功能。

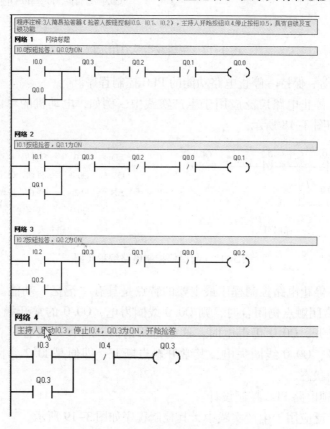

图 3-20　三人抢答器梯形图控制程序

3.3.4　逻辑块"与"指令

逻辑块"与"指令 ALD（And Load）用于并联电路块的串联连接。

逻辑块是指以 LD 或 LDN 起始的一段程序，两条以上支路并联形成的电路叫并联逻辑块。如果将两个并联逻辑块串联在一起则需要使用 ALD 指令。

该指令的梯形图及语句表示例对照如图 3-21 所示。

在图 3-21 中，第一逻辑块实现 I0.0 与 I0.1 逻辑或操作；第二逻辑块实现 M0.0 与 M0.1（常闭）逻辑或操作；然后实现这两个逻辑块的逻辑与操作，驱动 Q0.0。

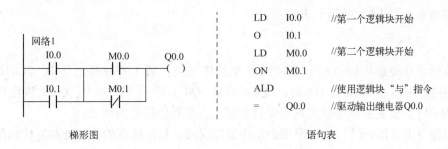

梯形图   语句表

图 3-21　ALD 指令梯形图及语句表示例

注意：

1）逻辑块是以 LD 或 LDN 起始的一段程序，直至再次遇到 LD 或 LDN，则表示上一逻辑块结束，新的逻辑块开始。

2）该指令总是对其上方最近的两个逻辑块进行串联连接。

3）经连接的逻辑块仍为逻辑块，可以嵌套使用逻辑块指令。

4）ALD 指令无操作数。

3.3.5　逻辑块"或"指令

逻辑块"或"指令 OLD（Or Load）用于串联电路块的并联连接。

两个以上触点串联形成的电路叫串联逻辑块，如果将两个串联逻辑块并联在一起则需要使用 OLD 指令。

OLD 指令的梯形图及语句表示例对照如图 3-22 所示。

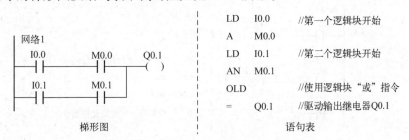

梯形图   语句表

图 3-22　OLD 指令梯形图及语句表示例

在图 3-22 中，第一逻辑块实现 I0.0 与 M0.0 逻辑与操作；第二逻辑块实现 I0.1 与 M0.1（常闭）逻辑与操作；然后实现这两个逻辑块的逻辑或操作，驱动 Q0.1。

注意：

1）该指令总是对其上方最近的两个逻辑块进行并联连接。

2）经连接的逻辑块仍为逻辑块，可以嵌套使用逻辑块指令。

3）OLD 指令无操作数。

3.3.6　置位/复位指令

1. 置位指令 S

置位指令 S（SET）的梯形图表示由置位线圈、置位线圈的位地址和置位线圈的数目构成，如图 3-23 所示。

置位指令 S（SET）的语句表表示：

    S bit ,N

置位指令功能是从 bit（位）开始的 N 个元件（位）置 1 并保持。其中，N 的取值为 1 ~255。在图 3-23 中 I0.0 为 ON 时，线圈 Q0.0、Q0.1 置 1；在 Q0.0、Q0.1 置位后，即便 I0.0 变为 OFF，被置位位的状态具有保持功能，直至复位信号的到来。

复位指令 R（RESET）的梯形图表示由复位线圈、复位线圈的位地址和复位线圈的数目构成，如图 3-24 所示。

图 3-23　置位指令示例　　　　　　图 3-24　复位指令示例

2. 复位指令 R

复位指令 R（RESET）的 STL 的语句表表示：

    R bit,N

复位指令功能是从 bit（位）开始的 N 个元件（位）置 0 并保持。其中，N 的取值为 1 ~255。在图 3-24 中 I0.0 为 ON 时，线圈 Q0.0、Q0.1 置 0。

置位和复位指令的梯形图及语句表示例如图 3-25 所示。

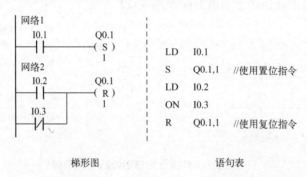

梯形图　　　　　　　　　　　语句表

图 3-25　置位、复位指令梯形图及语句表示例

在图 3-25 程序中：当 I0.1 常开触点接通时，则 Q0.1 被置位"1"，之后即使 I0.1 触点断开，Q0.1 仍保持该状态不变；当 I0.2 接通或 I0.3 闭合，则 Q0.1 被复位"0"。

S 和 R 指令的操作数为：I、Q、M、SM、T、C、S、V 和 L。

3.3.7　立即指令

立即指令（Immediate）不受 PLC 扫描工作方式的限制，可以对输入、输出点进行立即读写操作并产生其逻辑作用。

立即指令又称加 I 指令，其格式为在 LAD 符号内或 STL 的操作码后加入"I"。

STL 指令格式如下：

LDI	bit	//立即取指令
LDNI	bit	//立即取非指令
OI	bit	//立即"或"指令
ONI	bit	//立即"或非"指令
AI	bit	//立即"与"指令
ANI	bit	//立即"与非"指令
=I	bit	//立即输出指令
SI	bit,N	//立即置位指令
RI	bit,N	//立即复位指令

立即指令的梯形图及语句表示例如图 3-26 所示。

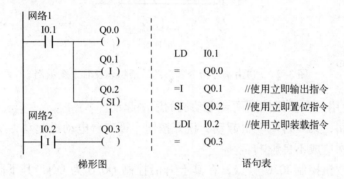

图 3-26　立即指令梯形图及语句表示例

注意:

1) 用立即指令读取输入点的状态时,该点对应的输入映像寄存器中的值并未立即变化,而是随着扫描工作周期在采集到该输入点的状态时才发生变化。

2) 用立即指令访问输出点时,则同时写入 PLC 的物理输出点和相应的输出映像寄存器。

3.3.8　边沿触发指令

边沿触发指令又称为微分指令,分为上升沿微分和下降沿微分指令。

1. 上升沿微分指令

上升沿微分指令的 STL 格式:

EU　　　//(Edge UP)

上升沿微分指令的 LAD 格式由常开触点中加入符号"P"构成。

指令功能是当执行条件从 OFF 变为 ON 时,在上升沿产生一个扫描周期的脉冲。

2. 下降沿微分指令

下降沿微分指令的 STL 格式:

ED　　　//(Edge Down)

下降沿微分指令的 LAD 格式由常开触点中加入符号"N"构成。

指令功能是当执行条件从 ON 变成 OFF 时,在下降沿产生一个扫描周期的脉冲。

边沿触发指令无操作数。

边沿触发指令梯形图、语句表及时序图示例如图 3-27 所示。

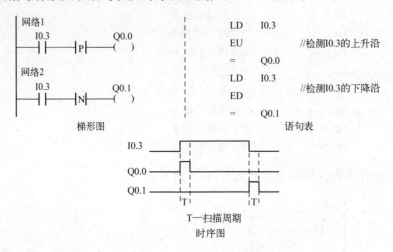

图 3-27　边沿触发指令梯形图、语句表及时序图示例

【例 3-6】 使用一个按钮控制两台电动机的顺序起动。

要求按下按钮,第一台电动机起动;松开按钮,第二台电动机起动,从而防止两台电动机同时起动对电网造成不良影响。

分析:起动按钮控制 I0.0 触点,在其上升沿控制 Q0.0 为 ON,其下降沿控制 Q0.1 为 ON,Q0.0、Q0.1 分别驱动两个接触器控制两台电动机起动。停止按钮控制 I0.1 触点,其梯形图、语句表如图 3-28 所示。

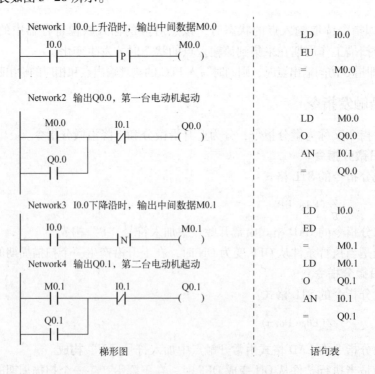

图 3-28　边沿触发指令编程示例

3.3.9 堆栈操作指令

1. 堆栈及其操作

堆栈是一组能够按照先进后出、后进先出原则进行存取数据的连续的存储器单元，主要用来暂存一些需要临时保存的数据。把数据存入堆栈，称为压栈，其数据存入栈顶单元；把数据从栈顶取出，称为出栈（弹出），其数据从栈顶单元弹至目标单元。

S7-200 有一个 9 位的堆栈，栈顶用来存储逻辑运算的结果，下面的 8 位用来存储中间运算结果。

应该注意到，在 S7-200 系统中，对于不同的指令，系统将自动对其执行堆栈操作，以暂存某些数据以备后用，或从栈顶弹出数据以供操作。

例如，执行 LD 指令时，系统自动将指令指定的位地址中的二进制数据压入栈顶，以备后续指令（如逻辑与或输出等指令）使用。

例如，执行 A 指令时，将指令指定的位地址中的二进制数和栈顶中的二进制数（自动弹出后）相"与"，结果自动压入栈顶。

例如，执行"="输出指令时，系统自动将栈顶值复制到对应的映像寄存器。

例如：执行 OLD 指令时，首先对栈顶第 1 层存放的逻辑块结果（S1）和第 2 层存放的另一逻辑块结果（S0）弹出进行逻辑块或操作，其结果 S2 存入栈顶，栈的深度减 1，堆栈操作如图 3-29 所示。

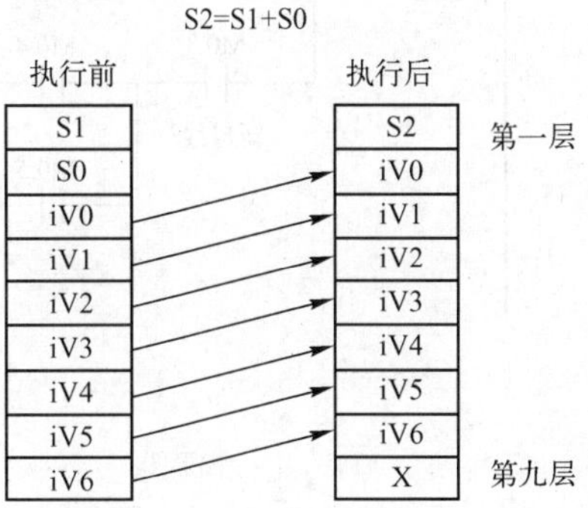

图 3-29 OLD 指令对堆栈的影响

2. 堆栈操作指令

堆栈操作指令包含 LPS、LRD、LPP 和 LDS。

各命令功能描述如下。

1) LPS (Logic Push)：逻辑入栈指令（分支电路开始指令）。

在梯形图中，该指令就是生成一条新的母线，该母线的左侧为原来的主逻辑块，右侧为新生成的从逻辑块。

2) LRD (Logic Read)：逻辑读栈指令。

在梯形图中，当新母线生成后，LPS 开始右侧第一个从逻辑块的编程；LRD 则开始右侧第二个及其后的从逻辑块的编程。

3) LPP (Logic Pop)：逻辑出栈指令（分支电路结束指令）。

在梯形图中，该指令用于新母线右侧最后一个从逻辑块的编程。

4) LDS (Logic Stack)：装入堆栈指令。该指令复制堆栈中第 n（$n = 1 \sim 8$）层的值到栈顶，栈中原来的数据依次向下一层推移，栈底推出丢失。

指令格式：

  LDS n

注意：LPS、LPP 指令必须成对出现。LPS、LPP、LRD 无操作数。

【例 3-7】堆栈指令示例如图 3-30 所示。

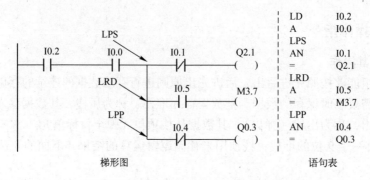

图 3-30 堆栈指令示例

【例 3-8】 利用堆栈指令建立多级从逻辑块，如图 3-31 所示。

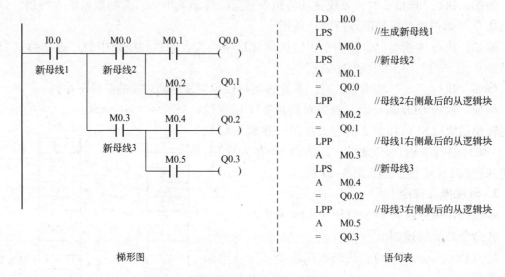

图 3-31 堆栈操作梯形图及语句表指令示例

3.3.10 取反指令/空操作指令

1. 取反指令 NOT

取反指令 NOT 的功能为将其左边的逻辑运算结果取反，指令本身没有操作数。

取反指令梯形图、语句表及时序图示例如图 3-32 所示。

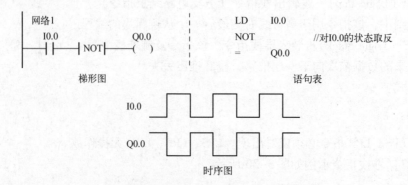

图 3-32 NOT 指令梯形图、语句表以及时序图示例

2. 空操作指令 NOP

空操作指令 NOP，不影响程序的执行。指令格式如下：

  NOP N //N = 0 ~ 255，为执行空操作的次数。

3.4 定时器

3.4.1 基本概念及定时器编号

定时器是 PLC 常用的编程元件之一。在 PLC 系统中，定时器主要用于延时系统。

定时器在满足一定的输入控制条件后，从当前值按一定的时间单位进行计数增加操作，直至定时器的当前值达到由程序设定的定时值时，定时器位发生动作（即定时器常开位触点闭合，常闭位触点断开），以满足定时位控的需要。

1. 定时器种类

S7 – 200 系列 PLC 提供了 3 种类型的定时器供编程使用。

1）通电延时定时器（TON）。

2）断电延时定时器（TOF）。

3）保持型通电延时定时器（TONR）。

2. 定时器分辨率

定时器分辨率即定时器对时间定时的最小时间单位，S7 – 200 系列 PLC 定时器分辨率（S）可分为 3 个准确度等级：1 ms、10 ms 和 100 ms。

3. 定时时间

定时器定时时间 T 为定时器的分辨率 S 与定时器设定值 PT 的乘积。

$$T = S \times PT$$

其中设定值 PT 为 INT 型，一般可设为常数。

4. 定时器类别编号

在 S7 – 200 系列 PLC 程序中，系统是通过定时器编号来使用定时器的。

定时器的编号格式为：

  Tn（n 为常数）

其中常数 n 范围为 0 ~ 255，例如，T0、T33、T255。

程序通过定时器编号对定时器直接寻址，定时器编号在程序中不同位置具有不同的含义，具体如下。

1）定时器编号在定时器指令中表示程序中使用的是哪一个定时器。

2）定时器编号在程序中可提供用户定时器位（输出触点）的状态（常开、常闭触点）。

3）在指令中需要数据格式的地方，定时器编号表示定时器当前所累计的定时时间值。

定时器类别及编号见表 3-4。

表 3-4　定时器类别及编号

类　　型	分辨率/ms	最大定时值/s	编　　号
保持型通电延时定时器 TONR	1	32.767	T0、T64
	10	327.67	T1 ~ T4、T65 ~ T68
	100	3276.7	T5 ~ T31、T69 ~ T95
通电/断电延时定时器 TON/TOF	1	32.767	T32、T96
	10	327.67	T33 ~ T36、T97 ~ T100
	100	3276.7	T37 ~ T63 T101 ~ T255

3.4.2　通电延时定时器 TON

通电延时定时器（TON）用于通电后单一时间间隔的计时。其指令格式如图 3-33 所示。

其中，TON 为接通延时定时器指令助记符；Tn 为定时器编号；IN 为定时器定时输入控制端；PT 为定时设定值输入端。

图 3-33　TON 指令格式

输入端（IN）接通为 ON 时，定时器位为 OFF，定时器从当前值 0（加 1）开始计时，当前值大于或等于设定值时（PT = 1 ~ 32767），定时器位变为 ON，定时器对应的常开触点闭合，常闭触点断开。达到设定值后，当前值仍继续计数，直到最大值 32767 为止。输入端断开时，定时器复位，即当前值被清零，定时器位为 OFF。

通电延时定时器的定时器编号为 T32、T96（分辨率 1 ms）；T33 ~ T36、T97 ~ T100（分辨率 10 ms）；T37 ~ T63 T101 ~ T255（分辨率 100 ms）。

【例 3-9】通电延时型定时器梯形图、语句表指令示例如图 3-34 所示，时序图如图 3-35 所示。

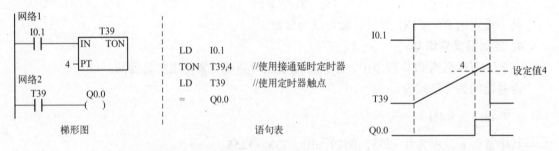

图 3-34　通电延时定时器指令梯形图及语句表示例　　　图 3-35　通电延时定时器指令时序图

本例中，由表 3-4 可知编号 T39 为接通延时型定时器，其分辨率 $S = 100\,ms$，指令中设定值 PT = 4，定时时间 $T = 100 \times 4\,ms = 400\,ms$，其工作过程如下。

1）I0.1 接通时，T39 从当前值 0 开始（加 1）计时。

2）当前值大于或等于设定值（PT = 4）时，T39 常开位触点闭合，Q0.0 为 ON。

3）当前值达到设定值 4 后，当前值仍继续计数，直到最大值 32767 为止。

4）I0.1 断开时，定时器 T39 复位，即当前值被清零，定时器位为 OFF，Q0.0 失电。

【例 3-10】按下按钮 SB 后，指示灯亮，延时 0.5 s 自动熄灭。

用 T33 延时，设定值 PT = 0.5 s/10 ms = 50。

程序如图 3-36 所示。

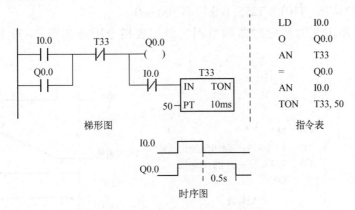

图 3-36　通电延时定时器指令示例

【例 3-11】 使用定时器设计占空比可调的脉冲源。

设计一周期约为 1 s、占空比为 50% 的方波脉冲，可使用 100 ms 接通延时定时器 2 个，梯形图程序如图 3-37 所示。

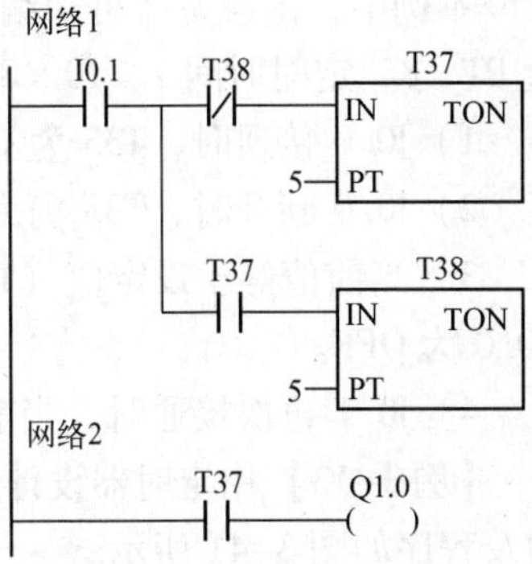

该程序使用分辨率为 100 ms 的定时器 T37、T38，其工作过程如下。

1）I0.1 为 ON 时，T37 启动开始计时，T37 状态为 OFF。当 T37 的当前值等于设定值 PT（500 ms）时，T37 状态变为 ON，T37 常开触点闭合，T38 被启动开始计时，同时 Q1.0 输出 1。

2）T38 的当前值等于设定值 PT（500 ms），T38 状态即变为 ON，T38 常闭触点断开，使 T37 复位为 0，T37 常开触点释放，使 T38 瞬时复位为 0，同时 Q1.0 输出 0；

图 3-37　利用定时器输出脉冲梯形图程序

3）T38 的复位使 T38 常闭触点闭合，T37 又重新启动，开始下一个运行周期。

4）这样周而复始，T37 状态位脉冲信号控制 Q1.0 输出周期为 1 s 的方波。

3.4.3　断电延时定时器 TOF

断电延时定时器（TOF）用于断电后的单一时间间隔计时，其指令格式如图 3-38 所示。

其中，TOF 为断电延时定时器指令助记符；Tn 为定时器编号；IN 为定时器定时输入控制端；PT 为定时设定值输入端。

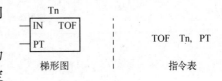

图 3-38　TOF 指令格式

输入端（IN）接通时，定时器位为 ON，当前值为 0；当输入端由接通到断开时，定时器从当前值 0（加 1）开始计时，定时器位仍为 ON，只有在当前值等于设定值（PT）时，输出位变为 OFF，当前值保持不变，停止计时。

断电延时定时器可用复位指令 R 复位，复位后定时器位为 OFF，当前值为 0。

断电延时定时器的定时器编号为 T32、T96（分辨率 1 ms）；T33 ~ T36、T97 ~ T100（分辨率 10 ms）；T37 ~ T63 T101 ~ T255（分辨率 100 ms）。

【**例 3-12**】断电延时型定时器梯形图、语句表指令示例如图 3-39 所示，时序图如图 3-40 所示。

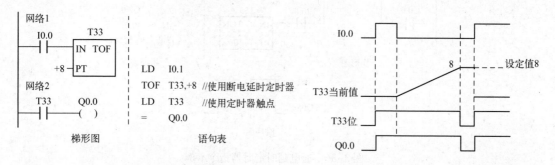

图 3-39 断开延时定时器示例　　　图 3-40 断开延时定时器示例工作时序

本例中，由表 3-4 可知编号 T33 为断开延时型定时器，其分辨率 $S = 10\,\text{ms}$，指令中设定值 PT $= 8$，定时时间 $T = 10 \times 8\,\text{ms} = 80\,\text{ms}$，其工作过程如下。

1）I0.0 接通时，T33 为 ON，Q0.0 为 ON。

2）I0.0 断开时，T33 仍为 ON 并从当前值 0 开始（加 1）计时；

3）当前值等于设定值（PT $= 8$）时，当前值保持，T33 变为 OFF，常开位触点断开，Q0.0 为 OFF。

4）I0.1 再次接通时，当前值复位清零，定时器位为 ON。

【**例 3-13**】用定时器设计延时接通/延时断开电路，实现输入 I0.0 和输出 Q0.1 的时序图及程序如图 3-41 所示。

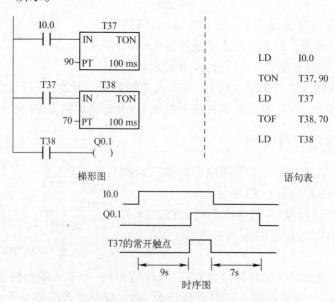

图 3-41 定时器设计延时接通/延时断开电路示例

I0.0 的常开触点接通后，T37 开始定时，9 s 后 T37 的常开触点接通，使断电延时定时器 T38 的线圈通电，T38 的常开触点闭合，Q0.1 的线圈的通电为 ON。I0.0 常开触点断开后，T37 复位，其常开触点断开，T38 开始定时，7 s 后 T38 的定时时间到，其常开触点断开，Q0.1 断电为 OFF。

3.4.4 保持型通电延时定时器 TONR

保持型通电延时定时器 TONR 用于对许多间隔的累计定时，具有记忆功能。其指令格式如图 3-42 所示。

图 3-42 TONR 指令格式

其中，TONR 为保持型通电延时定时器指令助记符；Tn 为定时器编号；IN 为定时器定时输入控制端；PT 为定时设定值输入端。

当输入端（IN）接通时，定时器当前值从 0 开始（加 1）计时，当输入 IN 无效时，当前值保持；IN 再次有效时，当前值在原保持值基础上继续计数；当累计当前值大于或等于设定值（PT）时，定时器位置 ON。

TONR 定时器可用复位指令 R 复位，复位后定时器位为 OFF、当前值清零。

保持型通电延时定时器的定时器编号为 T0、T64（分辨率 1 ms）；T1 ~ T4、T65 ~ T68（分辨率 10 ms）；T5 ~ T31、T69 ~ T95（分辨率 100 ms）。

【例 3-14】保持型通电延时定时器梯形图、语句表指令示例如图 3-43 所示、时序图如图 3-44 所示。

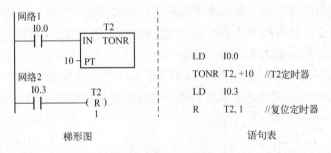

图 3-43 保持型通电延时定时器示例

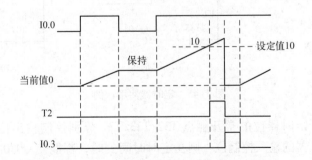

图 3-44 保持型通电延时定时器示例工作时序

本例中，由表 3-2 可知编号 T2 为保持型通电延时型定时器，其分辨率 $S = 10$ ms，指令中设定值 PT = 10，定时时间 $T = 10 \times 10$ ms = 100 ms，其工作过程如下。

1）I0.0 接通后，T2 从当前值 0 开始（加 1）计时。

2）I0.0 断开后，T2 当前值保持不变。

3）I0.0 再次接通，T2 继续计时，直至当前值大于或等于设定值（PT = 10）时，定时器 T2 位为 ON。

4）当 I0.3 接通时，执行 T2 复位指令，即当前值被清零，定时器位为 OFF。

3.4.5 定时器当前值刷新方式

在 S7 - 200 PLC 的定时器中，由于定时器的分辨率不同，其刷新方式是不同的，在使用时一定要注意根据使用场合和要求来选择定时器。常用的定时器的刷新方式有 1 ms、10 ms 和 100 ms 3 种。

（1）1 ms 定时器

1 ms 定时器由系统每隔 1 ms 对定时器和当前值刷新一次，不与扫描周期同步。扫描周期较长时，定时器在一个周期内可能多次被刷新，或者说，在一个扫描周期内，其定时器位及当前值可能要发生变化。

（2）10 ms 定时器

10 ms 定时器执行定时器指令时开始定时，在每一个扫描周期开始时刷新，每个扫描周期只刷新一次。在一个扫描周期内定时器位和定时器的当前值保持不变。

（3）100 ms 定时器

100 ms 定时器在执行定时器指令时，才对定时器的当前值进行刷新。因此，如果启动了 100 ms 定时器，但是没有在每一个扫描周期都执行定时器指令，将会造成时间的失准。如果在一个扫描周期内多次执行同一个 100 ms 定时器指令，则会多计时间。所以，应保证每一扫描周期内同一条 100 ms 定时器指令只执行一次。

【例 3-15】利用定时器在 Q0.0 端口输出宽度为一个扫描周期的脉冲，分别使用分辨率为 1 ms、10 ms、100 ms 的定时器实现其功能，对应的梯形图程序如图 3-45 所示。

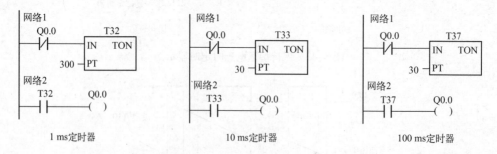

图 3-45　定时器使用示例

本例中，使用了定时器位的常开触点 T32/T33/T37 分别控制输出位 Q0.0，并将 Q0.0 的常闭触点作为定时器的输入控制位，则在定时时间到时，都能使 Q0.0 输出宽度为一个扫描周期的脉冲。

【例 3-16】定时器实现报警电路程序设计如图 3-46 所示。

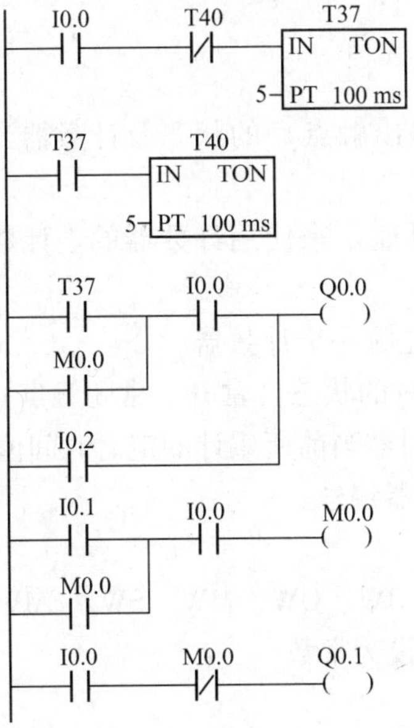

梯形图

```
LD      I0.0
AN      T40
TON     T37, 5
DL      T37
TON     T40, 5
LD      T37
O       M0.0
A       I0.0
O       I0.2
=       Q0.0
LD      I0.1
O       M0.0
A       I0.0
=       M0.0
LD      I0.0
AN      M0.0
=       Q0.1
```

语句表

图 3-46　定时器实现报警电路程序设计

要求如下。

1）定时器 T37 和定时器 T40 构成振荡器，每 0.5 s 执行一次通断，反复循环。

2）I0.0 为 ON 要求报警，输入点 I0.0 为报警输入条件，则输出 Q0.0 控制报警灯闪亮，Q0.1 控制报警蜂鸣器。

3）I0.1 为 ON 时报警响应，则 Q0.0 控制的报警灯从闪烁变为常亮，Q0.1 控制的报警蜂鸣器关闭。

4）输入条件 I0.2 为报警灯的测试信号。I0.2 接通，则 Q0.0 接通。

3.5　计数器指令

3.5.1　基本概念及计数器编号

在 PLC 系统中，计数器主要用于对计数脉冲个数的累计。当计数器所累计脉冲的个数（当前值）等于计数设定值时，计数器位发生动作（由 OFF 变为 ON），以满足计数控制的需要。

1. 计数器种类

S7－200 PLC 提供了 3 种类型的计数器：递增计数器 CTU、递减计数器 CTD 和增减计数器 CTUD。

2. 计数器编号

在 S7－200 PLC 中，系统通过对计数器的编号来使用计数器。

计数器的编号格式为

Cn(n 为常数)

其中常数 n 范围为 0 ~ 255，如 C50 等。

计数器编号在程序中可作为计数器位（输出触点）的状态及计数器当前所累计的计数脉冲个数，其最大计数值为 32767。

程序是通过计数器编号（对计数器直接寻址）来使用计数器的。计数器编号在程序中不同位置具有不同的含义，具体如下。

1）在计数器指令中表示程序制定使用的是哪一个计数器。

2）程序可提供用户定时器位（输出触点）的状态（常开、常闭触点）。

3）在指令中需要数据格式的地方表示定时器当前所累计的定时时间值。

注意：不同类型计数器不能共用同一计数器编号。

3. 计数器设定值

计数器设定值为 INT 型，寻址范围：VW、IW、QW、MW、SW、SMW、LW、AIW、T、C、AC、＊VD、＊AC、＊LD 和常数，一般可设为常数。

3.5.2 递增计数器 CTU

递增计数器指令格式如图 3-47 所示。

其中，CTU 为递增计数器指令助计符；Cn 为计数器编号；CU 为计数脉冲输入端；R 为复位输入端；PV 为设定值。

当复位输入（R）无效时，计数器开始对计数脉冲输入（CU）的上升沿进行加 1 计数，若计数当

图 3-47　CTU 指令格式

前值大于或等于设定值（PV）时，计数器位被置 ON，计数器继续计数直到 32767；当复位输入（R）有效时，计数器复位，计数器位变为 OFF，当前值清零。

特别需要指出，由于 PLC 执行程序采用的是串行执行，循环扫描的工作方式，因此在计数器工作频率大于扫描工作频率时会丢失计数脉冲。

【例 3-17】递增计数器梯形图、语句表指令示例如图 3-48 所示、时序图如图 3-49 所示。

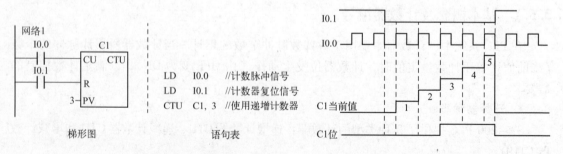

图 3-48　递增计数器示例　　　　图 3-49　递增计数器示例时序图

本例中，由编号 C1 为递增计数器，指令中设定值 PV = 3，其工作过程如下。

1）当复位输入控制端 I0.1 接通为 ON 时，计数器复位，计数器位 C1 变为 OFF，C1 当前值清零。

2）当复位输入（R）无效，即 I0.1 断开为 OFF 时，在计数脉冲输入端 I0.0 接通的上升沿，C1 从当前值（0）开始（加1）计数。

3）当前值＝PV 时，计数器位 C1 由 OFF 变为 ON，计数器继续计数。

4）当 I0.1 再次接通，C1 复位，即计数器位为 OFF，当前值被清零。

3.5.3 递减计数器 CTD

递减计数器指令的指令格式如图 4－50 所示。

其中，CTD 为递减计数器指令助计符；Cn 为计数器编号；CD 为减计数脉冲输入端；LD 为复位脉冲输入端；PV 为设定值。

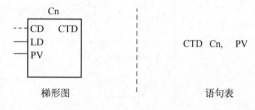

图 3-50　CTD 指令格式

当复位端 LD 无效时，计数器对减计数脉冲输入端（CD）的上升沿从当前值开始减1计数，减到0时，停止计数，计数器位被置 ON。复位输入（LD）为 ON 时，计数器复位，计数器当前值被置为设定值 PV，计数器位为 OFF。

【例3-18】递减计数器梯形图、语句表指令示例如图 3-51 所示，时序图如图 3-52 所示。

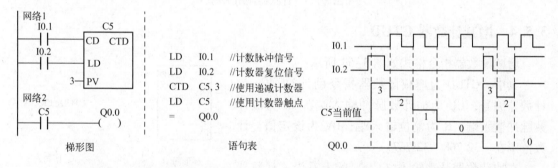

图 3-51　递减计数器指令示例　　　　图 3-52　递减计数器指令示例工作时序图

本例中，编号 C5 为递减计数器，指令中设定值 PV＝3，其工作过程如下。

1）当复位输入控制信号 I0.2 接通为 ON 时，计数器复位，计数器位 C5 变为 OFF，C5 当前值被置为设定值3。

2）当复位输入（LD）无效，即 I0.2 断开为 OFF 时，在计数脉冲输入端 I0.1 接通的上升沿，C1 开始从当前值开始（减1）计数。

3）当前值＝0 时，计数器位 C5 由 OFF 变为 ON，其 C5 常开触点闭合，Q0.0＝1。

4）当 I0.2 再次接通，C5 复位，即计数器位为 OFF，当前值被置为设定值3。

【例3-19】使用计数器实现顺序控制功能。

当 I0.0 第1次闭合时 Q0.0 接通，第2次闭合时 Q0.1 接通，第3次闭合时 Q0.2 接通，第4次闭合时 Q0.3 接通，同时将计数器复位，又开始下一轮计数，反复循环。

这里 I0.0 既可以是手动开关，也可以是内部定时时钟脉冲，后者可实现自动循环控制。程序中使用比较指令，只有当计数值等于比较常数时相应的输出才接通，所以每一个输出接通一个计数周期，其程序如图 3-53 所示。

```
LD      I0.0
LD      C40
A       I0.0
CTD     C40, 4

LDW=    C40, 3
=       Q0.0

LDW=    C40, 2
=       Q0.1
LDW=    C40, 1
=       Q0.2

LDW=    C40, 0
OW=     C40, 4
=       Q0.3
```

梯形图　　　　语句表

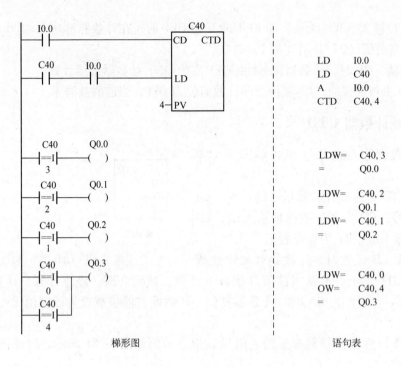

图 3-53　计数器应用示例

3.5.4　增减计数器 CTUD

增减计数器指令格式如图 3-54 所示。

CTUD　Cn, PV

梯形图　　　　语句表

图 3-54　CTUD 指令格式

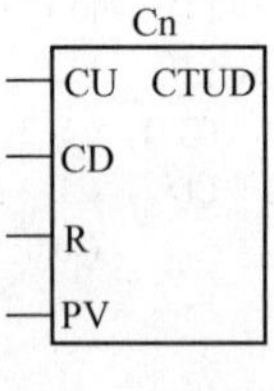

其中，CTUD 为增减计数器指令助计符；Cn 为计数器编号；CU 为加计数脉冲输入端；CD 为减计数脉冲输入端；R 为复位输入端；PV 为设定值。计数范围在 -32 768 ~ 32 767。

在加计数器脉冲输入（CU）的上升沿，计数器当前值加 1；在减计数脉冲输入（CD）的上升沿，计数器的当前值减 1；当前值大于或等于设定值（PV）时，计数器置位 ON；复位输入（R）有效时，计数器复位，复位时当前值为 0；当前值 PV 为最大值 32 767 时，下一个 CU 输入的上升沿使当前值变为最小值 -32 768；当前值为 -32 768 时，下一个 CD 输入的上升沿使当前值变为最大值 32 767。

【例 3-20】 增减计数器梯形图、语句表指令示例如图 3-55 所示、时序图如图 3-56 所示。

本例中，编号 C50 为增减计数器，指令中设定值 PV = 4，其工作过程如下。

1）当复位输入（R）无效，即 I0.2 断开为 OFF 时，在加计数脉冲输入端 I0.1 接通的上升沿，C50 从当前值（0）开始（加 1）计数。

2）当前值等于设定值 4 时，计数器位 C50 由 OFF 变为 ON，其 C50 常开触点闭合，线圈 Q1.0 通电，计数器继续计数，C50 保持 ON 状态。

3）在减计数脉冲输入端 I0.1 接通的上升沿，C50 开始从当前值（5）开始（减 1）计

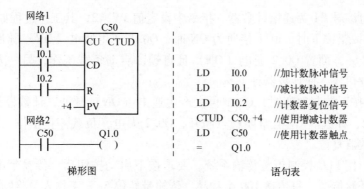

图 3-55 增减计数器示例

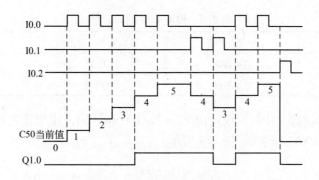

图 3-56 增减计数器示例时序图

数，当前值小于设定值 4 时，计数器位 C50 由 ON 变为 OFF，其 C50 常开触点断开，线圈 Q1.0 失电。

4）当 I0.2 接通，C50 复位，即计数器位为 OFF，当前值清 0。

【例 3-21】利用递增计数器实现单个按钮启动、停止功能，与 PLC 连接原理图如图 3-57 所示；梯形图、语句表指令如图 3-58 所示。

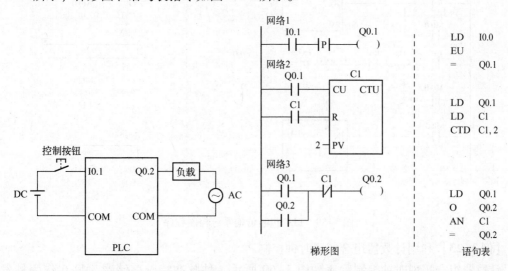

图 3-57 单个按钮启动、停止连接图　图 3-58 递增计数器实现单按钮启动、停止程序

本例中，由编号 C1 为递增计数器，指令中设定值 PV = 2，其工作过程如下。

1）当控制按钮按下时，I0.1 接通为 ON 时，Q0.1 产生通电（ON）脉冲，该脉冲使其常开触点闭合，一方面置 Q0.2 通电（ON）且自锁，启动负载工作，另一方面作为计数器的计数输入控制信号，使计数器计 1。

2）当再次按下控制按钮时，Q0.1 再次产生通电（ON）脉冲，计数器计数为 2，达到计数器设定值 2，计数器 C1 的常闭触点断开，Q0.2 失电，负载停止工作，同时 C1 的常开位闭合，使计数器复位。

【例 3-22】用 PLC 控制包装传输系统。要求按下启动按钮后，传输带电动机工作，物品在传输带上开始传送，每传送 100 个物品，传输带暂停 5 s，工作人员将物品包装。

解：PLC I/O 端口分配见表 3-5。

表 3-5　PLC I/O 端口分配

PLC 输入、输出点	外 部 设 备	PLC 输入、输出点	外 部 设 备
I0.0	启动按钮	I0.2	光电检测输入信号
I0.1	停止按钮	Q0.0	传输带电动机

用计时器 T37 实现 5 s 计时，设定值 PT = 5 s/100 ms = 50，用增计数器 C0 对 100 个物品计数，设定值 PV = 100。程序如图 3-59 所示。

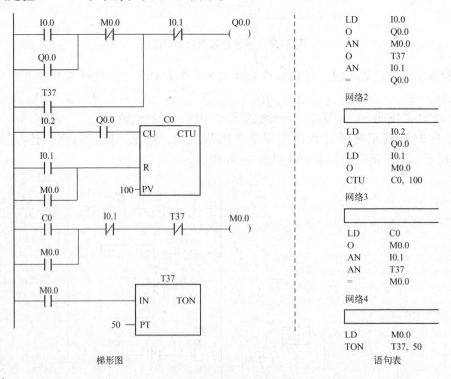

图 3-59　PLC 包装传输系统控制程序

【例 3-23】利用计数器组合实现时钟控制。

计数器组合实现时钟控制程序如图 3-60 所示。秒脉冲特殊存储器 SM0.5 作为秒发生器，用于计数器 C51 的计数脉冲信号。

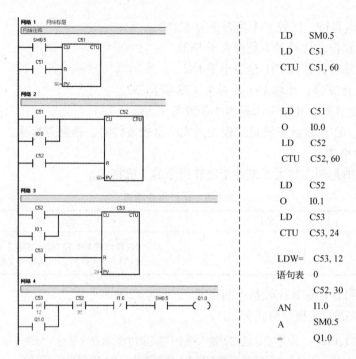

图 3-60　计数器组合实现时钟控制程序

当计数器 C51 的计数次数累计到设定值 60 次（即 1min）时，计数器位置为 1，即 C51 的常开触点闭合，该信号将作为计数器 C52 的计数脉冲信号；计数器 C51 的另一个常开触点使计数器 C51 复位（称为自复位式）后，使计数器 C51 从 0 开始重新开始计数。类似地，计数器 C52 计数到 60 次（即 1h）时其两个常开触点闭合，一个作为计数器 C53 的计数脉冲信号，另一个使计数器 C52 自复位，又重新开始计数；计数器 C53 计数到 24 次（即 1d）时，其常开触点闭合，使计数器 C53 自复位，又重新计数，从而实现时钟功能。

输入信号 I0.0 和 I0.1 用于建立期望的时钟设置，即调整设置时间分针和时针。

本时钟设置闹钟时间为 12：30，通过比较指令实现定时时间到置 Q1.0 为 ON。输入信号 I1.0 可以解除闹钟状态。

3.6　比较指令

3.6.1　比较指令运算符及格式

1. 比较指令

比较指令用来比较两个数 IN1 和 IN2 的大小。比较指令广泛应用在密码锁、交通灯、上下限报警器等 PLC 控制程序中。

比较指令是通过取指令 LD、逻辑与指令 A 及逻辑或指令 O 的操作码分别加上数据类型符号 B、I（W）、D、R 进行组合实现编程的，在梯形图中，则在以上触点中间给出比较条件。

2. 比较指令运算符

在比较触点中允许使用的比较运算符有以下 6 种。

1）" =="运算符，比较 IN1 是否等于 IN2。

2）"<>"运算符，比较 IN1 是否不等于 IN2。

3）">"运算符，比较 IN1 是否大于 IN2。

4）"<"运算符，比较 IN1 是否小于 IN2。

5）">="运算符，比较 IN1 是否大于或等于 IN2。

6）"<="运算符，比较 IN1 是否小于或等于 IN2。

在梯形图中，在比较触点满足比较关系式给出的条件时，该触点接通。

3. 比较指令格式

表 3-6 列出的是两实数大于或等于比较指令的一般格式。

表 3-6　比较指令格式

LAD	STL	功　　能
⊢IN1⊢ >=R IN2	LDR >= IN1，IN2	实现操作数 IN1 和 IN2（实数）的比较， 当 IN1 >= IN2 时，该比较指令触点接通

下面具体说明各种运算比较指令的格式。

1）字节比较语句表指令格式为

　　LDB = IN1,IN2　　//字节比较相等输入指令（梯形图中该触点直接与左母线连接，即逻辑取指令）

　　AB = IN1,IN2//字节比较相等逻辑与指令（梯形图中该触点串联实现逻辑与）

　　OB = IN1,IN2　//字节比较相等或指令（梯形图中该触点并联实现逻辑或）

对应的梯形图格式（逻辑取指令、逻辑与指令、逻辑或指令，下同）为

$$\dashv\begin{array}{c}IN2\\=B\\IN1\end{array}\vdash$$

当字节数据 IN2 等于 IN1 时，该触点闭合。

2）整数比较语句表指令格式为

　　LDW <= IN1,IN2　　　　//整数比较小于或等于输入指令

　　AW <= IN1,IN2　　　　//整数比较小于或等于逻辑与指令

　　OW <= IN1,IN2　　　　//整数比较小于或等于逻辑或指令

对应的梯形图格式为

$$\dashv\begin{array}{c}IN2\\<=I\\IN1\end{array}\vdash$$

当整数数据 IN2 小于或等于 IN1 时，该触点闭合。

3）双整数比较语句表指令格式为

　　LDD <> IN1,IN2　　　　//整数比较不等于输入指令

　　AD <> IN1,IN2　　　　//整数比较不等于逻辑与指令

　　OD <> IN1,IN2　　　　//整数比较不等于逻辑或指令

对应的梯形图格式为

$$\dashv\begin{array}{c}IN2\\<>D\\IN1\end{array}\vdash$$

当双整数数据 IN2 不等于 IN1 时，该触点闭合。

4）实数比较语句表指令格式为

　　　LDR = IN1,IN2　　　　　//实数比较相等输入指令

　　　AR = IN1,IN2　　　　　//实数比较相等逻辑与指令

　　　OR = IN1,IN2　　　　　//实数比较相等逻辑或指令

对应的梯形图格式为

$$\begin{array}{c} \text{IN2} \\ -| =\!\!R |- \\ \text{IN1} \end{array}$$

当实数数据 IN2 等于 IN1 时，该触点闭合。

3.6.2　比较数据类型及范围

在应用比较指令时，被比较的两个数的数据类型要相同，数据类型可以是字节、整数、双整数或浮点数（即实数）。

1）字节比较指令用来比较两个字节（无符号）的大小，指令助记符中用 B 表示字节。字节比较的数据范围为：0 ~ 255。

2）整数比较指令用来比较两个整数字的大小，LAD 指令助记符中用 I 表示整数，STL 指令助记符中用 W 表示整数。

有符号整数比较的数据范围（补码表示）为：16#8000 ~ 16#7FFF。

3）双整数比较指令用来比较两个双字的大小，指令助记符中用 D 表示双整数。

有符号双字比较的数据范围（补码表示）为：16#80 000 000 ~ 16#7FFFFFFF。

4）实数比较指令用来比较两个实数的大小，指令助记符中用 R 表示实数。

实数（32 位浮点数）比较的数据范围（补码表示）为：负实数为 $-1.175495E-38$ ~ $3.402823E+38$，正实数为 $+1.175495E-38$ ~ $+3.402823E+38$。

3.6.3　比较指令应用示例

下面给出几个比较指令应用的典型示例。

【例 3-24】比较指令应用示例程序如图 3-61 所示。

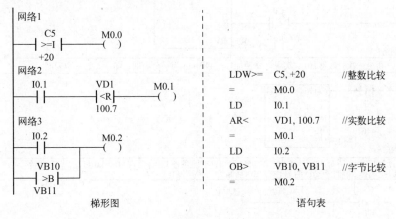

图 3-61　比较指令应用示例程序

本例工作过程如下。

网络 1：整数比较取指令，IN1 为计数器 C5 的当前值，IN2 为常数 20，当 C5 的当前值大于或等于 20 时，比较指令触点闭合，M0.0 = 1。

网络 2：实数比较逻辑与指令，IN1 为双字存储单元 VD1 的数据，IN2 为常数 100.7，当 VD1 小于 100.7 时，比较指令触点闭合，该触点与 I0.1 逻辑与，置 M0.1 = 1。

网络 3：字节比较逻辑或指令，IN1 为字节存储单元 VB10 的数据，IN2 为字节存储单元 VB11 的数据，当 VB10 的数据大于 VB11 的数据时，比较指令触点闭合，该触点与 I0.2 逻辑或，置 M0.2 = 1。

【例 3-25】 基于比较指令的学校作息时间自动打铃控制程序。

自动打铃控制程序按时间 0：00 开始运行，按分钟计数。

I0.0 为启动按钮，I0.1 为停止按钮，启动后状态保存至 M0.0；启动后秒计数器 C0 按秒加 1，60 s 为一个周期；C1 对 C0 输出计数（按 1 min 为单位）。

C1 计数值 = 1440 min 为一个周期，即一天为一个周期。

C1 计数值 = 60×7 + 50 = 470 min，对应的时间为上午 7：50，Q0.0 为 ON，第 1 节课预备开始打铃，同时启动计时器 T37，20 s 后断开，铃声停止；

C1 计数值 = 480 min，对应的时间为上午 8：00，第 1 节上课铃响，依此类推（略）。

基于比较指令的学校作息时间自动打铃控制程序如图 3-62 所示（程序中类推比较指令部分省略）。

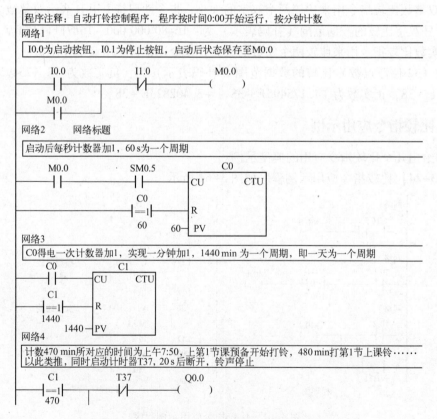

图 3-62　基于比较指令的学校作息时间自动打铃控制程序

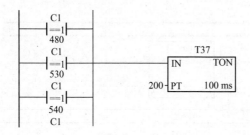

图3-62 基于比较指令的学校作息时间自动打铃控制程序（续）

【例3-26】基于比较指令的密码锁控制程序。

I1.1作为控制信号，采集由IB0输入的数值，I1.1第一次为ON时采集第1位密码，I1.1第二次为ON时采集第2位密码，依此类推，本程序共采集4位数字密码。采集完所有密码（4 8 7 0），若密码正确，Q0.0为ON开锁。I1.2控制复位计数器，以便实现多次输入密码开锁。

基于比较指令的密码锁控制程序如图3-63所示。

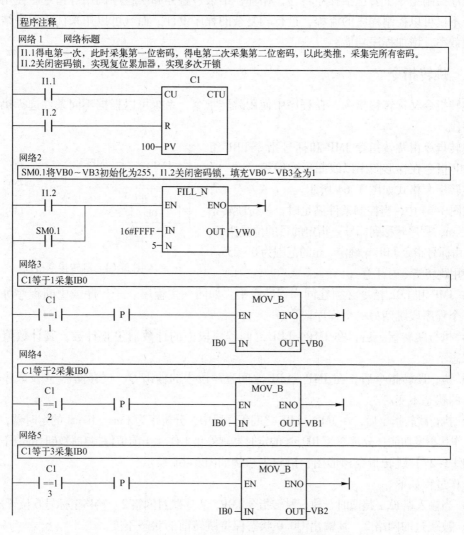

图3-63 基于比较指令的密码锁控制程序

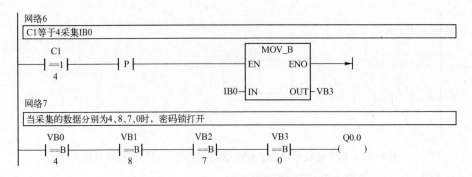

图 3-63　基于比较指令的密码锁控制程序（续）

3.7　程序控制指令

程序控制指令主要包括程序转移、循环、结束、暂停和子程序调用等指令。使用程序控制指令不仅可以控制程序的流程，进行较复杂的程序设计，而且可以用来优化程序结构，提高编程效率，增加程序功能。

3.7.1　跳转指令

跳转指令又称转移指令，在程序中使用跳转指令，系统可以根据不同条件选择执行不同的程序段。

跳转指令由跳转指令 JMP 和标号指令 LBL 组成，JMP 指令在梯形图中以线圈形式编程。

跳转指令格式如图 3-64 所示。

在图 3-64 中，当控制条件满足时，执行跳转指令 JMP　n，程序转移到标号 n 指定的目的位置执行，该位置由标号指令 LBL n 确定。n 的范围为 0~255。

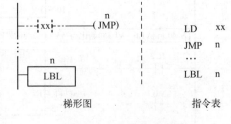

图 3-64　跳转指令格式

使用跳转指令时注意：

1）JMP 和 LBL 指令必须在同一程序段中，如同一主程序、子程序或中断程序等，即不能从一个程序段跳到另一个程序段。

2）执行跳转指令后，在 JMP~LBL 之间程序段中的计数器停止计数，其计数值及计数器位状态不变。

3）执行跳转指令后，在 JMP~LBL 之间程序段中的输出 Q、位存储器 M 及顺序控制继电器 S 的状态不变。

4）执行跳转指令后，在 JMP~LBL 之间程序段中，分辨率为 1 ms、10 ms 的定时器，保持原来的工作状态及功能；分辨率为 100 ms 的定时器则停止工作，当前值保持在跳转时的值不变。

【例 3-27】跳转指令梯形图、语句表示例如图 3-65 所示

工作过程如下。

1）当输入端 I0.1 接通时，执行跳转指令 JMP，程序跳过网络 2，转移至标号 6 位置执行。

2）被跳过的网络 2，其输出 Q0.0 状态保持跳转前的状态不变。

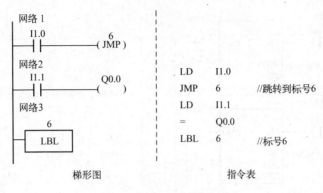

图 3-65 跳转指令示例

3.7.2 循环指令

在需要反复执行若干次相同功能程序时，可以使用循环指令，以提高编程效率。

循环指令由循环开始指令 FOR、循环体和循环结束指令 NEXT 组成。

循环指令格式如图 3-66 所示。

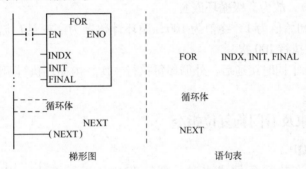

图 3-66 循环指令格式

其中，FOR 指令表示循环的开始，NEXT 指令表示循环的结束，中间为循环体；EN 为循环控制输入端，INDX 为设置指针或当前循环次数计数器，INIT 为计数初始值，FINAL 为循环计数终值。

循环指令功能：在循环控制输入端有效时且逻辑条件 INDX < FINAL 满足时，系统反复执行 FOR 和 NEXT 之间的循环体程序，每执行一次循环体，INDX 自增加 1，直至当前循环计数器值大于终值时，退出循环。

INDX 操作数为：VW、IW、QW、MW、SW、SMW、LW、T、C、AC、∗VD、∗AC、和 ∗CD，属 INT 型。INIT 和 FINAL 操作数除上面外，也可为 INT 常数。

使用循环指令时注意：

1）FOR 和 NEXT 必须成对出现。

2）FOR 和 NEXT 可以嵌套型循环，嵌套最多为 8 层。

3）当输入控制端 EN 重新有效时，各参数自动复位。

【例 3-28】 循环指令梯形图、语句表示例如图 3-67 所示。

工作过程如下。

1）网络 1 和网络 4 构成外循环（虚线 B），其循环体为网络 2 和网络 3；网络 2 和网络

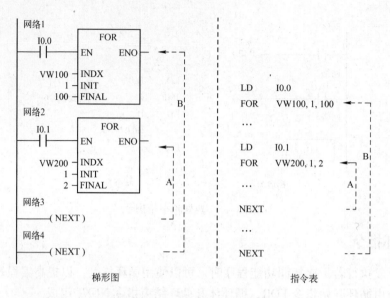

图 3-67 循环指令应用示例

3 为内循环（虚线 A），故为 2 级循环嵌套。

2）外循环计数初始值为 1，终值为 100，循环计数器为字变量存储器 VW100。当 I0.0 接通时，其循环体被执行 100 次。

3）当 I0.0 和 I0.1 同时接通后，外循环每执行一次，内循环执行两次，程序共执行 2 × 100 次内循环。

3.7.3 停止、结束及看门狗复位指令

1. 停止指令 STOP

停止指令 STOP 在执行条件成立时，可使 PLC 从运行模式（RUN）进入停止模式（STOP），同时立即停止程序的执行。STOP 为无数据类型指令，可在主程序、子程序和中断程序服务中使用。STOP 指令在程序中常用于突发紧急事件，其执行条件必须严格选择。

如果在中断程序中执行停止指令，中断程序立即终止，并忽略全部等待执行的中断，继续执行主程序的剩余部分，并在主程序的结束处完成从运行方式至停止方式的转换。

【例 3-29】暂停指令的应用。SM5.0 为 I/O 错误状态继电器，当出现 I/O 错误时 SM5.0 = 1，图 3-68 所示为强迫 CPU 进入停止模式。

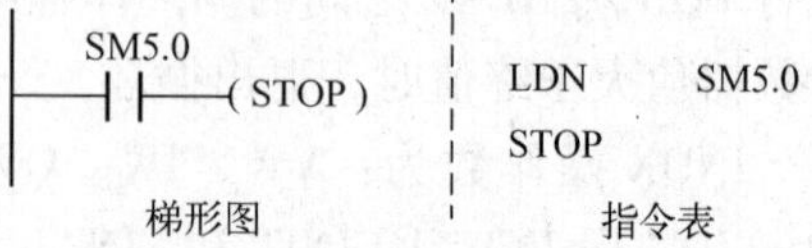

```
SM5.0                          LDN    SM5.0
─┤ ├──( STOP )                  STOP

梯形图                          指令表
```

图 3-68 暂停指令应用示例

2. 结束指令

结束指令包括两条：条件结束指令 END 和无条件结束指令 MEND。

（1）条件结束指令 END

END 指令不能直接连接母线。

结束指令格式如图 3-69 所示。

该指令功能是当输入条件 xx 有效时，系统结束主程序，并返回主程序的第一条指令开始执行。

（2）MEND

无条件结束指令，可以直接连接母线。指令格式如图3-70所示。

图3-69　END指令格式　　　　　　　　图3-70　MEND指令格式

该指令功能是程序执行到此指令时，立即无条件结束主程序，并返回主程序的第一条指令执行。

注意：

1）这两条指令在梯形图中以线圈形式编程，并且只能在主程序中使用。

2）编程时一般不需要输入MEND，编程软件自动将该指令追加到程序的结尾。

3. 看门狗复位指令 WDR

看门狗复位指令 WDR（Watch Dog Reset）实际上是一个监控定时器，在梯形图中以线圈形式编程。指令格式如图3-71所示。

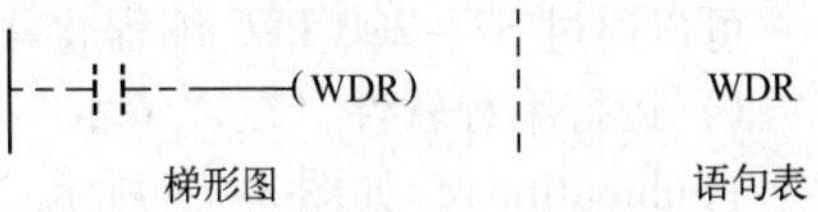

图3-71　MEND指令格式

该指令的定时时间为300 ms（由系统设置）。CPU每次扫描到该指令，则延时300 ms后PLC被自动复位一次。

WDR指令执行过程如下。

1）如果PLC正常工作时扫描周期小于300 ms，在WDR定时器未到定时时间，系统开始下一扫描周期，WDR定时器不起作用。

2）如果外界干扰使程序死机或运行时间超过300 ms，则监控定时器不再被复位，定时时间到后，PLC将停止运行，重新启动，返回到第一条指令重新执行。

因此，如果希望延长程序的扫描周期，或者在中断事件发生时有可能使程序超过扫描周期时，为了使程序正常执行，应该使用看门狗复位指令来重新触发看门狗定时器。

【例3-30】停止指令、结束指令及看门狗复位指令的示例如图3-72所示。

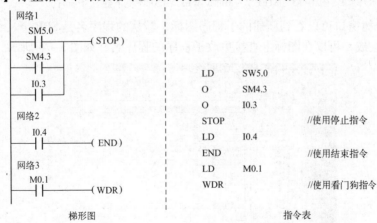

图3-72　停止、结束、看门狗指令示例

工作过程如下：

1）网络1为或逻辑使用停止指令。

2）网络 2 中的 I0.4 接通时，执行条件结束指令，返回主程序的第一条指令执行。

3）网络 3 中的 M0.1 为 ON 时，执行看门狗指令触发看门狗定时器，延长本次扫描周期。

WDR 指令无操作数，使用 WDR 指令时，在终止本次扫描前，以下操作将被禁止：通信（自由接口方式除外）、I/O 更新（立即指令除外）、强制更新、特殊标志位（SM）更新、运行时间诊断和中断程序中的 STOP 指令。

3.7.4　子程序

在结构化程序设计中，将实现某一控制功能的一组指令设计在一个模块中，该模块可以被随机多次调用执行，每次执行结束后，又返回到调用处继续执行原来的程序，这一模块称为子程序。

S7 - 200 PLC 的指令系统可以方便、灵活地实现子程序建立、子程序调用和子程序返回操作。

1．建立子程序

可以通过 S7 - 200 PLC 编程软件建立子程序。其操作步骤如下。

1）运行编程软件，在"编辑"（Edit）菜单中的"插入"（Insert）选项中选择"子程序"（Subroutine），如图 3-73 所示。

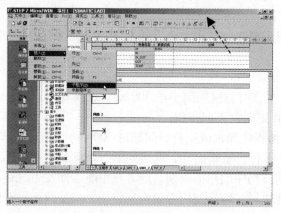

图 3-73　STEP 7 - Micro/WIN V4.0 环境下建立子程序

2）在指令树窗口可以看到新建的子程序图标，默认的程序名是 SBR_N，编号 N 从 0 开始按递增顺序生成，可以在图标上直接更改子程序的程序名，如图 3-74 所示。

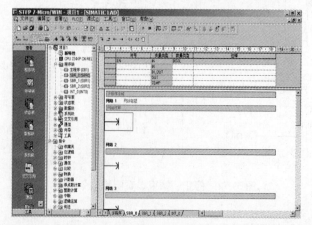

图 3-74　在指令树窗口显示新建的子程序图标及默认的程序名 SBR_0

3）在指令树窗口双击子程序的图标就可以进入子程序编辑窗口，图3-75为SBR－0子程序编辑窗口（双击主程序图标MAIN可切换到主程序编辑窗口）。

4）若子程序需要接收（传入）调用程序传递的参数，或者需要输出（传出）参数给调用程序，则子程序可以设参变量，子程序参变量应在编辑子程序梯形图窗口的上方的子程序局部变量表中定义，如图3-75所示。

图3-75　程序名SBR_0的子程序编辑窗口

2. 子程序调用指令

（1）子程序调用指令CALL

在子程序建立后，可以通过子程序调用指令反复调用子程序。子程序的调用可以带参数，也可以不带参数。它在梯形图中以指令盒的形式编程。其指令格式如图3-76所示。

图3-76　CALL指令的指令格式

其中，EN为子程序调用使能控制输入信号；SBR_0为子程序名；CALL为STL指令调用子程序助记符。

在子程序调用使能（EN）控制输入信号接通时，主程序转向子程序入口执行子程序。

注意：

1）子程序名可以修改，为便于阅读，一般定义为该子程序功能英文单词的缩写。

2）该指令应用在主程序或调用程序中，可以实现嵌套调用。

3）当子程序在一个周期内被多次调用时，不能使用上升沿、下降沿、定时器和计数器指令。

4）累加器可以在调用程序和被调用程序之间传递参数，所以累加器的值在子程序调用时不需要保护。

（2）子程序条件返回指令CRET

CRET指令在梯形图中以线圈形式编程，指令不带参数。其指令格式如图3-77所示。

在控制输入信号接通（即条件满足）时，执行CRET指令，结束子程序的执行，返回主程序或调用程序中继续执行原来的程序。

图3-77　CRET指令的指令格式

注意：

1）CRET 指令应用在子程序内部。

2）CRET 指令不能直接接在左母线上，必须在其左边设置条件控制输入信号。

3）子程序的自动返回（结束）STL 指令形式为 CRET。

4）在用 STEP 7Micro/WIN V4.0 编程时，不需要输入 RET 返回指令，该软件自动将 RET 指令加在每个子程序结尾。

3. 子程序嵌套

如果在子程序的内部又对另一个子程序执行调用指令，这种调用称为子程序的嵌套。子程序的嵌套深度最多为 8 级。

当一个子程序被调用时，系统自动保存当前的堆栈数据，并把栈顶置"1"，堆栈中的其他位置为"0"，子程序占有控制权。子程序执行结束，通过返回指令自动恢复原来的逻辑堆栈值，调用程序又重新取得控制权。

注意：在中断服务程序调用的子程序中不能再出现子程序嵌套调用。

【例 3-31】子程序调用指令示例程序如图 3-78 所示。控制要求如下。

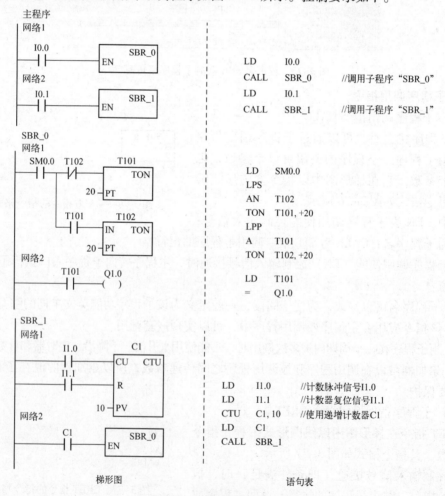

梯形图   语句表

图 3-78 子程序调用指令示例

建立子程序 SBR_0，其功能为用 Q1.0 输出（占空比 50%，周期 4 s）控制一个闪光灯。该子程序由主程序中 I0.0 控制直接调用，也可由子程序 SBR_1 嵌套调用。

建立子程序 SBR_1，其功能为用对 I1.0 计数脉冲计数，当计数值为 10 时，嵌套调用子程序 SBR_0，驱动 Q1.0 闪亮。该子程序由主程序 I0.1 控制调用。

本例用外部控制条件分别调用两个子程序。工作过程如下。

1）主程序网络 1 中，当输入控制 I0.0 接通时调用子程序 SBR_0。

2）主程序网络 2 中，当输入控制 I0.1 接通时调用子程序 SBR_1，计数器 C1 开始对 I1.0 脉冲计数，当计数值为 10 时，触点 C1 导通，调用子程序 SBR_0。

4. 带参数的子程序调用

子程序中可以根据需要设参变量，该参变量接收调用程序传递的实际参数，并且只能在子程序内部使用，因此，子程序参变量又称局部变量。带参数的子程序调用扩大了子程序的使用范围，增加了调用的灵活性。

（1）带参数子程序调用指令格式

带参数子程序调用指令格式如图 3-79 所示。

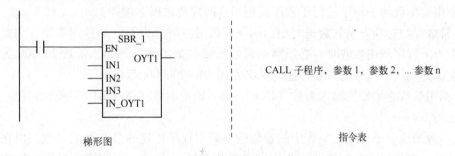

图 3-79　带参数子程序调用指令格式

其中，EN 为子程序调用使能控制输入信号；SBR_1 为子程序名；CALL 为 STL 指令调用子程序助记符；IN1、IN2、IN3 为子程序输入参数；IN1_OUT1 为子程序输入/输出参数；OUT1 为子程序输出参数。

STL 指令中的各参数按规定的顺序与 LAD 对应。

在子程序调用使能（EN）控制输入信号接通时，主程序转向子程序入口执行子程序，同时将 IN 参数传递给子程序，在子程序返回时，将 OUT 参数返回给指定参数。

（2）子程序参数定义

一个子程序最多可以传递 16 个参数，参数应在编辑子程序窗口的局部变量表中加以定义。

子程序参数必须确定其变量名、变量类型和数据类型。

1）变量名最多用 23 个字符表示，有效字符为前 8 个，第一个字符不能是数字。

2）变量类型是按变量对应数据的传递方向来划分的，可以是传入子程序（IN）、传入和传出子程序（IN_OUT）、传出子程序（OUT）和暂时子程序（TEMP）4 种变量类型。

3）在子程序变量表中还要对数据类型进行声明。数据类型可以是：能流（位输入操作）、布尔型、无符号数（字节型、字型、双字型）、有符号数（整数型、双整数）和实型。

在图 3-75 的子程序变量表中，各类型的参数在变量表中的位置是按以下先后顺序排列的。

1）最前面为能流，仅允许对位输入 EN 操作，是位逻辑运算的结果，在局部变量表中布尔能流输入处于所有类型的最前面。

2）其次为输入参数，用于传入子程序参数。由调用程序所传入的参数可以是直接寻址数据（如 VB10）、间接寻址数据（如 * AC1）、立即数（如 16#2344）和数据存储单元的地址值（如 &VB106）。

3）紧接着为输入输出参数，用于传入传出子程序参数。在调用子程序时将指定参数位置的值传到子程序；在子程序返回时从子程序得到的结果值被回传到同一地址。参数可以采用直接和间接寻址，但立即数（如 16#1234）和地址值（如 &VB100）不能作为参数。

4）然后子程序返回（输出）参数，用于传出子程序参数。它将从子程序返回的结果值送到指定的参数位置。输出参数可以采用直接和间接寻址，但不能是立即数或地址编号。

5）最后 TEMP 类型的暂时变量，在子程序内部暂时存储数据，不能用来与主程序传递参数数据。

（3）参数子程序调用的规则

在使用带参数的子程序进行子程序调用指令时应遵循以下规则：

1）常数参数必须声明其数据类型；同一常数可以解释为不同的数据类型，为此，在使用常数作为子程序调用参数时，必须声明常数所属数据类型。例如，常数 200000 为无符号双字，在作为调用子程序的参数传递时，必须用 DW#200000 表示。

2）调用参数必须按照输入参数（IN）→输入输出参数（IN/OUT）→输出参数（OUT）的顺序排列。

3）一般来说，子程序变量表中的参数应与调用程序传递的参数类型一致，但在传递时如果不一致，则子程序参数类型为调用程序参数类型。例如，子程序变量表中声明一个参数为实型，而在调用时对应使用的参数为双字类型，则子程序中的这个参数就是双字类型。

（4）变量表使用

在编辑子程序窗口的局部变量表中要加入一个参数，右键单击要加入的变量类型区可以得到一个选择菜单，选"Insert"（插入），然后选择"Row Below"（下一行）即可；若要删除一个参数，可以将鼠标指向最左边地址栏单击该行，然后按"Delete"键删除即可。局部变量表的变量使用局部变量存储器，编程软件从起始地址 L0.0 开始自动给各参数分配局部变量存储空间。

【例3-32】 在 S7-200 编程软件中已设计好子程序（略）和变量表，子程序名为 SBR - 0，其子程序变量表如图 3-80 中的表格所示。子程序调用指令示例如图 3-81 所示。

本例中各类型参数含义如下。

子程序名为 SBR_0；子程序输入局部变量参数 IN1、IN2、IN3 分别对应调用程序传递的实际参数为 I0.1、&VB100、L1.2；子程序输入/输出参数为 VW50；子程序输出参数为 VD200。

本例工作过程如下：

1）调用程序中 I0.0 接通时，EN 有效，程序转移至子程序 SBR_0 执行；同时将调用程序的参数 I0.1 的状态、存储器 VB100 单元的地址、局部存储器位数据 L1.2 及存储器 VW50 单元的字数据按序分别传递给子程序中的变量 IN1、IN2、IN3 及 IN_OUT1。

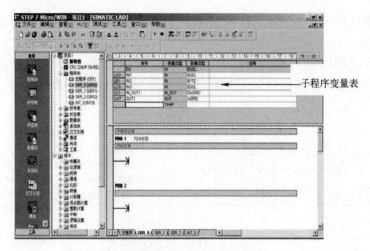

图 3-80 子程序变量表

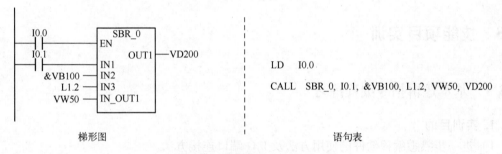

梯形图   语句表

图 3-81 带参数子程序调用示例

2）执行子程序。

3）子程序 SBR_0 返回时，将子程序中的局部变量 IN_OUT1 及 OUT1 的值分别传给调用程序的 VW50 和 VD200，然后继续执行原来的调用程序。

3.7.5 "与" ENO 指令

ENO 是 LAD 中指令盒的布尔能流位输出端。在指令盒的能流输入 EN 有效且执行指令盒操作没有出现错误时，ENO 置位，表示指令成功执行。

由于 STL 指令没有相应的 EN 输入指令，可用"与" ENO（AENO）指令来产生和指令盒中的 ENO 位相同的功能。

在应用程序中，可以将 ENO 作为允许位，作为后续使能控制的位信号，使能流向下传递执行。

AENO 指令的指令格式如图 3-82 所示。

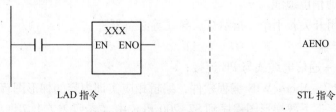

LAD 指令   STL 指令

图 3-82 AENO 指令的指令格式

AENO 指令仅在 STL 中使用，它将栈顶值（必须为 1）和 ENO 位进行逻辑运算，运算结果保存在栈顶。

AENO 指令示例如图 3-83 所示，其功能是在执行整数加法指令 ADD_I 没有发生错误时，ENO 置 1，作为中断连接指令 ATCH（第 5 章介绍）的使能控制位信号，调用中断子程序 INT_0。

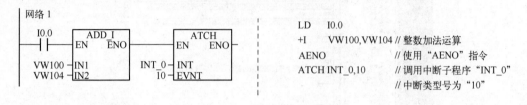

图 3-83　AENO 指令应用示例

3.8　技能项目实训

3.8.1　基本逻辑指令编程练习

1. 实训目的

1）进一步熟悉编程软件的使用方法及 I/O 端口连接方法。

2）验证并掌握基本逻辑指令、定时器、计数器的功能、编程格式。

3）掌握基本逻辑指令、定时器、计数器的使用方法及简单应用。

2. 实训内容

按序分别完成以下基本逻辑指令编程。

1）具有互锁功能的 PLC 控制程序。

互锁功能控制程序参照图 3-19。

2）定时器实现占空比可调的脉冲发生器程序。

定时器实现占空比可调的脉冲发生器程序参照图 3-37 所示。

3）利用计数器实现顺序控制程序。

利用计数器实现顺序控制程序参照图 3-53。

3. 实训设备及元器件

1）S7-200 PLC 实验工作台或 PLC 装置。

2）安装有 STEP 7 – Micro/WIN 编程软件的 PC。

3）PC/PPI + 通信电缆线。

4）常开、常闭开关若干个、指示灯、导线等必备器件。

4. 实训操作步骤

1）将 PC/PPI + 通信电缆线与 PC 连接；

2）启动 STEP 7 – Micro/WIN 编程软件，编辑相应实训内容的梯形图程序。

3）编译、保存、下载梯形图程序到 S7-200 PLC 中（参照 2.7.1 实训项目）。

4) 启动运行 PLC, 观察运行结果, 发现运行错误或需要修改程序时, 重复上面过程。

5. 注意事项

1) 选择输入常开按钮或常闭按钮, 正确确定梯形图程序中相应的软触点 (常开或常闭) 的状态。

2) 注意电源极性、电压值是否符合所使用 PLC 输入、输出电路及指示灯的要求。

6. 实训操作报告

1) 整理出运行调试后的梯形图程序。

2) 写出该程序的调试步骤和观察结果。

3.8.2 简单三人抢答器项目编程

1. 实训目的

1) 进一步熟悉编程软件的使用方法及 I/O 端口连接方法。

2) 验证并掌握基本逻辑指令、定时器、计数器的功能和编程格式。

3) 掌握基本逻辑指令、定时器和计数器的使用方法及简单应用。

4) 掌握子程序设计及调用方法。

2. 实训内容

三人抢答器控制程序参照图 3-20, 在此基础上增加抢答后回答问题、定时时间设置报警功能。

3. 实训设备及元器件

1) S7-200 PLC 实验工作台或 PLC 装置。

2) 安装有 STEP 7 - Micro/WIN 编程软件的 PC。

3) PC/PPI + 通信电缆线。

4) 常开、常闭开关若干个、指示灯、导线等必备器件。

4. 实训步骤

1) 进行 PLC 外部硬件线路连接。

2) 将 PC/PPI + 通信电缆线与 PC 连接。

2) 启动编程软件, 输入梯形图程序。

3) 编译、保存、下载梯形图程序到 S7-200 PLC 中。

4) 启动运行 PLC, 观察运行结果, 如发现运行错误或需要修改程序时, 重复上面过程。

5. 注意事项

注意电源极性、电压值是否符合所使用 PLC 输入、输出电路、接触器及指示灯的要求。

6. 实训操作报告

1) 分析外部连接开关及接触器与软继电器关系及功能。

2) 观察电路工作状态, 写出该电路工作过程和状态。

3) 写出该程序的调试步骤和观察结果。

3.8.3 交通灯控制系统

1. 实训目的

1) 进一步熟悉编程软件的使用方法及 I/O 端口连接方法。

2）验证并掌握基本逻辑指令、定时器、计数器的功能及编程格式。

3）掌握基本逻辑指令、定时器、计数器的使用方法及简单应用。

2. 控制系统要求

控制系统要求如下。

（1）正常通行

启动运行 PLC，调用子程序 SBR_2，计时开始。先允许东西通行 30 s，同时南北禁行 30 s。即：东西绿灯亮 22 s，闪 3 s，接着黄灯闪烁 5 s 为提醒信号，与此同时南北红灯亮 30 s。接着允许南北通行 30 s，同时东西禁行 30 s。即：南北绿灯亮 22 s，闪 3 s，接着黄灯闪烁 5 s 为提醒信号，与此同时东西红灯亮 30 s。

（2）遇突发情况

1）只允许东西通行。调用子程序 SBR_0，东西绿灯亮，同时南北红灯亮。

2）只允许南北通行。调用子程序 SBR_1，南北绿灯亮，与此同时东西红灯亮。

3）调用子程序 SBR_3，禁止通行

实现了突发情况或在重要节日里面可以选择禁止通行或单方向通行。

3. 设备及元器件

1）S7-200 PLC 实验工作台或 PLC 装置、可扩展模块若干个。

2）安装有 STEP 7 – Micro/WIN 编程软件的 PC。

3）PC/PPI + 通信电缆线。

4）常开、常闭开关若干个、红、绿、黄指示灯各 2 个、导线等必备器件。

4. 控制系统设计

（1）PLC 控制系统 I/O 资源分配

1）按下运行按钮 I0.0 时，交通灯开始正常工作，按下停止按钮 I0.1 时，交通灯停止工作。

2）按下运行按钮 I0.4 时，交通灯开始应急工作，只准东西通行，按下停止按钮 I0.1 时，交通灯停止工作。

3）按下运行按钮 I0.5 时，交通灯开始应急工作，只准南北通行，按下停止按钮 I0.1 时，交通灯停止工作。

4）按下运行按钮 I0.2 时，交通灯开始应急工作，全部禁行，当按下停止按钮 I0.1 时，交通灯停止工作。

表3-7　系统 I/O 资源分配表

名　　称	代　码	地　址	名　　称	代　码	地　址
启动按钮	SB1	I0.0	南北红灯	KM1	Q0.0
停止按钮	SB2	I0.1	南北绿灯	KM2	Q0.1
全部禁行止按钮	SB3	I0.2	南北黄灯	KM3	Q0.2
东西通行按钮	SB4	I0.4	东西红灯	KM4	Q0.3
南北通行按钮	SB5	I0.5	东西绿灯	KM5	Q0.4
			东西黄灯	KM6	Q0.5

（2）选定 PLC 型号

根据 I/O 资源的配置可知，系统共有 5 个开关量输入点，6 个开关量输出点。考虑到 I/O 点的利用率、PLC 的价格，可选用西门子公司的 S7-200 PLC CPU224CN。

（3）控制系统接线图

按表 3-7 系统 I/O 资源分配 PLC 交通灯外围接线图如图 3-84 所示。PLC 的输入开关量 I0.0、I0.1、I0.2、I0.4、I0.5 能检测来自按钮 SB1、SB2 和 SB3 的输入信号，PLC 的输出开关量 Q0.0、Q0.1 和 Q0.3 的输出值，用于驱动外部控制继电器，以实现相应的控制动作。

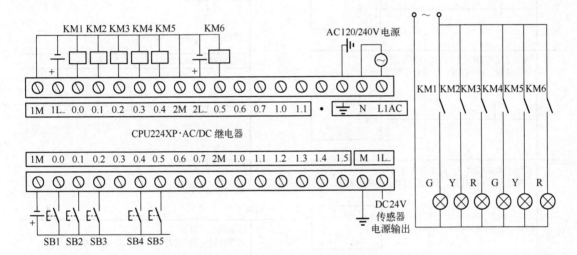

图 3-84 PLC 交通灯外围接线图

（4）控制系统软件设计

PLC 交通灯梯形图程序如图 3-85 所示。

5. 实训操作步骤

1）将 PC/PPI + 通信电缆线与 PC 连接。

2）按图 3-84 连接 PLC 外部控制开关和东西南北信号灯 I/O 设备接线。

3）启动编程软件，编辑输入图 3-80 所示交通灯控制程序。

4）编译、保存、下载梯形图程序到 S7-200 PLC 中。

5）启动运行 PLC，观察运行结果，发现运行错误或需要修改程序时，重复上面过程。

6. 注意事项

1）正确选用定时器的分辨率和设定值。

2）注意电源极性、电压值是否符合所使用 PLC 输入、输出电路及指示灯的要求。

7. 实训操作报告

1）整理出运行调试后的梯形图程序。

2）写出程序的调试步骤和运行结果。

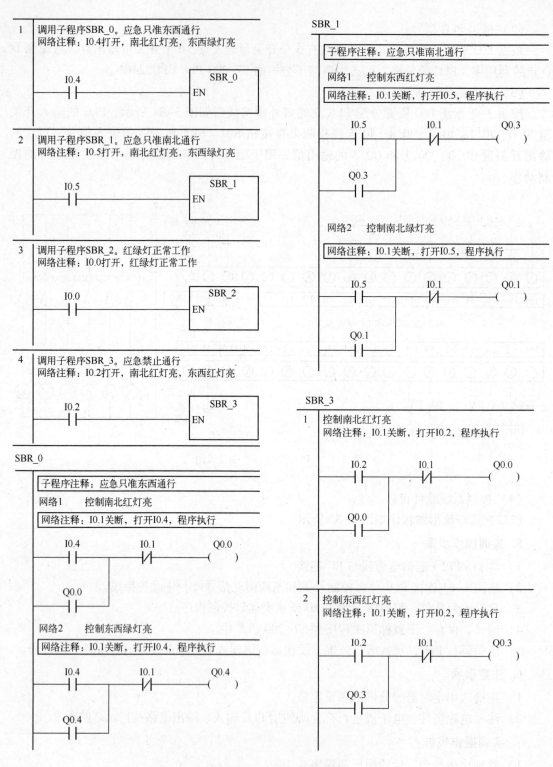

图 3-85　交通灯控制程序

SBR_2

子程序注释：执行红绿灯正常工作

网络1 控制红绿灯正常运行

网络注释：I0.1关断后，打开I0.0，程序执行

```
 I0.0      I0.1              M0.0
──┤├───────┤/├─────────────( )

 M0.0
──┤├──
```

网络2 东西通行30s，南北禁行30s

控制南北红灯亮30s的同时，东西绿灯亮22s后，闪烁3s，然后熄灭；东西黄灯闪烁5s

```
 M0.0      M0.2                    T37
──┤├───────┤/├──────────────────IN  TON

                            220─PT  100 ms


           T37                     T38
          ──┤├──────────────────IN  TON

                             30─PT  100 ms


           T38                     T39
          ──┤├──────────────────IN  TON

                             50─PT  100 ms


           M0.0      T39            Q0.0
          ──┤├───────┤/├──────────( )


           Q0.0      T37                  Q0.4
          ──┤├───────┤/├─────────────────( )

           T37      T38      SM0.5
          ──┤├───────┤/├──────┤├──


           T38      T39      SM0.5        Q0.5
          ──┤├───────┤/├──────┤├─────────( )


           T39             M0.0
          ──┤├────────┤P├──( )


           T39             M0.2
          ──┤├────────────( )
```

网络3 南北通行30s，东西禁行30s

控制东西红灯亮30s的同时，南北绿灯亮22s后，闪烁3s，然后熄灭；南北黄灯闪烁5s

```
 M0.2      M0.1                    T40
──┤├───────┤/├──────────────────IN  TON

                            220─PT  100 ms


           T40                     T41
          ──┤├──────────────────IN  TON

                             30─PT  100 ms


           T41                     T42
          ──┤├──────────────────IN  TON

                             50─PT  100 ms


           T42      Q0.3
          ──┤├─────( )


           Q0.3     T40                  Q0.1
          ──┤├───────┤/├─────────────────( )

           T40      T41      SM0.5
          ──┤├───────┤/├──────┤├──


           T41      T42      SM0.5        Q0.2
          ──┤├───────┤/├──────┤├─────────( )


           T42             M0.2
          ──┤├────────┤P├──( )


           T42      M0.0
          ──┤├─────( )
```

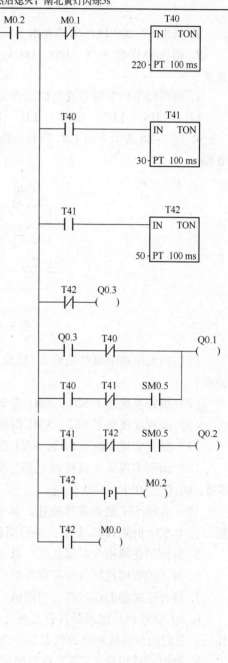

图 3-85 交通灯控制程序（续）

3.9 思考与习题

1. 指出 S7-200 PLC 语句表指令和梯形图指令的基本格式。

2. 指出操作数 I0.1、IB0、Q0.1、QB0、VB100、VD 100、VW100、SM0.1 表示什么含义？

3. 解释以下指令符号或名词的含义。

LD   LDN   LDI   LDNI   EU   ED   逻辑块   置位   复位   堆栈   子程序

4. 图 3-86 所示为用 PLC 控制电路，SB1 为常开按钮、SB2 为常闭按钮、KM1 为中间继电器。

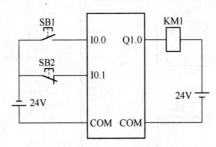

图 3-86   PLC 开关控制电路

（1）指出电路中哪些是输入/输出点？哪些是输入/输出映像寄存器？它们之间是什么关系？

（2）编程实现按下 SB1，KM1 得电。

（3）编程实现按下 SB2，KM1 得电。

（4）编程实现未按下 SB2，KM1 得电，按下 SB2，KM1 失电。

（5）编程实现某电机控制电路，要求按下 SB1，Q1.0 为 ON，KM1 通电且自锁；按下 SB2，Q1.0 为 OFF，KM1 失电。

（6）若将 SB2 改为常开按钮，其他不变，要求按下 SB1，Q1.0 为 ON，KM1 通电且自锁；按下 SB2 仍使 KM1 失电，梯形图程序是否改变？如何改变？为什么？

5. 常用的逻辑指令有哪几类？都包含哪些指令？

6. 常用的程序控制指令有哪几类？简述它们的作用。

7. 解释定时器的位状态、当前值、分辨率的含义。

8. S7-200 PLC 定时器共有几种分辨率？它们的刷新方式有何不同？对它们执行复位操作后，它们的当前值和位的状态是什么？

9. 定时器标识符"T37"在程序中因位置不同有几种含义？

10. 利用定时器编写实现通电延时 30 s 的梯形图程序（使用 I0.1 为输入控制、Q0.1 为延时输出）。

11. 设计一个 8 h 长延时定时器。

12. 利用定时器编写实现断电延时 30 s 的梯形图程序（使用 I0.1 为输入控制、Q0.1 为延时输出）。

13. 设计一个周期为 1 s，占空比为 40% 的方波（Q0.1 输出）程序。

14. 计数器有什么作用，在 S7-200 PLC 中有哪几类计数器？

15. 利用递增计数器编写对 I0.2 计数脉冲计数，当计数器当前值等于 20 时，驱动定时器延时 1 s 后置 Q0.2 为 ON。

16. 设计一个密码锁控制程序，密码为 1234。

17. 使用一个按钮，设计一个电子分段开关，第 1 次按下按钮驱动 Q0.0 为 ON，第 2 次按下按钮驱动 Q0.1 为 ON，第 3 次按下按钮驱动 Q0.2 为 ON，第 4 次按下按钮 Q0.0 ~ Q0.1 全部复位。

18. 根据图 3-87 中的梯形图程序，写出其对应的语句表程序，并判断其功能。

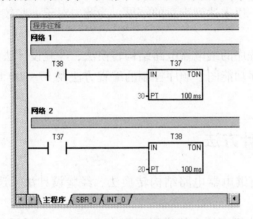

图 3-87　PLC 梯形图程序

19. 根据本题中的语句表程序，写出其对应的梯形图程序，并判断其功能。

```
Network 1
LD      I0.0
LD      I0.1
LD      I0.2
CTUD    C1, 6
Network 2
LD      C1
=       Q0.0
```

20. 设计一子程序，实现将输入继电器 IB0 的状态通过输出继电器 QB0 显示。主程序在 I0.1 的控制下，调用该子程序。

21. 设计一个 4 人抢答器，要求如下。

1）主持人按下按钮 I0.0 开始本题抢答，10 s 后无人抢答则复位，进入下一抢答题。

2）抢答后，封锁其他选手按钮，超过 30 s 后计为超时，必须停止答题。

3）回答问题正确，主持人控制本人成绩计数器加 1，否则，本人成绩计数器减 1。

22. 在使用本章指令编写 PLC 程序时，你总结的编程方法是什么？

第4章 PLC逻辑量梯形图程序设计方法

利用前面所介绍的S7-200 PLC基本逻辑指令设计的程序，并没有统一固定的编程方法，设计者往往根据自身的工作经验或继电器电路的典型结构及被控对象的具体要求，来设计梯形图程序。由于这样的设计方法在某种程度上带有随意性和试探性，很容易出现错误，尤其对于需要大量的中间单元完成记忆、互锁和联锁等功能的控制系统，需要通过反复调试不断地修缮梯形图程序，以求达到满意的结果。为此，对于一些较为复杂的控制系统，可以采用顺序控制编程方法。

本章首先对梯形图程序的继电器电路结构转换法、经验设计法及逻辑设计法进行归整性介绍。然后重点介绍顺序功能图、顺序控制的编程方法及S7-200 PLC顺序类型控制指令编程及应用。

4.1 PLC程序设计方法

PLC程序设计方法有继电器电路结构转换法、经验设计法、逻辑设计法和顺序控制设计法。

对于前面章节PLC应用实例中的梯形图程序，基本上是根据经验和继电器电路结构进行程序设计的，本节仅依据其编程经验和方法，整理归类介绍PLC梯形图的继电器电路结构转换法、经验设计法及逻辑设计法。

4.1.1 基于继电器电路结构的梯形图程序设计方法

根据继电器电路来设计PLC梯形图，是设计PLC梯形图的简捷、直观有效的方法。

继电器电路是通过电气元器件组成的硬件电路实现其相应的功能的。在使用PLC控制时，PLC要进行的外部电路接口设计和梯形图程序设计一定要与相应的继电器电路等效。PLC的I/O端口应该直接连接原继电器电路的终端设备（如输入开关和输出继电器负载），而梯形图程序则是PLC内部逻辑关系与外部设备连接的软继电器。

1. 设计步骤

继电器电路图转换成功能相同的PLC的外部接线图和梯形图的步骤如下。

（1）熟悉继电器电路

了解和熟悉被控设备的工作原理、工艺过程和机械的动作情况，根据继电器电路图分析和掌握控制系统的工作原理。

（2）确定PLC的输入信号和输出负载

1）继电器电路图中的交流接触器和电磁阀等执行机构如果需要PLC的输出位来控制，它们的线圈一般可以直接由PLC的输出端口控制（电流较小时），也可以由中间继电器间接控制。

2）按钮、操作开关和行程开关、接近开关等用来给PLC提供控制命令和反馈信号，它们的触点直接控制 PLC 的输入端口。

3）继电器电路图中的中间继电器和时间继电器的功能，可以用 PLC 内部的辅助继电器和定时器来完成，它们与 PLC 的输入继电器和输出继电器无关。

（3）画出 PLC 的外部接线图

1）确定 PLC 各数字量输入信号与输出负载对应的输入位和输出位的地址，画出 PLC 的外部接线图。画出 PLC 的外部接线图后，同时也确定了 PLC 的各输入信号和输出负载对应的输入继电器和输出继电器的元件号，为梯形图的设计打下了基础。

2）确定与继电器电路图中的中间、时间继电器对应的梯形图中的辅助继电器和定时器的地址。

（4）根据上述的对应关系画出梯形图

在继电器电路直接转换为梯形图程序时，为防止错误，可按以下办法操作。

1）首先所有继电器电路的启动、停止控制开关在梯形图程序中以相应的常开触点表示（如 I0.0、I0.1）。

2）如果 PLC 外部端口对应的启动控制开关为常开开关，则梯形图程序中相应的常开触点不变；如果 PLC 外部端口对应的启动控制开关为常闭开关，则梯形图程序中相应的触点必须为常闭触点。

3）如果 PLC 停止控制开关为常开开关，则梯形图程序中相应的触点为常闭触点；如果 PLC 外部停止开关为常闭开关，则在梯形图程序中对应为常开触点。

【例 4-1】图 4-1 是继电器自锁电路转换为 PLC 控制电路及梯形图程序。其中，图 a 为继电器电路；图 c 为转换后的 PLC 端口接线，这里 SB1、SB2 控制功能和继电器电路完全一样；图 b 为转换后的 PLC 梯形图程序。可以看出，梯形图程序和继电器电路结构基本相同，只不过继电器电路中的停止（常闭）按钮，在梯形图中必须对应为常开触点，否则电路不能正常工作。

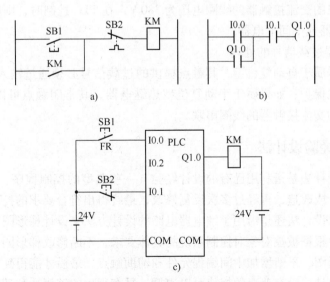

图 4-1　继电器电路转换为梯形图程序

a）继电器控制电路　b）PLC 梯形图　c）PLC 外部 I/O 接口电路

2. 注意事项

根据继电器电路图来设计 PLC 的外部接线图和梯形图时应注意以下问题。

（1）遵守梯形图语言中的语法规定

由于工作原理不同，梯形图不能照搬继电器电路中的某些处理方法。例如在继电器电路中，触点可以放在线圈的两侧，但是在梯形图中，线圈必须放在电路的最右边。

（2）适当的分离继电器电路

1）设计继电器电路的一个基本原则是尽量减少电路中使用的触点的个数，以降低成本，但是这往往会使某些线圈的控制电路交织在一起。在设计梯形图时要首先考虑到梯形图程序的易阅读和理解，不必在意是否多用几个触点，因为梯形图中的触点基本上都是软触点。

2）设计梯形图时以线圈为单位，分别考虑继电器电路图中每个线圈受到哪些触点和电路的控制，然后以此设计相应的等效梯形图电路。

（3）尽量减少 PLC 的 I/O 点。

PLC 的价格与 I/O 点数有关，因此输入、输出信号的点数是降低硬件费用的主要措施。

（4）设置中间单元

在梯形图中，如果多个线圈同时由某一触点串并联后进行的控制，为了简化程序，在梯形图中可以设置中间单元，即用来控制某存储位，在各线圈的控制电路中使用其常开触点。这种中间元件类似于继电器电路中的中间继电器。

（5）设立外部互锁电路

控制异步电动机正反转的交流接触器，为了防止同时动作出现事故，除了在梯形图中设置互锁触点外，还需要在 PLC 外部设置硬件互锁电路。

（6）外部负载的额定电压

PLC 双向晶闸管输出模块与继电器输出模块一般只能驱动额定电压 AC220 V 的负载，如果继电器电路原来的交流接触器的线圈电压为 380 V，在 PLC 控制时，则应改为线圈电压为 220 V 的交流接触器或中间继电器。

（7）热继电器过载信号的处理

如果热继电器属于自动复位型，其触点提供的过载信号必须通过输入电路提供给 PLC，用梯形图实现过载保护；如果属于手动复位型热继电器，其常闭触点可以在 PLC 的输出电路中与控制电机的交流接触器的线圈串联。

4.1.2 梯形图经验设计法

所谓的经验设计法是指利用已有的设计经验（一些典型的控制程序、控制方法等），对电路进行重新组合或改造，再经过多次反复修改，最终得出符合要求的控制程序。

实际上，经验设计法还是沿用了继电器电路的设计方法来设计梯形图，只不过需要在典型电路的基础上，根据被控对象对控制系统的具体要求，不断修改梯形图，有时需要反复进行调试和修改梯形图，不断增加中间编程元件和辅助触点，最后才能得到一个较为满意的结果。因此，经验设计法没有普遍的规律可以遵循，具有很大的试探性和随意性，最后的结果也不是唯一的，设计所用的时间、设计质量与设计者的经验有很大的关系。

经验设计法用于比较简单的梯形图程序设计。其步骤如下。

（1）根据工艺分析得出控制模块

在准确了解控制要求后，对控制系统中的事件进行模块划分，得出控制要求需要几个模块组成、每个模块要实现什么功能、因果关系如何、模块与模块之间怎样联络等内容。

（2）功能及端口定义

对控制系统中的输入主令元件和输出执行元件进行功能、编码与I/O口地址的分配，设计I/O接线图。对于一些要用到的内部软元件，为方便后期的程序设计，也要进行地址分配。

（3）控制模块梯形图程序设计

根据已划分的控制模块，进行梯形图程序的设计，一个模块对应一个程序，可以根据实现控制模块的电路原理、电路实践经验及典型的控制程序，逐步由左到右、由上到下编写梯形图程序。然后对控制程序进行比较、修改、补充，选择最佳方案。

（4）组合为系统梯形图程序

对各个控制模块的程序进行组合，得出系统梯形图程序，然后，进一步对程序进行补充、修改，经过多次改善，最后要得出一个功能完整的系统控制程序。

4.1.3　梯形图逻辑设计法

由于电气控制线路与逻辑代数有一一对应的关系，因此对开关量的控制过程可用逻辑代数式表示、分析和设计，逻辑代数设计法基本步骤如下。

1）根据控制要求列出逻辑代数表达式。

2）对逻辑代数式进行化简。

3）根据化简后的逻辑代数表达式设计梯形图。

下面举个简单例子来具体说明。

【例4-2】根据图4-2所示的功能流程图，写出对应的逻辑关系表达式，并由其设计梯形图程序。

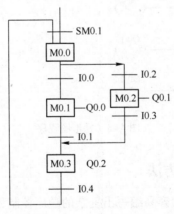

图4-2　功能流程图

各状态对应的逻辑关系表达式如下。

$$M0.0 = (SM0.1 + M0.3 \cdot I0.4 + M0.0) \cdot \overline{M0.1} \cdot \overline{M0.2}$$

$$M0.1 = (M0.0 \cdot I0.0 + M0.1) \cdot \overline{M0.3}$$

$$M0.2 = (M0.0 \cdot I0.2 + M0.2) \cdot \overline{M0.3}$$

$$M0.3 = (M0.1 \cdot I0.1 + M0.2 \cdot I0.3) \cdot \overline{M0.0}$$
$$Q0.0 = M0.1$$
$$Q0.1 = M0.2$$
$$Q0.2 = M0.3$$

根据以上 7 个逻辑关系表达式，对应网络 1~7 的梯形图程序如图 4-3 所示。

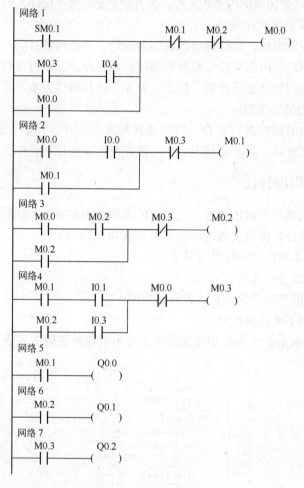

图 4-3 梯形图程序

4.1.4 PLC 顺序控制设计方法

利用顺序控制设计方法，较容易编写出复杂的顺序控制程序，大大提高工作效率。

所谓顺序控制，也就是按照规定的操作顺序，把生产过程分成各个操作段，在输入信号的控制下，根据过程内部运行的规律、要求和输出对设备的控制，按顺序一步一步地进行操作。

顺序控制的设计步骤如下。

1）首先将被控制对象的工作过程按输出状态的变化分为若干步，并指出工步之间的转换条件和每个工步的控制对象，以此确定 PLC 输入输出端口分配。

2）以步为核心，画出顺序功能图。

3）选择适当的顺序控制设计方法，将功能图转换为梯形图程序。

顺序控制设计（功能图转换为梯形图）方法包括起保停电路、置位复位指令、移位寄存器指令及专用 PLC 顺序控制指令设计方法。

4.2 PLC 功能图概述

4.2.1 功能图基本概念

功能图也称为功能流程图，它是专用于工业顺序控制程序设计的一种方法，是一种功能描述语言。利用功能图可以向设计者提供控制问题描述方法的规律，能完整地描述控制系统的工作过程、功能和特性。

功能图的基本元素为：状态、转移、有向线段和动作说明。

1. 状态

顺序控制编程方法的基本思想是将控制系统的工作周期划分为若干个顺序执行的工作阶段。这些阶段称为状态，也称流程步或工作步，它表示控制系统中的一个稳定状态。在功能图中，状态以矩形方框表示，框中用数字表示该状态的编号，编号可以是实际的控制步序号，也可以是 PLC 中的工作位编号，如图 4-4a 所示。

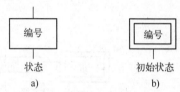

图 4-4　状态及初始状态图形

对于系统的初始状态，即系统运行的起点，也称为初始步，其图形符号用双线矩形框表示，如图 4-4b 所示，在实际使用时，为简单起见，初始状态也可用单矩形框或一条横线表示。每一个系统至少需要一个初始步。

2. 转移与有向线段

转移就是从一个状态变化为另一个状态的切换条件，两个状态之间用一个有向线段表示，向下转移时有向线段的箭头可以省略；向上转移时有向线段必须以箭头表示方向。可以在有向线段上加一横线，在横线旁加上文字、图形符号或逻辑表达式标注描述转移的条件。相邻状态之间的转移条件满足时，就从一个状态按照有向线段的方向向另一个状态转换。如图 4-5 所示。

3. 动作

动作是状态的属性，是描述每一个状态需要执行的功能操作。动作说明是在步的右侧加一矩形框，并在框中加文字对动作进行说明，如图 4-6 所示。

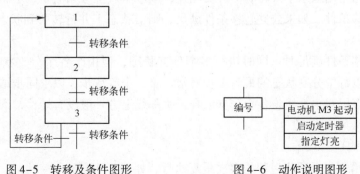

图 4-5　转移及条件图形　　　　图 4-6　动作说明图形

4.2.2 功能图结构

1. 顺序结构

顺序结构也称为单流程，它是最简单的一种结构，其状态是按序变化的，每个状态与转移仅连接一个有向线段，功能图如图4-7所示。

2. 选择性分支结构

选择性分支结构是指下一个状态是多分支状态，但只能转入其中的某一个控制流状态，具体进入哪个状态，取决于控制流前面转移条件为真的分支。选择性分支结构如图4-8所示。

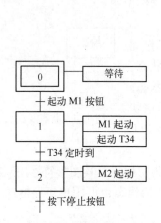

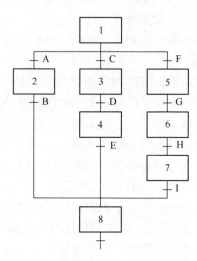

图4-7 顺序结构的功能图　　　图4-8 选择性分支结构的功能图

在图4-8中，状态1下面有3个分支，根据分支转移条件A、C、F来决定选择哪一个分支。如果某一个分支转移条件得到满足，则转入这一分支状态。一旦进入这一分支状态后，就不再执行其他分支。

3. 并发性分支结构

如果某一个状态的下面需要同时启动若干个状态流，这种结构称为并发性分支结构。并发性分支结构如图4-9所示。

在图4-9中可以看出：

● 分支开始是用双水平线将各个分支相连，双水平线上方只需要一个转移条件A，称为公共转移条件。如果公共转移条件满足，则由状态1并行转移到状态2、状态4和状态6。

● 公共转移条件满足时，同时执行多个分支状态，但由于各个分支状态完成的时间不同，所以每个分支状态的最后一步通常设置一个等待步，以求同步结束。

● 分支结束用双水平线将各个分支汇合，水平线上方一般没有转移，下方有一个公共转移，转移条件为D。

4. 循环结构

循环结构用于一个顺序过程的多次重复执行，如图4-10所示。

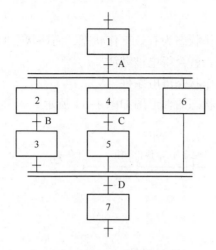
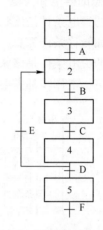

图 4-9　并发性分支结构功能图　　　　图 4-10　循环结构功能图

在图 4-10 中，在满足转移循环条件 E 时，由状态 4 转移到状态 2 循环执行。

5. 复合结构

复合结构就是一个集顺序、选择性分支、并发性分支和循环结构于一体的结构，这里不再详述。

4.2.3　功能图转换成梯形图

功能图只能作为系统的说明工具，一般不能被 PLC 软件直接接受，需要转换成梯形图后才能被 PLC 软件识别。

一般情况下，使用功能图设计 PLC 程序时，首先根据控制要求设计出功能图，然后利用 PLC 的顺序控制指令将其转换为梯形图程序。在功能图向梯形图转换时应采用以下方法。

1. 进入有效工作状态

若是需要启动功能图中的哪个工作状态，在梯形图中，就在该工作状态执行条件上连接或并联一个得电条件。

PLC 上电后，有的程序需要 PLC 马上进入有效工作状态，如果使用按钮控制 PLC 程序进入有效工作状态，应注意启动条件是否允许。

2. 停止有效工作状态

若是需要停止正在运行的工作状态，在梯形图中，就需要在工作状态的执行条件上串联停止条件，一般需要在每一个工作状态的执行条件上都串联一个失电条件。

若是需要在程序运行过程中重新启动程序，也需要先停止所有工作状态的执行，再启动程序。

3. 最后一个工作状态。

最后一个工作状态执行完后，一般需要转移到初始工作状态循环执行程序，在梯形图中，则应将最后一个工作状态在满足转移条件时转移到初始工作状态。

4. 工作状态的转移条件

转移条件可以是来自 PLC 外部的按钮、行程开关、传感器的输出等，也可以是 PLC 内部的定时器、计数器和功能块的输出等。

5. 工作状态的得电和失电

工作状态的得电条件是该状态的上一工作状态为有效工作状态，而该状态的下一状态没有激活，这时如转移条件为真，则该工作状态就会得电被激活。

工作状态的失电条件是该状态的下一工作状态得电条件。

一般情况下，工作步都需要自锁。工作状态的梯形图如图4-11所示。

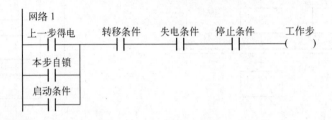

图4-11　工作状态的梯形图

6. 选择性分支

选择性分支就是在工作状态得电的条件中增加一个选择条件，选择条件如果得到满足，则工作状态得电。

如在启动程序时出现选择性分支，则工作状态得电条件应该为启动条件与选择条件同时满足。如在工作状态转移时出现选择性分支，则工作状态得电条件应该为转移条件与选择条件同时满足。

7. 并发性分支

并发工作状态是在一个得电条件下，所有并发分支都得电，其得电条件是一样的。

由于所有并发工作状态全部结束后才能进行工作状态转移，所以在梯形图中，对所有并发分支的转移条件进行逻辑"与"。

8. 第0工作状态

一般情况下，第0工作状态是PLC上电后的状态。第0工作状态的一个得电条件是除0状态以外的其他工作状态都无效。

当停止条件出现后，程序应该回到第0工作状态。

9. 动作输出

在有些简单系统中，工作状态就是动作输出。在梯形图中，工作状态的继电器就是PLC的输出继电器。而在有些系统中，动作输出是工作状态的逻辑组合。

动作开始时刻就是工作状态得电时刻，动作结束时刻就是工作状态的失电时刻。

4.3　顺序控制指令及应用

4.3.1　顺序控制指令

使用顺序控制指令可以方便地实现功能图描述的程序设计，S7-200 PLC编程环境提供了3条顺序控制指令，其指令的格式、功能及操作数形式见表4-1。

表 4-1　顺序控制指令的形式及功能

STL 指令	LAD 指令	功　能	操作对象 bit
LSCR　bit	bit SCR	顺序状态开始	顺序控制继电器 S（位）（S0.0～S31.7）
SCRT　bit	bit （SCRT）	顺序状态转移	顺序控制继电器 S（位）（S0.0～S31.7）
SCRE	（SCRE）	顺序状态结束	无

（1）顺序状态开始/结束指令（LSCR/SCRE）

LSCR 指令（在前）为功能图中一个状态的开始，SCRE 指令（在后）为这个状态的结束，其中间部分为顺序段（SCR 段）程序，该段程序对应功能图中状态的动作指令。LSCR 指令操作对象 bit 为顺序控制继电器 S 中的某个位（范围为 S0.0～S31.7），当某个位有效时，激活所在的 SCR 段程序。S 中各位的状态用来表示功能图中的一种状态。

（2）顺序状态转移指令 SCRT

在输入控制端有效时，SCRT 指令操作数 bit 置位激活下一个 SCR 段的状态（下一个 SCR 段的开始指令 LSCR 的 bit 必须与本指令的 bit 相同），使下一个 SCR 段开始工作，同时使该指令所在段停止工作，状态器复位。

在每一个 SCR 段中，需要设计满足什么条件后使状态发生转移，这个条件作为执行 SCRT 指令的输入控制逻辑信号。

（3）顺序状态结束指令 SCRE

SCRE 指令表示该状态的结束。

【例 4-3】利用顺序控制指令将顺序功能图转换为梯形图、语句表程序。其示例如图 4-12 所示。

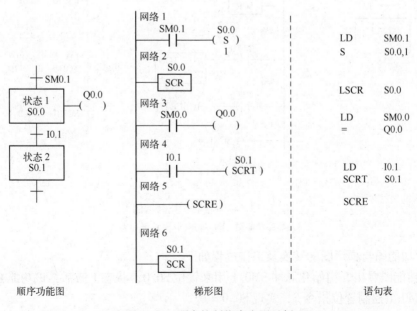

图 4-12　顺序控制指令应用示例

程序中顺序控制指令结构和功能如下。

1）LSCR（SCR）表示状态 1 的开始，SCRE 表示状态 1 的结束。

2）状态 1 的激活条件是 SM0.1 有效，驱动置位指令置 S0.0 = 1。

3）在状态 1 中实现驱动 Q0.0。

4）状态 1 转移到状态 2（S0.1）的条件是 I0.1 有效，执行 SCRT 指令，同时状态 1 复位。

4.3.2 顺序控制指令示例

1. 单流程

单流程功能图的每个状态仅连接一个转移，每个转移仅连接一个状态。

【例 4-4】某控制系统功能图如图 4-13a 所示，使用顺序控制指令将功能图转换为梯形图，如图 4-13b 所示，相应的 STL 指令如图 4-13c 所示。

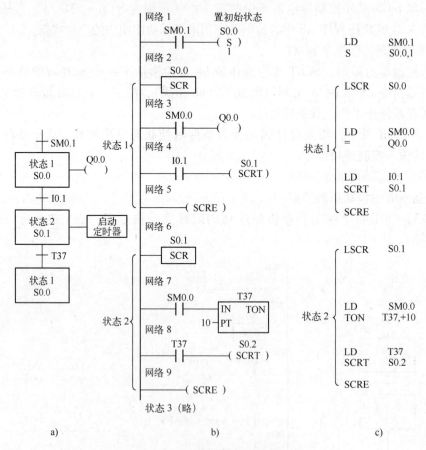

图 4-13　单流程顺序控制示例

a）顺序功能图　b）梯形图　c）语句表

本例中功能图与梯形图的转换及工作过程如下。

1）由功能图看出，初始化脉冲 SM0.1 用来置位 S0.0，状态 1 激活；该功能在梯形图中转换为由 SM0.1 控制置位指令 S，实现 S0.0 = 1。

2）在状态 1 的 SCR 段要做的工作（动作）是置 Q0.0 为 ON，梯形图中使用 SM0.0 控制 Q0.0。这是因为，线圈不能直接和母线相连，所以常用特殊中间继电器 SM0.0 位来完成动作任务。

3）由功能图看出，状态 1 向状态 2 的转移条件是 I0.1 有效，在梯形图中转换为由输入触点 I0.1 控制状态转移指令 SCRT，其操作数 bit 为 S0.1，它是状态 2 的激活控制位。一旦状态 2 被激活，则本状态 1 的 SCR 段停止工作，状态 1 自动复位。

4）状态 2 的动作是启动定时器，梯形图中使用 SM0.0 控制定时器 T37，定时器分辨率为 100 ms，设定值为 10，定时时间为 1s。

5）由功能图看出，状态 2 向状态 3 的转移条件是定时器 T37（定时时间 1 s）。梯形图中，通过 T37 的常开触点闭合控制状态 2 的 SCRT 指令，其操作数据 bit 为状态 3 的激活位。一旦状态 3 被激活，则状态 2 的 SCR 段停止工作，状态 2 自动复位。

2. 并发性分支和汇集

在控制系统中，常常需要一个顺序控制状态流并发产生两个或两个以上不同分支控制状态流，在这种情况下，所有的并发产生的分支控制状态流必须同时激活；多个分支控制流完成其动作任务后，也可以把这些控制流合并成一个控制流，即并发性分支的汇集，在转移条件满足时才能转移到下一个状态。

【例 4-5】某并发性分支和汇集控制系统功能图、梯形图及指令表如图 4-14 所示。

程序中，并发性分支的公共转移条件是 I0.0 有效，程序由状态 S0.0 并发进入 S0.1 和 S0.3。

需要特别说明的是，并发性分支在汇集时要同时使各分支状态转移到新的状态，完成新状态的启动。另外在状态 S0.2 和 S0.4 的 SCR 程序段中，由于没有使用 SCRT 指令，所以 S0.2 和 S0.4 的复位不能自动进行，最后要用复位指令对其进行复位。这种处理方法在并发性分支的汇集合并时会经常用到，而且在并发性分支汇集合并前的最后一个状态往往是"等待"过渡状态。它们要等待所有并发性分支都为"真"后一起转移到新的状态。这时的转移条件永远为"真"，而这些"等待"状态不能自动复位，它们的复位需要使用复位指令来完成。

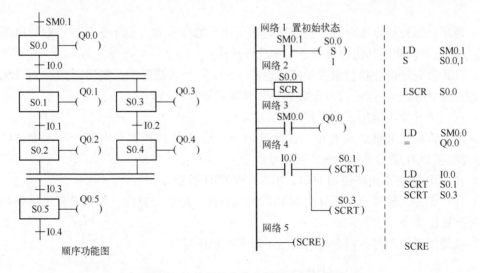

图 4-14　并发性分支和汇集功能图举例

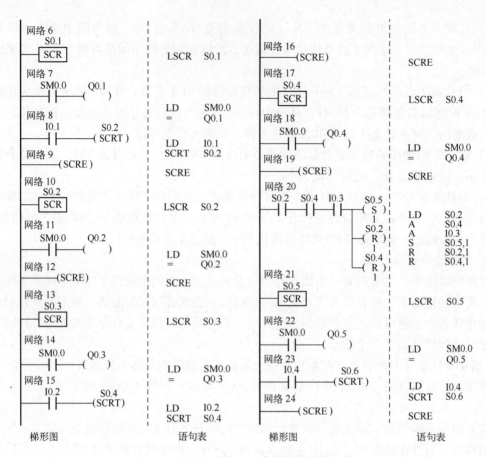

图 4-14 并发性分支和汇集功能图举例（续）

4.3.3 顺序指令使用说明

顺序控制指令由于自身的特殊性及其操作数据的有限范围，在使用时应注意以下几个方面。

1）顺序控制控指令仅对顺序控制继电器元件 S 的位有效。由于 S 具有一般继电器的功能，所以，也可以使用其他逻辑指令对 S 进行操作。

2）SCR 段程序能否执行取决于该状态器（S 位）是否被置位，SCRE 与下一个 LSCR 之间可以安排其他指令，但它们不影响下一个 SCR 段程序的执行。

3）同一个 S 位不能用于不同程序中。

4）不允许跳入或跳出 SCR 段，在 SCR 段也不能使用 JMP 和 LBL 指令（不允许内部跳转，但可以在 SCR 段附近使用跳转和标号指令。

5）在 SCR 段中不允许使用 FOR、NEXT 和 END 指令。

6）在状态发生转移后，所有的 SCR 段的元器件一般也要复位，如果希望继续输出，可使用置位/复位指令。

7）在使用功能图时，状态器的编号可以不按顺序编排。

4.4 技能项目实训

4.4.1 顺序控制指令编程练习

1. 实训目的

1）熟悉利用功能流程图编程方法。

2）掌握顺序控制指令功能及编程方法。

2. 实训内容

用功能流程图法通过顺序控制指令编写简单顺序控制程序：

1）第一步（状态1）的功能操作是使 Q0.0 置位1，5 s 后，结束第一步，转入第二步（状态2）；

2）状态2的功能操作是使 Q0.1 置位1，5 s 后，结束状态2，转入第3步（状态3）。

3）状态3的功能操作是使 Q0.0、Q0.1 复位，并延时 10s 后，结束状态3，转入状态1继续下一顺序过程。

3. 实训设备及元器件

1）S7-200 PLC 实验工作台或 PLC 装置。

2）安装有 STEP 7 – Micro/WIN 编程软件的 PC。

3）PC/PPI + 通信电缆线。

4）开关若干个、导线等必备器件。

4. 实训操作步骤

1）将 PC/PPI + 通信电缆线与 PC 连接。

2）设计功能图如图 4-15 所示。

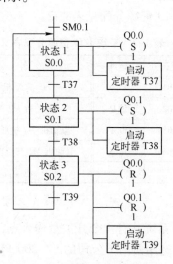

图 4-15 顺序控制功能图

3）运行编程软件，使用顺序控制指令将功能图转换为梯形图程序直至编译成功。

4）下载梯形图程序到 S7-200 PLC 中。

5）启动运行 PLC，观察运行结果，发现运行错误或需要修改程序时重复上面过程。

6）注意顺序状态开始、任务、状态转移、状态结束及顺序控制继电器 S（位）的正确应用。

5. 实验操作报告

1）整理出运行调试后的梯形图程序。

2）写出该程序的调试步骤和观察结果。

4.4.2　电动机顺序延时起动控制系统

1. 实训目的

1）掌握利用顺序控制指令实现顺序控制功能的编程方法。

2）巩固所学基本逻辑指令的应用及进一步熟悉编程软件的使用方法。

2. 控制系统要求

某动力系统由三台电动机 M1、M2 和 M3 拖动。要求能够实现本地、远程控制起停。其中，M1 和 M3 起动方式为直接起动，M2 为"星三角"起动，切换间隔为 3 s；按下起动按钮，三台电机顺序起动：M1 起动 10 s 后 M2 起动，M2 起动 20 s 之后 M3 起动；按下停止按钮，M3 先停，10 s 后 M2 停，15 s 后 M1 停。使用顺序控制指令编程实现顺序控制。

3. 设备及元器件

1）S7-200 PLC 实验工作台或 PLC 装置、可扩展模块若干个。

2）安装有 STEP 7 – Micro/WIN 编程软件的 PC。

3）PC/PPI + 通信电缆线。

4）常开、常闭开关若干个、继电器若干个、导线等必备器件。

4. 控制系统设计

（1）PLC 控制系统 I/O 资源分配

电动机 PLC 顺序控制系统 I/O 资源分配见表 4-2。

表 4-2　系统 I/O 资源分配表

名　称	代码	地址	名　称	代码	地址
起动按钮	SB1	I0.0	电动机 M1	KM0	Q0.0
异地起动按钮	SB2	I0.2	电动机 M2 主接触器	KM1	Q0.1
停止按钮	SB3	I0.1	电动机 M2 星形联结接触器	KM3	Q0.3
异地停止按钮	SB4	I0.3	电动机 M2 三角形联结接触器	KM4	Q0.4
			电动机 M3	KM2	Q0.2

（2）选定 PLC 型号

根据 I/O 资源的配置可知，系统共有 4 个开关量输入点，5 个开关量输出点。考虑到 I/O 点的利用率、PLC 的价格，可选用西门子公司的 S7-200 PLC CPU224CN。

（3）控制系统接线

按表 4-2 系统 I/O 资源分配，PLC 的输入开关量 I0.0、I0.1、I0.2、I0.3 检测来自按钮 SB1、SB3、SB2、SB4 的输入信号，PLC 的输出开关量 Q0.0、Q0.1、Q0.2、Q0.3、Q0.4 分别用于驱动外部控制继电器 KM0、KM1、KM2、KM3、KM4，以实现相应电动机的控制动作。

（4）控制系统软件设计

电动机顺序延时控制梯形图程序如图 4-16 所示。

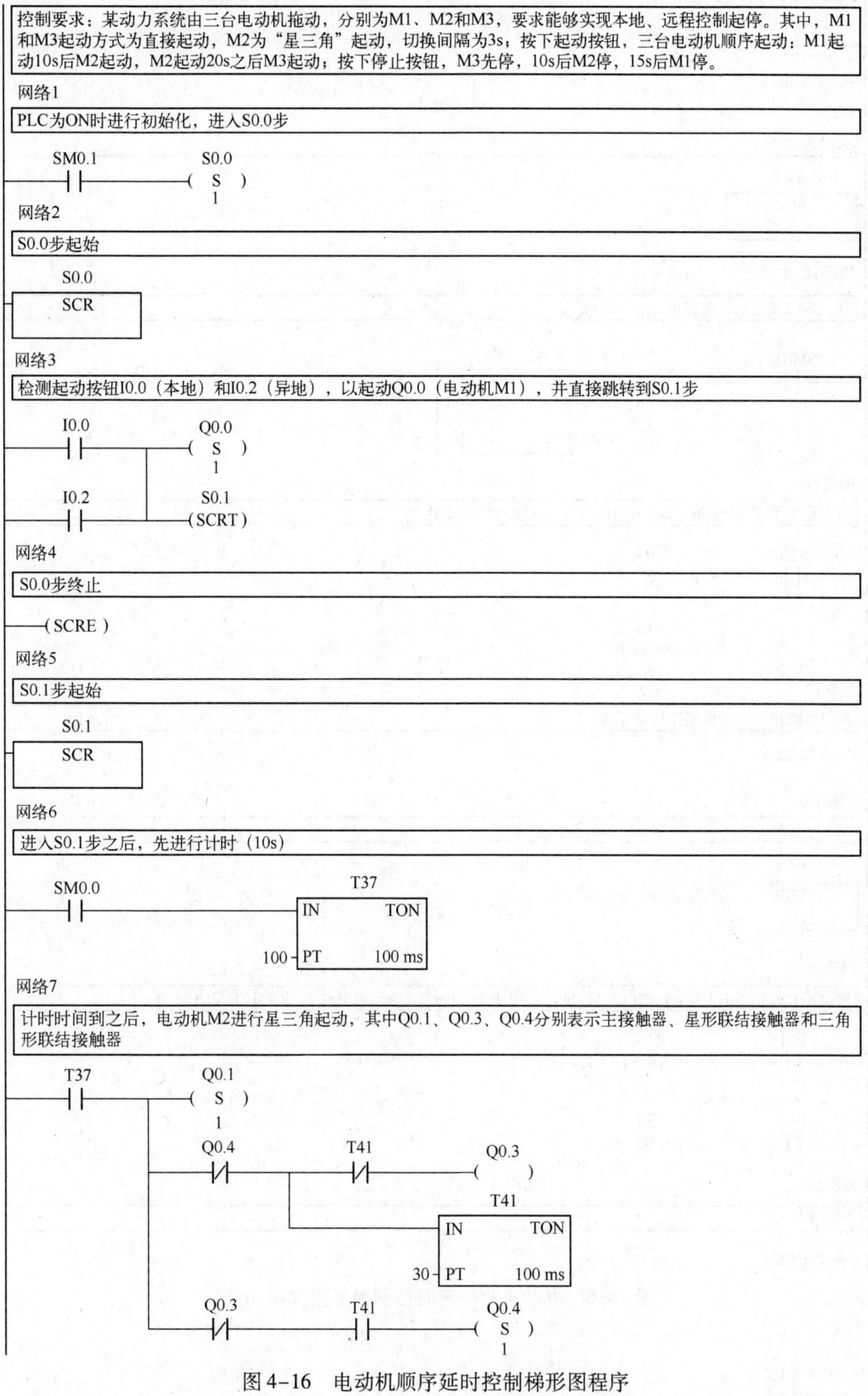

> 控制要求：某动力系统由三台电动机拖动，分别为M1、M2和M3，要求能够实现本地、远程控制起停。其中，M1和M3起动方式为直接起动，M2为"星三角"起动，切换间隔为3s；按下起动按钮，三台电动机顺序起动：M1起动10s后M2起动，M2起动20s之后M3起动；按下停止按钮，M3先停，10s后M2停，15s后M1停。

网络1

> PLC为ON时进行初始化，进入S0.0步

```
   SM0.1              S0.0
────┤ ├───────────────( S )
                        1
```

网络2

> S0.0步起始

```
      S0.0
    ┌──────┐
    │ SCR  │
    └──────┘
```

网络3

> 检测起动按钮I0.0（本地）和I0.2（异地），以起动Q0.0（电动机M1），并直接跳转到S0.1步

```
   I0.0             Q0.0
────┤ ├──────┬──────( S )
             │        1
   I0.2      │     S0.1
────┤ ├──────┘    (SCRT)
```

网络4

> S0.0步终止

```
────────────────( SCRE )
```

网络5

> S0.1步起始

```
      S0.1
    ┌──────┐
    │ SCR  │
    └──────┘
```

网络6

> 进入S0.1步之后，先进行计时（10s）

```
   SM0.0                    T37
────┤ ├──────────────┤IN      TON│
                  100─┤PT    100 ms│
```

网络7

> 计时时间到之后，电动机M2进行星三角起动，其中Q0.1、Q0.3、Q0.4分别表示主接触器、星形联结接触器和三角形联结接触器

```
   T37              Q0.1
────┤ ├──────┬──────( S )
     │       │        1
     │      Q0.4    T41        Q0.3
     │  ─────┤/├────┤/├────────(   )
     │       │
     │       │               T41
     │       └──────┤IN      TON│
     │            30─┤PT    100 ms│
     │
     │      Q0.3    T41        Q0.4
     │  ─────┤ ├────┤/├────────( S )
     │                           1
```

图 4-16　电动机顺序延时控制梯形图程序

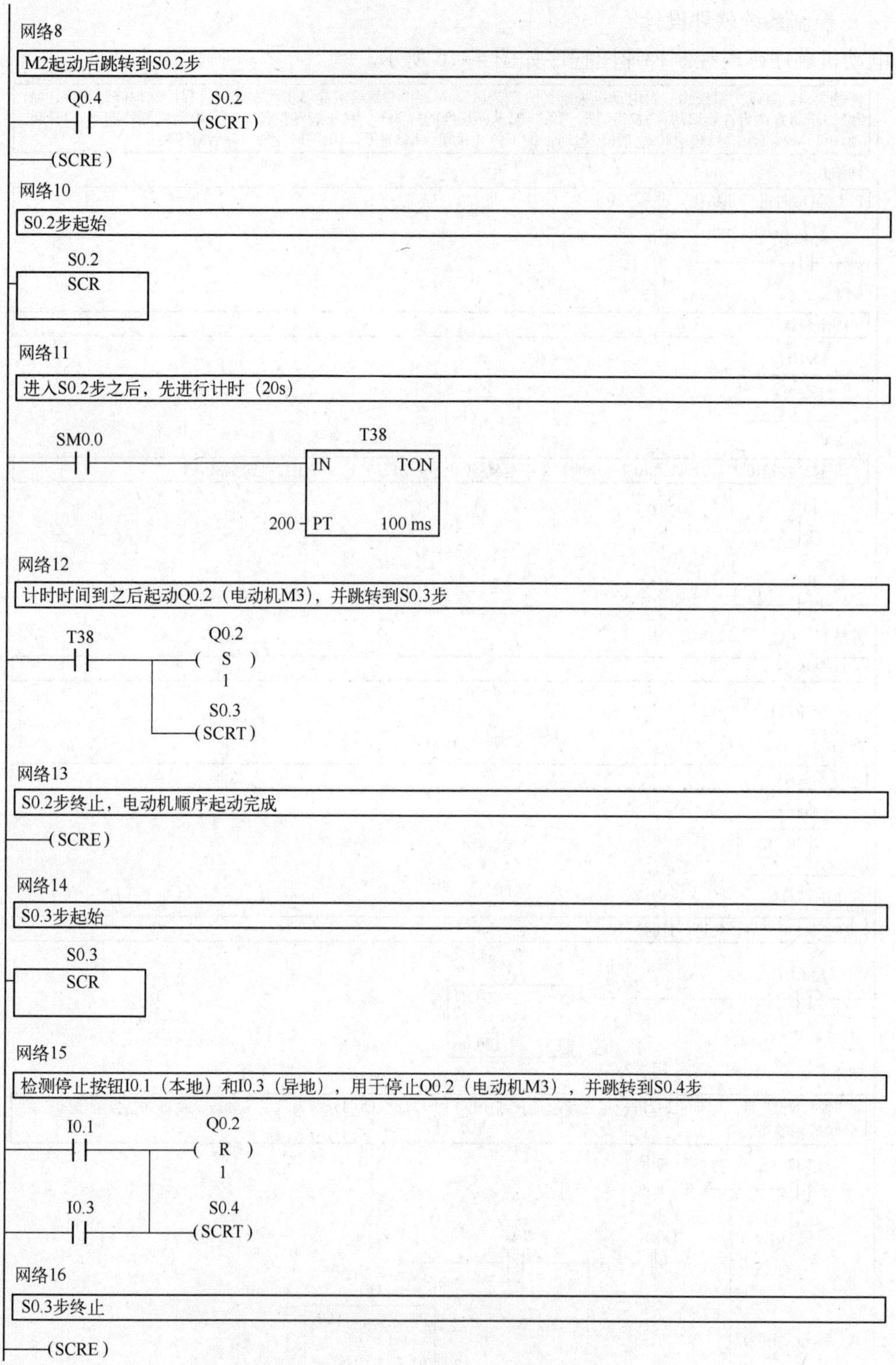

网络8

M2起动后跳转到S0.2步

```
   Q0.4          S0.2
───┤ ├───────────(SCRT)

───(SCRE)
```

网络10

S0.2步起始

```
   S0.2
  ┌──────┐
  │ SCR  │
  └──────┘
```

网络11

进入S0.2步之后，先进行计时（20s）

```
   SM0.0                    T38
───┤ ├─────────────────┌──────────┐
                       │IN     TON │
                       │          │
                200 ──┤PT   100 ms│
                       └──────────┘
```

网络12

计时时间到之后起动Q0.2（电动机M3），并跳转到S0.3步

```
   T38            Q0.2
───┤ ├──────┬────( S )
            │      1
            │    S0.3
            └────(SCRT)
```

网络13

S0.2步终止，电动机顺序起动完成

```
───(SCRE)
```

网络14

S0.3步起始

```
   S0.3
  ┌──────┐
  │ SCR  │
  └──────┘
```

网络15

检测停止按钮I0.1（本地）和I0.3（异地），用于停止Q0.2（电动机M3），并跳转到S0.4步

```
   I0.1           Q0.2
───┤ ├──────┬────( R )
            │      1
   I0.3     │    S0.4
───┤ ├──────┴────(SCRT)
```

网络16

S0.3步终止

```
───(SCRE)
```

图 4-16　电动机顺序延时控制梯形图程序（续）

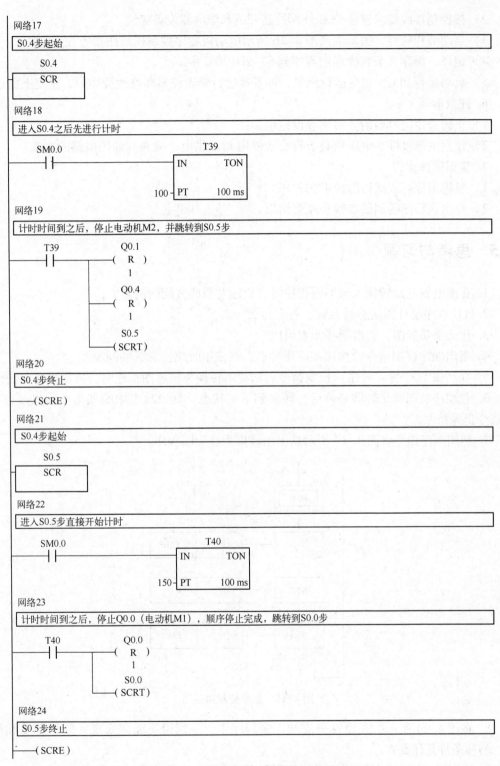

网络17

S0.4步起始

```
    S0.4
  ┌────────┐
──┤  SCR   │
  └────────┘
```

网络18

进入S0.4之后先进行计时

```
   SM0.0                    T39
────┤ ├────────────────┌──────────┐
                       │IN    TON │
                       │          │
                  100──┤PT  100 ms│
                       └──────────┘
```

网络19

计时时间到之后，停止电动机M2，并跳转到S0.5步

```
   T39                Q0.1
────┤ ├──────┬────────( R )
             │          1
             │        Q0.4
             ├────────( R )
             │          1
             │        S0.5
             └────────( SCRT )
```

网络20

S0.4步终止

```
──( SCRE )
```

网络21

S0.4步起始

```
    S0.5
  ┌────────┐
──┤  SCR   │
  └────────┘
```

网络22

进入S0.5步直接开始计时

```
   SM0.0                    T40
────┤ ├────────────────┌──────────┐
                       │IN    TON │
                       │          │
                  150──┤PT  100 ms│
                       └──────────┘
```

网络23

计时时间到之后，停止Q0.0（电动机M1），顺序停止完成，跳转到S0.0步

```
   T40                Q0.0
────┤ ├──────┬────────( R )
             │          1
             │        S0.0
             └────────( SCRT )
```

网络24

S0.5步终止

```
──( SCRE )
```

图 4-16　电动机顺序延时控制梯形图程序（续）

5. 实训操作步骤

1）将 PC/PPI + 通信电缆线与 PC 连接。

2）按控制接线要求连接 PLC 外部控制开关和继电器设备接线。

3）启动编程软件，编辑输入图 4-16 所示电动机顺序控制梯形图参考程序。

4）编译、保存、下载梯形图程序到 S7-200 PLC 中。

5）启动运行 PLC，观察运行结果，如发现运行错误或需要修改程序时，重复上面过程。

6. 注意事项

1）正确选用定时器的分辨率和设定值。

2）注意电源极性、电压值是否符合所使用 PLC 供电、输入和输出电路的要求。

7. 实训操作报告

1）整理出运行调试后的梯形图程序。

2）写出该程序的调试步骤和观察结果。

4.5　思考与习题

1. 在继电器电路转换为梯形图程序时，应注意哪些方面的问题？

2. PLC 程序设计方法有哪几种，各有什么特点？

3. 什么是功能图，它由哪些元素组成？

4. 指出顺序控制指令的作用和应用特点，在使用时应注意哪些问题？。

5. 在利用 PLC 的（顺序）控制指令将功能图转换为梯形图程序时，常用哪些方法？

6. 在顺序状态满足转移条件后，转移到下一状态，则原状态中哪些指令可以复位，哪些指令仍保持原态？

7. 利用顺序指令将图 4-17 所示功能图转换为梯形图程序。

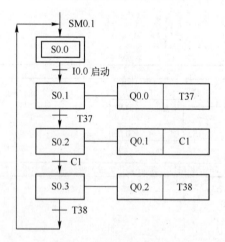

图 4-17　顺序控制功能图

8. 在图 4-14 所示的并发性分支和汇集程序中，分别说明如何实现并发性分支和汇集的？转移条件是什么？

9. 使用顺序指令设计一个交通灯控制程序（参考 3.8.3 交通灯控制要求）。

第5章 S7-200系列PLC功能指令及应用

早期的PLC主要用来替代繁琐而庞大的继电器接触系统的逻辑控制，随着计算机技术的飞速发展和普及应用，PLC作为一个专用的计算机控制装置，已经广泛应用于多位数据的处理、显示及各类控制系统等领域，适用于这些领域编程的PLC控制指令，称为功能指令。

本章所介绍的功能指令主要包括：数据处理指令、算术逻辑指令、表功能指令、转换指令、中断指令、高速计数器、高速脉冲输出及应用编程等。

5.1 功能指令及数据类型

5.1.1 功能指令格式及使能输入、输出

PLC功能指令的梯形图表示采用指令盒形式，也称为"功能块"，指令格式如图5-1所示。

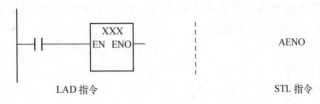

图5-1 功能指令格式

（1）功能块

功能块必须由指令盒左边的使能输入控制信号"EN"驱动指令的执行，ENO是LAD中指令盒的布尔能流位输出端。在指令盒的能流输入EN有效且执行指令盒操作没有出现错误时，ENO置位，表示指令成功执行。

（2）AENO指令

在应用程序中，可以将ENO作为允许位，作为后续使能控制的位信号，使能流按逻辑与关系向下传递执行，AENO指令应用示例如图5-2所示。由于STL指令没有相应的EN输入指令，可用"与"ENO（AENO）指令来产生和指令盒中的ENO位相同的功能。

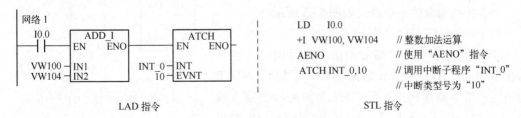

图5-2 AENO指令应用示例

AENO 指令仅在 STL 中使用，它将栈顶值（必须为 1）和 ENO 位进行逻辑运算，运算结果保存到栈顶

在图 5-2 中，其功能是在执行整数加法指令 ADD_I 没有发生错误时，ENO 置 1，作为中断连接指令 ATCH（本章后续介绍）的使能控制位信号，调用中断子程序 INT_0。

5.1.2 功能指令数据类型及寻址范围

功能指令操作数可分为输入操作数和输出操作数，其数据类型及寻址范围必须符合指令的要求。

S7-200 PLC 中绝大多数功能指令的操作数类型及寻址范围如下。

1）字节型数据 B（8 位），可寻址范围：VB、IB、QB、MB、SB、SMB、LB、AC、*VD、*LD、*AC 和常数。

2）整数数据 I（16 位），可寻址范围：VW、IW、QW、MW、SW、SMW、LW、AC、T、C、*VD、*LD、*AC 和常数。

3）双整数数据 DI（32 位），可寻址范围：VD、ID、QD、MD、SD、SMD、LD、AC、*VD、*LD、*AC 和常数。

4）实数数据 R（32 位），可寻址范围：VD、ID、QD、MD、SD、SMD、LD、AC、*VD、*LD、*AC 和常数。

本章对于以上数据类型和寻址方式不再重复，对于个别稍有变化的指令，仅作补充和说明，读者也可参阅 S7-200 编程手册。

5.2 数据传送指令

数据传送指令主要用于各个编程元件之间进行数据传送。主要包括单个数据传送、数据块传送、交换和循环填充指令。

5.2.1 单个数据传送指令

单个数据传送指令每次传送一个数据，传送数据的类型分为：字节（B）传送、字（W）传送、双字（D）传送和实数（R）传送，不同的数据类型采用不同的传送指令。

1. 字节传送指令

字节传送指令以字节作为数据传送单元，包括字节传送指令 MOVB 和立即读/写字节传送指令。

（1）字节传送指令 MOVB

字节传送指令的指令格式如图 5-3 所示。

指令中各标识符含义如下。

MOV_B 为字节传送梯形图指令盒标识符（也称为功能符号，B 表示字节数据类型，下同）；MOVB 为语句表指令操作码助记符；EN 为使能控制输入端（I、Q、M、T、C、SM、V、S、L 中的位）；IN 为传

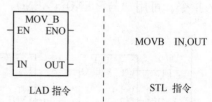

图 5-3 MOVB 指令的指令格式

送数据输入端；OUT 为数据输出端；ENO 为指令和能流输出端（即传送状态位）。

本章后续指令的 EN、IN、OUT、ENO 功能同上，只是 IN 和 OUT 的数据类型不同，不再赘述。

当使能输入端 EN 有效时，将由 IN 指定的一个 8 位字节数据传送到由 OUT 指定的字节单元中。

（2）立即读字节传送指令 BIR

立即读字节传送指令格式如图 5-4 所示。

其中，MOV_BIR 为立即读字节传送梯形图指令盒标识符；BIR 为语句表指令操作码助记符。

当使能输入端 EN 有效时，BIR 指令立即（不考虑扫描周期）读取当前输入继电器中由 IN 指定的字节（IB），并送入 OUT 字节单元（并未立即输出到负载）。

注意：输入端 IN 的数据类型只能为 IB。

（3）立即写字节传送指令 BIW

立即写字节传送指令格式如图 5-5 所示。

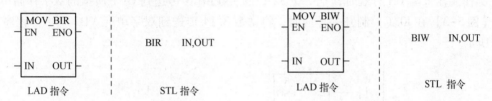

图 5-4　BIR 指令的指令格式　　　图 5-5　BIW 指令的指令格式

其中，MOV_BIW 为立即写字节传送梯形图指令盒标识符；BIW 为语句表指令操作码助记符。

当使能输入端 EN 有效时，BIW 指令立即（不考虑扫描周期）将由 IN 指定的字节数据写入到输出继电器中由 OUT 指定的 QB，即立即输出到负载。

注意：输出端 OUT 的数据类型只能是 QB。

2. 字/双字传送指令

字/双字传送指令以字/双字作为数据传送单元。

字/双字指令格式类同字节传送指令，只是指令中的功能符号（标识符或助计符，下同）中的数据类型符号不同而已。

其中，MOV_W/MOV_DW 为字/双字梯形图指令盒标识符；MOVW/MOVD 为字/双字语句表指令操作码助记符。

【例 5-1】 在 I0.1 控制开关导通时，将 VW100 中的字数据传送到 VW200 中，程序如图 5-6 所示。

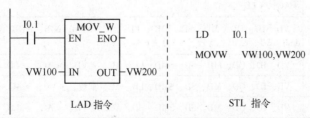

图 5-6　字数据传送指令应用示例

【例5-2】在 I0.1 控制开关导通时，将 VD100 中的双字数据传送到 VD200 中，程序如图 5-7 所示。

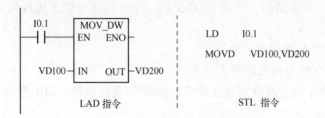

图 5-7 双字数据传送指令应用示例

3. 实数传送指令 MOVR

实数传送指令以 32 位实数双字作为数据传送单元。其指令功能符号 MOV_R 为实数传送梯形图指令盒标识符；MOVR 为实数传送语句表指令操作码助记符。

当使能输入端 EN 有效时，把一个 32 位的实数由 IN 传送到 OUT 所指的双字存储单元。

【例5-3】在 I0.1 控制开关导通时，将常数 3.14 传送到双字单元 VD200 中，程序如图 5-8 所示。

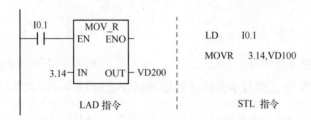

图 5-8 实数数据传送指令应用示例

单个数据传送指令操作数的数据寻址范围广，使用方便，同时也要求操作数的数据类型必须与相应的指令匹配。该类指令可用数据类型见表 5-1、表 5-2。

表 5-1 MOVB、MOVW、MOVD 和 MOVR 指令可用数据类型

指令	IN/OUT	操作数寻址范围	数据类型
MOVB	IN	VB、IB、QB、MB、SB、SMB、LB、AC、常数、*VD、*AC、*LD	BYTE
	OUT	VB、IB、QB、MB、SB、SMB、LB、AC、*VD、*AC、*LD	BYTE
MOVW	IN	VW、IW、QW、MW、SW、SMW、LW、AIW、T、C、AC、常数、*VD、*AC、*LD	WORD、INT
	OUT	VW、IW、QW、MW、SW、SMW、LW、AQW、T、C、AC、*VD、*AC、*LD	WORD、INT
MOVD	IN	VD、ID、QD、MD、SD、SMD、LD、HC、&VB、&IB、&QB、&MB、&SB、&T、&AC、常数、*VD、*AC、*LD	DWORD、DINT
	OUT	VD、ID、QD、MD、SD、SMD、LD、AC、*VD、*AC、*LD	DWORD、DINT
MOVR	IN	VD、ID、QD、MD、SD、SMD、LD、AC、常数、*VD、*AC、*LD	REAL
	OUT	VD、ID、QD、MD、SD、SMD、LD、AC、*VD、*AC、*LD	REAL

表 5-2　BIR、BIW 指令可用数据类型

指令	IN/OUT	操作数寻址范围	数据类型
BIR	IN	IB、＊VD、＊LD、＊AC	BYTE
	OUT	VB、IB、QB、MB、SB、SMB、LB、AC、＊VD、＊AC、＊LD	BYTE
BIW	IN	VB、IB、QB、MB、SB、SMB、LB、AC、＊VD、＊AC、＊LD	BYTE
	OUT	QB、＊VD、＊LD、＊AC	BYTE

5.2.2　块传送指令

块传送指令可用来一次传送多个同一类型的数据，最多可将 255 个数据组成一个数据块，数据块的类型可以是字节块、字块和双字块。

下面仅介绍字节块传送指令 BMB。

字节块传送指令的指令格式如图 5-9 所示。

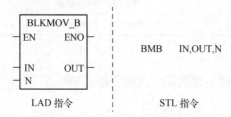

图 5-9　BMB 指令的指令格式

其中，BLKMOV_B 为字节块传送梯形图指令标识符；BMB 为语句表指令操作码助记符；N 为字节型数据，表示块的长度（下同）。

BMB 指令功能是当使能输入端 EN 有效时，以 IN 为字节起始地址的 N 个字节型数据传送到以 OUT 为起始地址的 N 个字节存储单元。

与字节块传送指令比较，字块传送指令为 BMW（梯形图标识符为 BLKMOV_W），双字块传送指令为 BMD（梯形图标识符为 BLKMOV_D）。

【例 5-4】在 I0.1 控制开关导通时，将 VB10 开始的 10 个字节单元数据传送到 VB100 开始的数据块中，程序如图 5-10 所示。

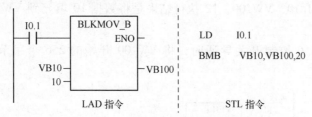

图 5-10　字节块数据传送指令应用示例

5.2.3　字节交换与填充指令

1. 字节交换指令 SWAP

SWAP 指令专用于对 1 个字长的字型数据进行处理。其指令格式如图 5-11 所示。

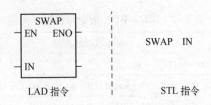

图 5-11　SWAP 指令的指令格式

其中，SWAP 为字节交换梯形图指令标识符、语句表助记符。

该指令功能是当 EN 有效时，将 IN 中的字型数据的高位字节和低位字节进行交换。

本指令只对字型数据进行处理，指令的执行结果不影响特殊存储器位。

例如，指令 SWAP VW10 的指令执行情况见表 5-3。

表 5-3　SWAP 指令执行结果

时　　间	单 元 地 址	单 元 内 容	说　　明
执行前	VW10	11001100　00000010	交换指令前
执行后	VW10	00000010　11001100	将高、低字节内容交换

2. 填充指令 FILL

填充指令 FILL 用于处理字型数据。其指令格式如图 5-12 所示。

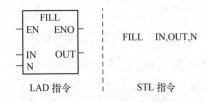

图 5-12　FILL 指令的指令格式

其中，FILL 为填充梯形图指令标识符、语句表指令操作码助记符；N 为填充字单元个数、字节型数据。

当 EN 有效时，FILL 指令将字型输入数据 IN 填充到从 OUT 开始的 N 个字存储单元。

填充指令只对字型数据进行处理，指令的执行不影响特殊存储器位。

例如，指令 FILL 10，VW100，12 执行结果是将数据 10 填充到 VW100 到 VW123 共 12 个字存储单元。

【例 5-5】 在 I0.0 控制开关导通时，将 VW100 开始的 256 个字节全部清 0。程序如图 5-13 所示。

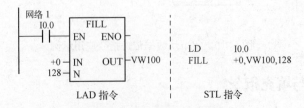

图 5-13　填充指令应用示例

注意：在使用本指令时，OUT 输出端必须为字单元寻址。

5.3 算术和逻辑运算指令

算术运算指令包括加法、减法、乘法、除法及一些常用的数学函数指令；逻辑运算指令包括逻辑与、或、非、异或以及数据比较等指令。

5.3.1 算术运算指令

1. 加法指令

加法操作是对两个有符号数进行相加操作，包括整数加法指令 + I、双整数加法指令 + D 和实数加法指令 + R。

（1）整数加法指令 + I

整数加法指令的指令格式如图 5-14 所示。

图 5-14 整数加法指令的指令格式

其中，ADD_I 为整数加法梯形图指令标识符； + I 为整数加法语句表指令操作码助记符；IN1 为输入操作数 1（下同）；IN2 为输入操作数 2（下同）；OUT 为存放输出运算结果（下同）。操作数和运算结果均为单字长。

当 EN 有效时，该指令将两个 16 位的有符号整数 IN1 与 IN2（或 OUT）相加，产生一个 16 位的整数，结果送到单字存储单元 OUT 中。

在使用整数加法指令时特别要注意，对于梯形图指令实现功能为 IN1 + IN2→OUT，若 IN2 和 OUT 为同一存储单元，在转为 STL 指令时实现的功能为 OUT + IN1→OUT；若 IN2 和 OUT 不为同一存储单元，在转为 STL 指令时，先把 IN1 传送给 OUT，然后实现 IN2 + OUT →OUT。

（2）双字长整数加法指令 + D

双字长整数加法指令的操作数和运算结果均为双字（32 位）长。指令格式类同整数加法指令。

双字长整数加法梯形图指令盒标识符为 ADD_DI；双字长整数加法语句表指令助记符为 + D。

【例 5-6】双整数加法示例如图 5-15 所示。

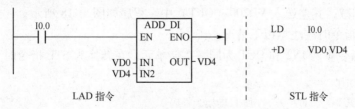

图 5-15 双整数加法指令

设 VD0 = 123456，VD4 = 43210，+ D 指令执行结果 VD4 = 166666。

【例 5-7】在 I0.1 控制开关导通时，将 VD100 的双字数据与 VD110 的双字数据相加，结果送入 VD110 中。程序如图 5-16 所示。

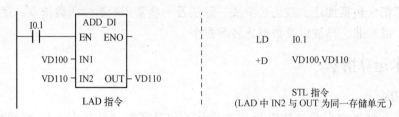

图 5-16 双字长加法指令应用示例

（3）实数加法指令 + R

实数加法指令实现两个双字长的实数相加，产生一个 32 位的实数。指令格式与整数加法指令类似。

实数加法梯形图指令盒标识符为 ADD_R；实数加法语句表指令操作码助记符为 + R。

上述加法指令运算结果置位特殊继电器 SM1.0（结果为零）、SM1.1（结果溢出）、SM1.2（结果为负）。

2. 减法指令

减法指令是对两个有符号数进行减操作。与加法指令类似，减法指令可分为整数减法指令（- I）、双字长整数减法指令（- D）和实数减法指令（- R）。其指令格式类同加法指令。

对于梯形图减法指令实现功能为 IN1 - IN2→OUT；对于 STL 减法指令实现的功能为

$$OUT - IN1→OUT$$

【例 5-8】在 I0.1 控制开关导通时，将 VW100（IN1）整数（16 位）与 VW110（IN2）整数（16 位）相减，其差送入 VW110（OUT）中。程序如图 5-17 所示。

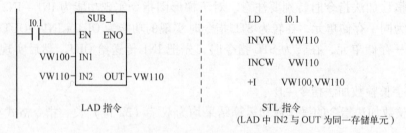

图 5-17 整数减法指令应用示例

【例 5-9】在 I0.1 控制开关导通时，将 VD100（IN1）整数（32 位）与 VD110（IN2）整数（32 位）相减，其差送入 VD200（OUT）中。程序如图 5-18 所示。

在使用减法指令时应注意以下情况。

1）梯形图指令中若 IN2 和 OUT 为同一存储单元，在转换为 STL 指令时为：

```
INVW   OUT        //求反
INCW   OUT        //加1,转换为补码
 +I    IN1, OUT   //为补码加法
```

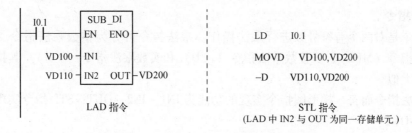

图 5-18 双字长整数减法指令应用示例

2）梯形图指令中若 IN2 和 OUT 不为同一存储单元，在转换为 STL 指令时为：

```
MOVW  IN1, OUT        //先把 IN1 传送给 OUT,
 -I   IN2, OUT        //然后实现 OUT - IN2→OUT
```

减法指令对特殊继电器位的影响与加法指令相同。

【例 5-10】编程实现受控的个位数倒计时器。

利用输入继电器 IB0 低 4 位设定倒计时数据，开关控制 I1.0 为 ON 后开始对数据按秒减 1 倒计时，倒计时时间由 QB0 驱动七段数码管显示，在定时器延时时间（10 s）到后停止计时，数码管同时关闭。

利用减法器实现倒计时控制程序如图 5-19 所示。

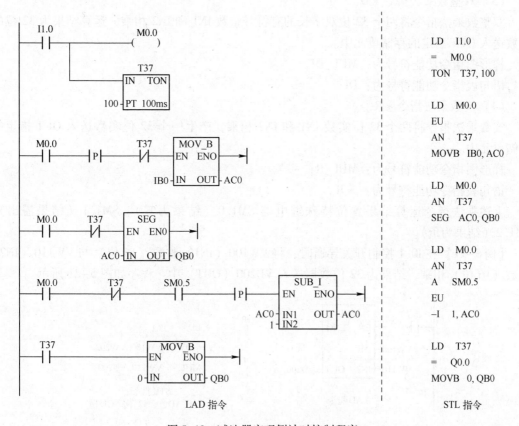

图 5-19　减法器实现倒计时控制程序

3. 乘法指令

乘法指令是对两个有符号数进行乘法操作。乘法指令可分为整数乘法指令（＊I）、完全整数乘法指令（MUL）、双整数乘法指令（＊D）和实数乘法指令（＊R）。其指令格式与加减法指令类似。

对于乘法指令而言，梯形图指令实现的功能为 IN1 ＊ IN2→OUT；STL 指令实现的功能为 IN1 ＊ OUT→OUT。

在梯形图指令中，IN2 和 OUT 可以为同一存储单元。

（1）整数乘法指令 ＊I

整数乘法指令的指令格式如图 5-20 所示。

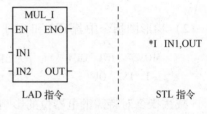

当 EN 有效时，整数乘法指令将两个 16 位单字长有符号整数 IN1 与 IN2 相乘，运算结果仍为单字长整数送入 OUT 指定的存储单元中。如果运算结果超出 16 位二进制数所表示的有符号数的范围，则产生溢出。

图 5-20　整数乘法指令的指令格式

（2）完全整数乘法指令 MUL

完全整数乘法指令将两个 16 位单字长的有符号整数 IN1 和 IN2 相乘，运算结果为 32 位的整数送入 OUT 指定的存储单元中。

梯形图及语句表指令中功能符号均为 MUL。

（3）双整数乘法指令 ＊D

双整数乘法指令将两个 32 位双字长的有符号整数 IN1 和 IN2 相乘，运算结果为 32 位的整数送入 OUT 指定的存储单元中。

梯形图指令功能符号为：MUL_DI。

语句表指令功能符号为：DI。

（4）实数乘法指令 ＊R

实数乘法指令将两个 32 位实数 IN1 和 IN2 相乘，产生一个 32 位实数送入 OUT 指定的存储单元中。

梯形图指令功能符号为：MUL_R；

语句表指令功能符号为：＊R。

上述乘法指令运算结果置位特殊继电器 SM1.0（结果为零）、SM1.1（结果溢出）、SM1.2（结果为负）。

【例 5-11】在 I0.1 控制开关导通时，将 VW100（IN1）整数（16 位）与 VW110（IN2）整数（16 位）相乘，结果为 32 位数据送入 VD200（OUT）中。程序如图 5-21 所示。

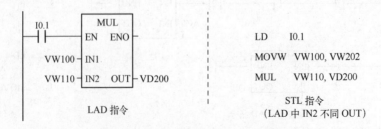

图 5-21　完全整数乘法指令应用示例

4. 除法指令

除法指令是对两个有符号数进行除法操作，其指令格式与乘法指令格式类似。

1）整数除法指令用于两个 16 位整数相除，结果只保留 16 位商，不保留余数。其梯形图指令盒标识符为 DIV_I，语句表指令助记符为 /I。

2）完全整数除法指令用于两个 16 位整数相除，产生一个 32 位的结果，其中低 16 位存商，高 16 位存余数。其梯形图指令盒标识符与语句表指令助记符均为 DIV。

3）双整数除法指令用于两个 32 位整数相除，结果只保留 32 位整数商，不保留余数。其梯形图指令盒标识符为 DIV_DI，语句表指令助记符为 /D 。

4）实数除法指令用于两个实数相除，产生一个实数商。其梯形图指令盒标识符为 DIV_R，语句表指令助记符为 /R。

除法指令对特殊继电器位的影响同乘法指令。

【例 5-12】 在 I0.1 控制开关导通时，将 VW100（IN1）整数除以 10（IN2）整数，结果为 16 位数据送入 VW200（OUT）中。程序如图 5-22 所示。

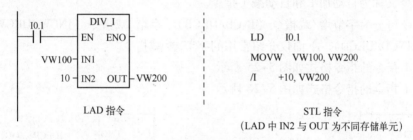

图 5-22　整数除法指令应用示例

【例 5-13】 乘除运算指令应用示例如图 5-23 所示。

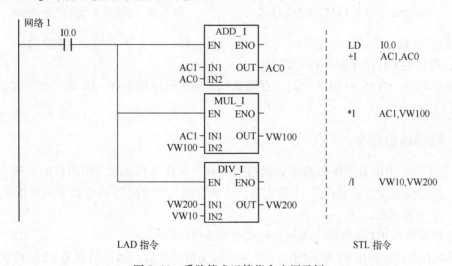

图 5-23　乘除算术运算指令应用示例

【例 5-14】 在 PLC 通信应用中，往往需要把接收到的数据分离以便使用，可以用完全整数除法实现。设需要分离的 16 位二进制数据存储在 VW0 中，将分离后的高 4 位数据存放在 VW4 字单元中，低 12 位数据存放在 VW2 字单元中，数据分离程序如图 5-24 所示。

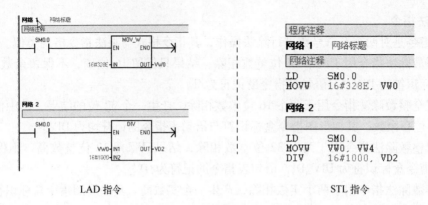

LAD 指令　　　　STL 指令

图 5-24　完全整数除法指令应用示例

5.3.2　增减指令

增减指令又称为自动加 1 和自动减 1 指令。

增减指令可分为字节增/减指令（INCB/DECB）、字增/减指令（INCW/DECW）和双字增减指令（INCD/DECD）。下面仅介绍常用的字节增/减指令。

字节加 1 指令的指令格式如图 5-25 所示。

字节减 1 指令的指令格式如图 5-26 所示。

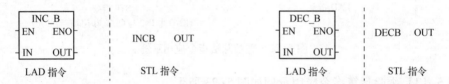

LAD 指令

INCB　OUT

STL 指令

图 5-25　字节加 1 指令的指令格式

LAD 指令

DECB　OUT

STL 指令

图 5-26　字节减 1 指令的指令格式

字节增/减指令的指令功能是：当 EN 有效时，将一个 1 字节长的无符号数 IN 自动加（减）1，得到的 8 位结果保存在 OUT 中。

在梯形图中，若 IN 和 OUT 为同一存储单元，则执行该指令后，IN 单元字节数据自动加（减）1。

5.3.3　数学函数指令

S7-200 PLC 中的数学函数指令包括指数运算、对数运算、求三角函数的正弦、余弦及正切值，其操作数均为双字长的 32 位实数。下面介绍几个常用的 PLC 数学函数指令。

（1）平方根函数

平方根函数 SQRT 运算指令的指令格式如图 5-27 所示。

当 EN 有效时，将由 IN 输入的一个双字长的实数开平方，运算结果为 32 位的实数，保存在 OUT 中。

（2）自然对数函数指令

自然对数函数 LN 的指令格式如图 5-28 所示。

当 EN 有效时，将由 IN 输入的一个双字长的实数取自然对数，运算结果为 32 位的实数送到 OUT 中。

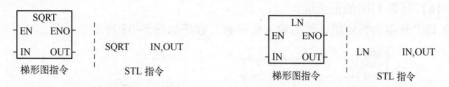

图 5-27　字节减 1 指令的指令格式　　　图 5-28　自然对数函数 LN 的指令格式

当求解以 10 为底的 x 的常用对数时，可以分别求出 LN_x 和 LN10（LN10 = 2.302585），然后用实数除法指令 /R 实现相除即可。

【例 5-15】求 $\log_{10}100$，其程序如图 5-29 所示。

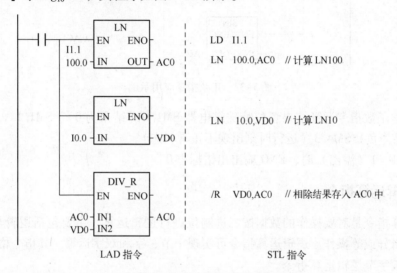

图 5-29　自然对数指令应用示例

（3）指数函数指令

指数函数 EXP 的指令格式如图 5-30 所示。

当 EN 有效时，将由 IN 输入的一个双字长的实数取以 e 为底的指数运算，其结果为 32 位的实数送 OUT 中。

由于数学恒等式 $y^x = e^{x\ln y}$，故该指令可与自然对数指令配合，完成以 y（任意数）为底，x（任意数）为指数的计算。

（4）正弦函数指令

正弦函数 SIN 的指令格式如图 5-31 所示。

图 5-30　指数函数 EXP 的指令格式　　　图 5-31　正弦函数 SIN 的指令格式

当 EN 有效时，将由 IN 输入的一个字节长的实数弧度值求正弦，运算结果为 32 位的实数送 OUT 中。

注意：输入字节必须是弧度值（若是角度值应首先转换为弧度值）。

【例5-16】 计算130°的正弦值。

首先将130°转换为弧度值，然后输入给函数，程序如图5-32所示。

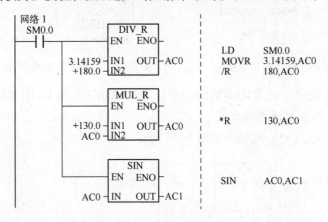

图5-32 正弦指令应用示例

上述数学函数指令运算结果置位特殊继电器SM1.0（结果为0）、SM1.1（结果溢出）、SM1.2（结果为负）SM4.3（运行时刻出现不正常状态）。

当SM1.1 = 1（溢出）时，ENO输出出错标志0。

5.3.4 逻辑运算指令

逻辑运算指令是对要操作的数据按二进制位进行逻辑运算，主要包括逻辑与、逻辑或、逻辑非和逻辑异或等操作。逻辑运算指令可实现字节、字和双字运算。其指令格式类似，这里仅介绍一般字节逻辑运算指令。

字节逻辑指令包括下面4条。

1）ANDB：字节逻辑与指令。

2）ORB：字节逻辑或指令。

3）XORB：字节逻辑异或指令。

4）INVB：字节逻辑非指令。

其指令格式如图5-33所示。

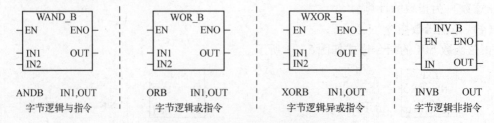

图5-33 字节逻辑指令的指令格式

当EN有效时，逻辑与、逻辑或、逻辑异或指令中的8位字节数IN1和8位字节数IN2按位相与（或、异或），结果为1个字节无符号数送OUT中；在语句表指令中，IN1和OUT按位与，其结果送入OUT中。

对于逻辑非指令，把1字节长的无符号数 IN 按位取反后送 OUT 中。

对于字逻辑、双字逻辑指令的格式，只是把字节逻辑指令中表示数据类型的"B"改为"W"或"DW"即可。

逻辑运算指令结果对特殊继电器的影响：结果为0时置位 SM1.0，运行时刻出现不正常状态时置位 SM4.3。

【例5-17】利用逻辑运算指令实现下列功能：屏蔽 AC1 的高8位；然后 AC1 与 VW100 或运算结果送入 VW100；AC1 与 AC0 进行字异或结果送入 AC0；最后，AC0 字节取反后输出给 QB0。程序如图5-34所示。

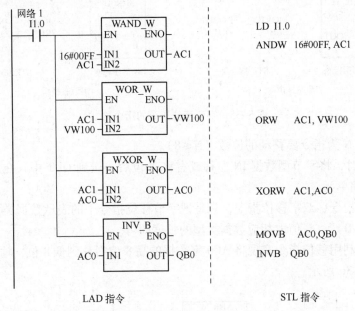

图5-34 逻辑运算指令应用示例

5.4 移位指令

移位指令的作用是对操作数按二进制位进行移位操作，移位指令包括：左移位、右移位、循环左移位、循环右移位以及移位寄存器指令。

5.4.1 左移和右移指令

左移和右移指令的功能是将输入数据 IN 左移或右移 N 位，其结果送到 OUT 中。

移位指令使用时应注意：

1）被移位的数据：字节操作是无符号的；对于字和双字操作，当使用有符号数据类型时，符号位也将被移动。

2）在移位时，存放被移位数据的编程元件的移出端与特殊继电器 SM1.1 相连，移出位送 SM1.1，另一端补0。

3）移位次数 N 为字节型数据，它与移位数据的长度有关，如 N 小于实际的数据长度，则执行 N 次移位，如 N 大于数据长度，则执行移位的次数等于实际数据长度的位数。

4）左、右移位指令对特殊继电器的影响：结果为 0 时，置位 SM1.0；结果溢出时，置位 SM1.1。

5）运行时刻出现不正常状态时置位 SM4.3，ENO = 0。

移位指令分字节、字、双字移位指令，其指令格式类同。这里仅介绍一般字节移位指令。

字节移位指令包括字节左移指令 SLB 和字节右移指令 SRB，其指令格式如图 5-35 所示。

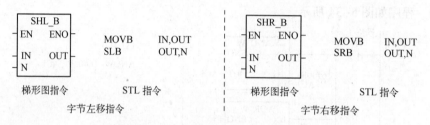

图 5-35　字节移位指令的指令格式

其中，数据 N 为指令要移动的位数（N≤8）。

当 EN 有效时，将字节型数据 IN 左移或右移 N 位后，送到 OUT 中。在语句表中，OUT 和 IN 为同一存储单元。

对于字移位指令、双字移位指令，只是把字节移位指令中的表示数据类型的"B"改为"W"或"DW（D）"，N 值取相应数据类型的长度即可。

【例 5-18】利用移位指令实现将 AC0 字数据的高 8 位右移到低 8 位，输出给 QB0。

程序如图 5-36 所示。

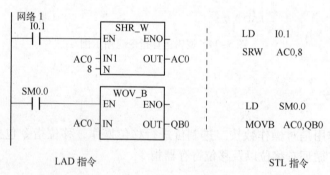

图 5-36　移位指令应用示例

5.4.2　循环左移和循环右移指令

循环左移和循环右移是指将输入数据 IN 进行循环左移或循环右移 N 位后，把结果送到 OUT 中。

循环左移和循环右移指令在使用时应注意以下几点。

1）被移位的数据：字节操作是无符号的；对于字和双字操作，当使用有符号数据类型时，符号位也将被移动。

2）在移位时，存放被移位数据的编程元件的最高位与最低位相连，又与特殊继电器

SM1.1 相连。循环左移时，低位依次移至高位，最高位移至最低位，同时进入 SM1.1；循环右移时，高位依次移至低位，最低位移至最高位，同时进入 SM1.1。

3）移位次数 N 为字节型数据，它与移位数据的长度有关，如 N 小于实际的数据长度，则执行 N 次移位；如 N 大于数据长度，将 N 除以实际数据长度取其余数，得到一个有效的移位次数。取模的结果对于字节操作是 0 ~ 7，对于字操作是 0 ~ 15，对于双字操作是 0 ~ 31。如果取模操作的结果为 0，不进行循环移位操作。

4）循环移位指令对特殊继电器影响是，结果为 0 时，置位 SM1.0；结果溢出时，置位 SM1.1；运行时刻出现不正常状态时，置位 SM4.3、ENO = 0。

循环移位指令也分字节、字、双字移位指令，其指令格式类似。这里仅介绍字循环移位指令。

字循环移位指令有字循环左移指令 RLW 和字循环右移指令 RRW，其指令格式如图 5-37 所示。

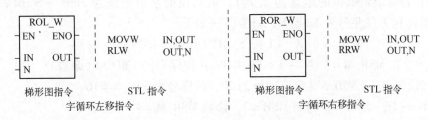

图 5-37　字循环移位指令的指令格式

当 EN 有效时，字循环移位指令把字型数据 IN 循环左移/右移 N 位后，送到 OUT 指定的字单元中。

【例 5-19】用字节循环移位指令实现彩灯的循环移动。

设 8 盏灯分别由 PLC 的输出端口 Q0.0 ~ Q.07（QB0）连接控制。根据所需显示的图案，确定 QB0 各位的初始状态（"1"为灯亮，"0"为灯灭）。

假设 8 个灯状态为亮、亮、亮、灭、灭、亮、灭、亮的初始图案，则其对应的二进制为 11100101，QB0 的初始值为 229。其程序如图 5-38 所示。

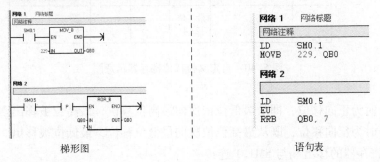

图 5-38　字节循环移位指令应用示例

5.4.3　移位寄存器指令

移位寄存器指令又称为自定义位移位指令，可以由用户在指令数据部分设置移位寄存器的起始位和最高位，其指令格式如图 5-39 所示。

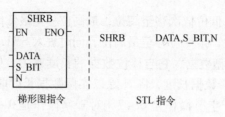

梯形图指令　　　　　　　　STL 指令

图 5-39　移位寄存器指令的指令格式

其中，DATA 为移位寄存器数据输入端，即要移入的位（位数据类型）；S_BIT 为移位寄存器的起始位（位数据类型）；N 的绝对值为移位寄存器的长度，N 的正、负号表示移位方向。

使用移位寄存器指令时应注意以下问题。

1）移位寄存器的操作数据范围由移位寄存器的长度 N（N 的绝对值≤64）任意指定。

2）移位寄存器最低位的地址为 S_BIT；最高位的字节地址为 MSB + S_BIT 的字节号（地址）；最高位的位序号为 MSB_M，计算方法如下。

$$MSB = (\,|N| - 1 + (S\_BIT\,的(位序)号))/8(商);$$

$$MSB\_M = (\,|N| - 1 + (S\_BIT\,的(位序)号))\,MOD\,8(余数)$$

例如：设 S_BIT = V20.5（字节地址为 20，位序号为 5），N = 16。

则 MSB = (16 − 1 + 5)/8 的商 MSB = 2，余数 MSB_M = 4。

则移位寄存器的最高位的字节地址为 MSB + S_BIT 的字节号（地址）= 2 + 20 = 22、位序号为 MSB_M = 4，最高位为 22.4，自定义移位寄存器为 20.5 ~ 22.4，共 16 位，如图 5-40 所示。

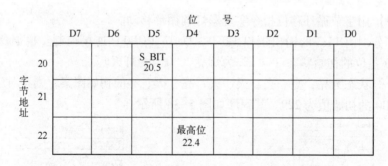

图 5-40　自定义位移位寄存器示意图

3）N > 0 时为正向移位，即从最低位依次向最高位移位，最高位被移出。

4）N < 0 时为反向移位，既从最高位依次向最低位移位，最低位被移出。

5）移位寄存器的移出端与 SM1.1 连接。

移位寄存器指令功能是当 EN 有效时，如果 N > 0，则在每个 EN 的上升沿，将数据输入 DATA 的状态移入移位寄存器的最低位 S_BIT；如果 N < 0，则在每个 EN 的上升沿，将数据输入 DATA 的状态移入移位寄存器的最高位，移位寄存器的其他位按照 N 指定的方向，依次串行移位。

【例 5-20】在输入触点 I0.1 的上升沿，从 VB100 的低 4 位（自定义移位寄存器）由低向高移位，I0.2 移入最低位，其梯形图、时序图如图 5-41 所示。

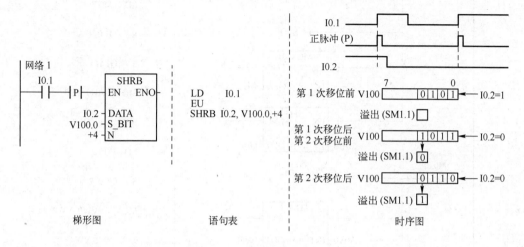

图 5-41　移位寄存器应用示例

本例的工作过程如下。

1）建立移位寄存器的位范围为 V100.0 ~ V100.3，长度 N = +4。

2）在 I0.1 的上升沿，移位寄存器由低位向高位移位，最高位移至 SM1.1，最低位由 I0.2 移入。

移位寄存器指令对特殊继电器影响为：结果为 0 时，置位 SM1.0；溢出时，置位 SM1.1；运行时刻出现不正常状态时置位 SM4.3，ENO = 0。

【例 5-21】利用移位寄存器控制由输入端口输入两个数，相加后由输出端口 QB0 控制 7 段 LED 显示器显示结果。程序如图 5-42 所示。

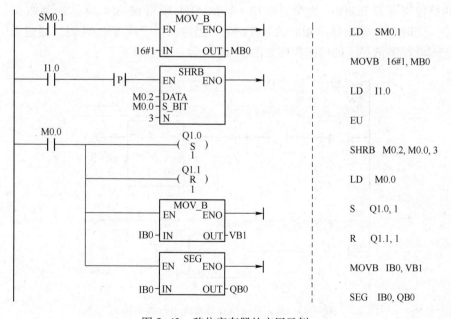

图 5-42　移位寄存器的应用示例

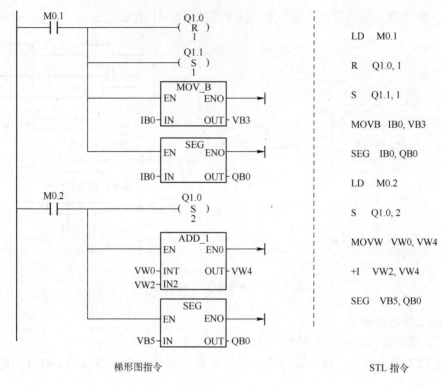

图 5-42 移位寄存器的应用示例（续）

由移位寄存器控制 M0.0、M0.1、M0.2 轮流为 ON，可以分时通过 IB0 输入 8 位二进制加数、被加数。为方便编程，该程序仅支持 LED 显示器显示 1 位十进制个位数结果。

【例 5-22】编程实现以下功能。

利用移位寄存器在 I0.0 的控制脉冲下，由 I0.1 串行输入 8 位二进制数据，存放在 VB100 中，同时 QB0 输出显示相应的二进制数。当数据大于或等于 64 时，通过 Q1.0 报警。I0.3 用于解除报警信号。梯形图程序如图 5-43 所示。

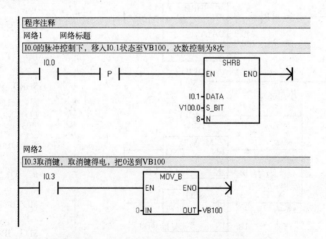

图 5-43 利用移位寄存器实现串行数据输入

168

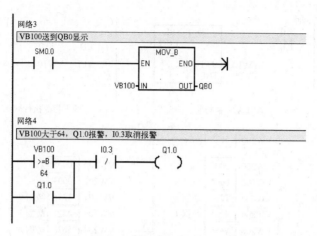

图5-43 利用移位寄存器实现串行数据输入（续）

5.5 表功能指令

表是指定义一块连续存放数据的存储区，通过专设的表功能指令可以方便地实现对表中数据的各种操作，S7-200 PLC表功能指令包括填表指令、查表指令和表中取数指令。

1. 填表指令

填表指令ATT（Add To Table）用于向表中增加一个数据。

填表指令的指令格式如图5-44所示。

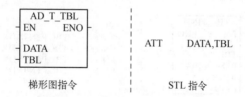

图5-44 填表指令的指令格式

其中：DATA为字型数据输入端；TBL为字型表格首地址。

当EN有效时，将输入的字型数据填写到指定的表格中。在填表时，新数据填写到表格中最后一个数据的后面。

使用填表指令时应注意以下问题。

1）表中的第一个字存放表的最大长度（TL）；第二个字存放表内实际的项数（EC），如图5-43所示。

2）每填加一个新数据EC自动加1。表内最多可以装入100个有效数据（不包括LTL和EC）。

3）该指令对特殊继电器影响为：表溢出时置位SM1.4、运行时刻出现不正常状态时置位SM4.3，同时ENO＝0（以下同类指令略）。

【例5-23】将VW100中数据填入表中（首地址为VW200），如图5-45所示。

本例的工作过程如下。

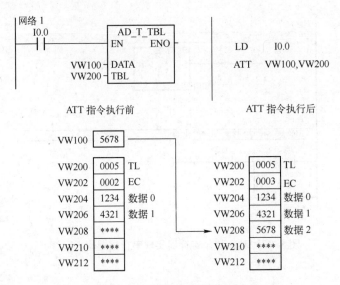

图 5-45 填表指令应用示例

1）设首地址为 VW200 的表存储区，表中数据在执行本指令前已经建立，表中第一字单元存放表的长度为 5，第二字单元存放实际数据项 2 个，表中两个数据项为 1234 和 4321。

2）将 VW100 单元的字数据 5678 追加到表的下一个单元（VW208））中，且 EC 自动加 1。

2. 查表指令

查表指令 FND（Table Find）用于查找表中符合条件的字型数据所在的位置编号。

查表指令的指令格式如图 5-46 所示。

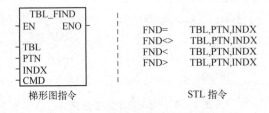

图 5-46 查表指令的指令格式

其中，TBL 为表的首地址；PTN 为需要查找的数据；INDX 为用于存放表中符合查表条件的数据的地址；CMD 为比较运算符代码"1""2""3""4"，分别代表查找条件" ＝"" ＜ ＞"" ＜ "和" ＞ "。

在执行查表指令前，首先对 INDX 清 0，当 EN 有效时，从 INDX 开始搜索 TBL，查找符合 PTN 且 CMD 所决定的数据，每搜索一个数据项，INDX 自动加 1；如果发现了一个符合条件的数据，那么 INDX 指向表中该数的位置。为了查找下一个符合条件的数据，在激活查表指令前，必须先对 INDX 加 1。如果没有发现符合条件的数据，那么 INDX 等于 EC。

注意：查表指令不需要 ATT 指令中的最大填表数 TL。因此，查表指令的 TBL 操作数比 ATT 指令的 TBL 操作数高两个字节。例如，ATT 指令创建的表的 TBL = VW200，对该表进行查找指令时的 TBL 应为 VW202。

【例 5-24】查表找出 3130 数据的位置存入 AC1 中（设表中数据均为十进制数表示），程序如图 5-47 所示。

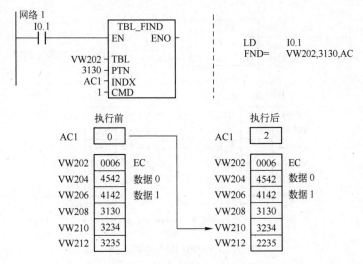

图 5-47　查表指令应用示例

执行过程如下。

1）表首地址 VW202 单元，内容 0006 表示表的长度，表中数据从 VW204 单元开始。

2）若 AC1 = 0，在 I0.1 有效时，从 VW204 单元开始查找。

3）在搜索到 PTN 数据 3130 时，AC1 = 2，其存储单元为 VW208。

3. 表中取数指令

在 S7-200 PLC 中，可以将表中的字型数据按照"先进先出"或"后进先出"的方式取出，送到指定的存储单元。每取一个数，EC 自动减 1。

（1）先进先出指令 FIFO

先进先出指令的指令格式如图 5-48 所示。

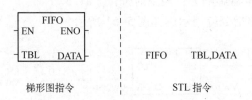

图 5-48　先进先出指令的指令格式

当 EN 有效时，从 TBL 指定的表中，取出最先进入表中的第一个数据，送到 DATA 指定的字型存储单元，剩余数据依次上移。

FIFO 指令对特殊继电器影响为：表空时置位 SM1.5。

【例 5-25】先进先出指令应用示例如图 5-49 所示。

执行过程如下。

1）表首地址 VW200 单元，内容 0006 表示表的长度，数据 3 项，表中数据从 VW204 单元开始。

2）在 I0.0 有效时，将最先进入表中的数据 3256 送入 VW300 单元，下面数据依次上移，EC 减 1。

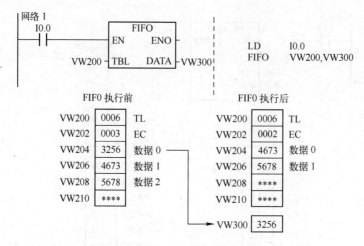

图 5-49　FIFO 指令应用示例

（2）后进先出指令 LIFO

后进先出指令的指令格式如图 5-50 所示。

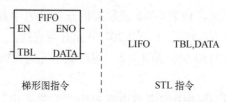

图 5-50　后进先出指令的指令格式

当 EN 有效时，从 TBL 指定的表中，取出最后进入表中的数据，送到 DATA 指定的字型存储单元，其余数据位置不变。

LIFO 指令对特殊继电器影响为：表空时置位 SM1.5。

【例 5-26】后进先出指令应用示例如图 5-51 所示。

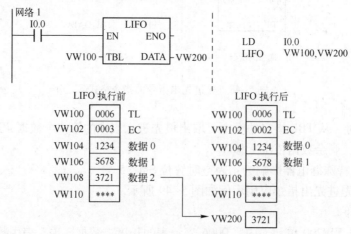

图 5-51　LIFO 指令应用示例

执行过程如下。

1）表首地址 VW100 单元，内容 0006 表示表的长度，数据 3 项，表中数据从 VW104 单元开始。

2）在 I0.0 有效时，将最后进入表中的数据 3721 送入 VW200 单元，EC 减 1。

5.6 转换指令

在 S7-200 PLC 中，转换指令是指对操作数的不同类型及编码进行相互转换，以便操作数类型满足指令的要求、操作数据编码满足程序设计的需要。

5.6.1 数据类型转换指令

在 PLC 控制程序中，使用的数据类型主要包括：字节数据、整数、双整数和实数，对数据的编码主要有 ASCII 码和 BCD 码。数据类型转换指令是在数据之间、码制之间或数据与码制之间进行转换，以满足程序设计的需要。

1. 字节与整数转换指令

字节到整数的转换指令 BTI 和整数到字节的转换指令 ITB 的指令格式如图 5-52 所示。

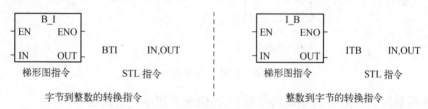

图 5-52　字节与整数转换指令的指令格式

字节到整数的转换指令功能为：当 EN 有效时，将字节型 IN 转换成整数型数据，结果送 OUT 中。整数到字节的转换指令功能为：当 EN 有效时，将整数型 IN 转换成字节型数据，结果送 OUT 中。

2. 整数与双整数转换指令

整数到双整数的转换指令 ITD 和双整数到整数的转换指令 DTI 的指令格式如图 5-53 所示。

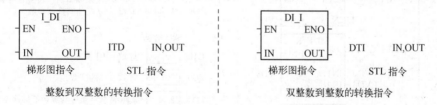

图 5-53　整数与双整数转换指令的指令格式

整数到双整数的转换指令功能为：当 EN 有效时，将整数型输入数据 IN，转换成双整数型数据，并且将符号进行扩展，结果送 OUT 中。双整数到整数的转换指令功能为：当 EN 有效时，将双整数型输入数据 IN，转换成整数型数据，结果送 OUT 中。

3. 双整数与实数转换指令

（1）实数到双整数转换

1）实数到双整数转换指令 ROUND 的指令格式如图 5-54 所示。

当 EN 有效时，将实数型输入 IN，转换成 32 位有符号双整数型数据（对 IN 中的小数四舍五入），结果送 OUT 中。

2）实数到双整数转换指令 TRUNC 的指令格式如图 5-55 所示。

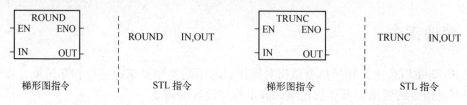

图 5-54 指令 ROUND 的指令格式   图 5-55 指令 TRUNC 的指令格式

当 EN 有效时，将实数型输入数据 IN，转换成双整数型数据（舍去 IN 中的小数部分），结果送 OUT 中。

（2）双整数到实数转换指令 DTR

双整数到实数转换指令的指令格式如图 5-56 所示。

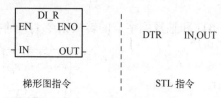

图 5-56 DTR 指令的指令格式

当 EN 有效时，将双整数型输入数据 IN 转换成实数型，结果送 OUT 中。

【例 5-27】将计数器 C10 数值（101 英寸）转换为以厘米为单位的数据，转换系数 2.54 存于 VD8 中，转换结果存入 VD12 中，程序如图 5-57 所示。

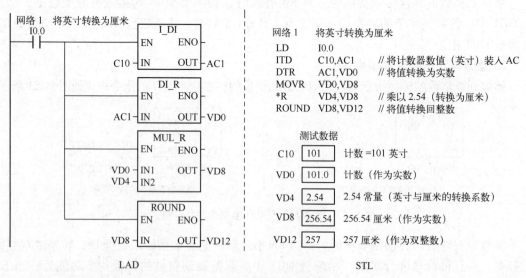

图 5-57 转换指令应用示例

4. 整数与 BCD 码转换指令

（1）整数到 BCD 码的转换指令 IBCD

整数到 BCD 码的转换指令的指令格式如图 5-58 所示。

当 EN 有效时，将整数型输入数据 IN（0 ～ 9999）转换成 BCD 码数据，结果送到 OUT 中。

在语句表中，IN 和 OUT 可以为同一存储单元。

上述指令对特殊继电器的影响为：BCD 码错误时，置位 SM1.6。

（2）BCD 码到整数的转换指令 BCDI

BCD 码到整数转换指令的指令格式如图 5-59 所示。

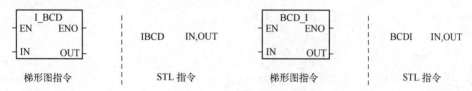

图 5-58　IBCD 指令的指令格式　　图 5-59　BCDI 指令的指令格式

当 EN 有效时，将 BCD 码输入数据 IN（0 ～ 9999）转换成整数型数据，结果送到 OUT 中。

在语句表中，IN 和 OUT 可以为同一存储单元。

上述指令对特殊继电器的影响为：BCD 码错误时，置位 SM1.6。

【例 5-28】将存放在 AC0 中的 BCD 码数 0001 0110 1000 1000（图中使用 16 进制数表示为 1688）转换为整数，指令如图 5-60 所示。

图 5-60　BCD 码到整数的转换指令应用示例

转换结果 AC0 = 0698（16 进制数）。

5.6.2　编码和译码指令

1. 编码指令 ENCO

在数字系统中，编码是指用二进制代码表示相应的信息位。

ENCO 指令的指令格式如图 5-61 所示。

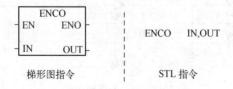

图 5-61　ENCO 指令的指令格式

其中，IN 为字型数据；OUT 为字节型数据低 4 位。

当 EN 有效时，将 16 位字型输入数据 IN 的最低有效位（值为 1 的位）的位号进行编码，编码结果送到由 OUT 指定字节型数据的低 4 位。

例如：设 VW20 = 0000000 00010000（最低有效位号为 4）。

执行指令：ENCO　VW20，VB1

结果：VW20 的数据不变，VB1 = xxxx0100（VB1 高 4 位不变）。

2. 译码指令 DECO

译码是指将二进制代码用相应的信息位表示。

DECO 指令的指令格式如图 5-62 所示。

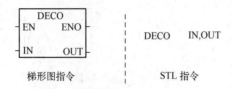

图 5-62　DECO 指令的指令格式

其中，IN 为字节型数据；OUT 为字型数据。

当 EN 有效时，将字节型输入数据 IN 的低 4 位的内容译成位号（00 ~ 15），由该位号指定 OUT 字型数据中对应位置 1，其余位置 0。

例如：设 VB1 = 00000100 = 4；

执行指令：DECO　VB1，AC0

结果：VB1 的数据不变，AC0 = 00000000 00010000（位号为 4 的位置 1）。

5.6.3　七段显示码指令

1. 七段 LED 显示数码管

在一般控制系统中，使用 LED 作数据或状态显示器具有电路简单、功耗低、寿命长、响应速度快等特点。LED 显示器是由若干个发光二极管组成显示字段的显示器件，应用系统中通常使用七段 LED 显示器，如图 5-63 所示。

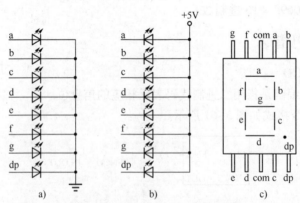

图 5-63　七段数码管

a) 共阴型　b) 共阳型　c) 管脚分布

在 LED 共阳极连接时，各 LED 阳极共接电源正极，如果向控制端 abcdefg dp 对应送入 00000011 信号，则该显示器显示"0"字型；在 LED 共阴极连接时，各 LED 阴极共接电源负极（地），如果向控制端 abcdefg dp 对应送入 11111100 信号，则该显示器显示"0"字型控制显示各数码加在数码管上的二进制数据称为段码，显示各数码共阴和共阳七段 LED 数码管所对应的段码见表 5-4。

表 5-4　七段 LED 数码管的段码

显 示 数 码	共阴型段码	共阳型段码	显 示 数 码	共阴型段码	共阳型段码
0	00111111	11000000	A	01110111	10001000
1	00000110	11111001	b	01111100	10000011
2	01011011	10100100	c	00111001	11000110
3	01001111	10110000	d	01011110	10100001
4	01100110	10011001	E	01111001	10000110
5	01101101	10010010	F	01110001	10001110
6	01111101	10000010			
7	00000111	11111000			
8	01111111	10000000			
9	01101111	10010000			

注：表中段码顺序为"dp gfedcba"。

2. 七段显示码指令 SEG

七段显示码指令 SEG 专用于 PLC 输出端外接七段数码管的显示控制。

SEG 指令的指令格式如图 5-64 所示。

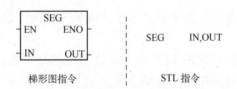

图 5-64　SEG 指令的指令格式

当 EN 有效时，将字节型输入数据 IN 的低 4 位对应的七段共阴极显示码，输出到 OUT 指定的字节单元。如果该字节单元是输出继电器字节 QB，则 QB 可直接驱动数码管。

例如：设 QB0.0 ~ QB0.7 分别连接数码管的 a、b、c、d、e、f、g 及 dp（数码管共阴极连接），显示 VB1 中的数值（设 VB1 的数值在 0 ~ F 内）。

若 VB1 = 00000110 = 6；

执行指令：SEG　VB1, QB0

执行结果为，VB1 的数据不变，QB0 = 01111101（"6"的共阴极七段码），该信号使数码管显示"6"。

5.6.4　字符串转换指令

字符串是指由 ASCII 码所表示的字符的序列，如"ABC"，其 ASCII 码分别为"65、66、67"。通过字符串转换指令，可以实现由 ASCII 码表示字符串数据与其他数据类型之间的数据转换。

1. ASCII 码与十六进制数的转换

1）ASCII 码转换为十六进制数指令 ATH，其指令格式如图 5-65 所示。

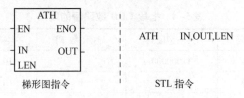

图 5-65　ATH 指令的指令格式

其中，IN 为开始字符的字节首地址；LEN 为字符串长度，字节型，最大长度 255；OUT 为输出字节首地址。

当 EN 有效时，ATH 指令把从 IN 开始的 LEN（长度）个字节单元的 ASCII 码，转换成十六进制数，依次送到 OUT 开始的 LEN 个字节存储单元中。

2）十六进制数转换为 ASCII 码指令 HTA，其指令格式如图 5-66 所示。

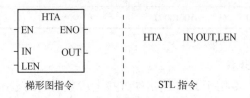

图 5-66　HTA 指令的指令格式

其中，IN 为十六进制开始位的字节首地址；LEN 为转换位数，字节型，最大长度 255；OUT 为输出字节首地址。

当 EN 有效时，把从 IN 开始的 LEN 个十六进制数的每一数位转换为相应的 ASCII 码，并将结果送到以 OUT 为首地址的字节存储单元。

2. 整数转换为 ASCII 码指令

整数转换为 ASCII 码指令 ITA 的指令格式如图 5-67 所示。

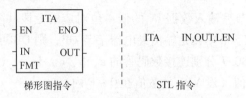

图 5-67　ITA 指令的指令格式

其中，IN 为整数数据输入；FMT 为转换精度或转换格式（小数位或格式整数的表示方式）；OUT 为连续 8 个输出字节的首地址。

当 EN 有效时，ITA 指令把整数输入数据 IN，根据 FMT 指定的转换精度，转换成 8 个字符的 ASCII 码，并将结果送到以 OUT 为首地址的 8 个连续字节存储单元。

操作数 FMT 的定义如下。

MSB 7							LSB 0
0	0	0	0	c	n	n	n

在 FMT 中, 高 4 位必须是 0。C 为小数点的表示方式, C = 0 时, 用小数点来分隔整数和小数; C = 1 时, 用逗号来分隔整数和小数。nnn 表示在首地址为 OUT 的 8 个连续字节中小数的位数, nnn = 000 ~ 101, 分别对应 0 ~ 5 个小数位, 小数部分的对齐方式为右对齐。

例如: 在 C = 0, nnn = 011 时, 其数据格式在 OUT 中的表示方式见表 5-5。

表 5-5 经 FMT 格式化后的数据格式

IN	OUT	OUT + 1	OUT + 2	OUT + 3	OUT + 4	OUT + 5	OUT + 6	OUT + 7
12				0	.	0	1	2
-123			-	0	.	1	2	3
1234				1	.	2	3	4
-12345		-	1	2	.	3	4	5

【例 5-29】 ITA 指令应用示例如图 5-68 所示。

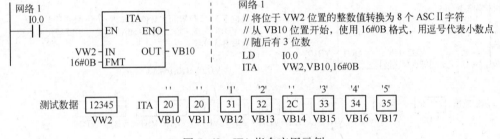

图 5-68 ITA 指令应用示例

注: 1) 图中 VB10 ~ VB17 单元存放的为十六进制表示的 ASCII 码;

2) FMT 操作数 16#0B 的二进制数为 00001011。

双整数转换为 ASCII 码指令 DTA 的指令格式类同 ITA, 读者可查阅 S7-200 PLC 编程手册。

3. 实数转换为 ASCII 码指令 RTA

实数转换为 ASCII 码指令 RTA 的指令格式如图 5-69 所示。

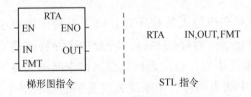

图 5-69 RTA 指令的指令格式

其中, IN 为实数数据输入; FMT 为转换精度或转换格式 (小数位表示方式); OUT 为连续 3 ~ 15 个输出字节的首地址。

当 EN 有效时, RTA 指令根据 FMT 指定的转换精度, 把实数输入 IN 转换成始终是 8 个字符的 ASCII, 并将结果送到首地址 OUT 的 3 ~ 15 个连续字节存储单元。

操作数 FMT 的定义如下。

在 FMT 中，高 4 位 SSSS 表示 OUT 为首地址的连续存储单元的字节数，SSSS = 3 ~ 15。C 及 nnn 与前面 FMT 相同。

例如，在 SSSS = 0110，C = 0，nnn = 001 时，用小数点进行格式化处理的数据格式，在 OUT 中的表示格式见表 5-6。

表 5-6　经 FMT 后的数据格式

IN	OUT	OUT + 1	OUT + 2	OUT + 3	OUT + 4	OUT + 5
1234.5	1	2	3	4	.	5
0.0004			0			0
1.96			2		.	0
− 3.6571		−	3			7

【例 5-30】 RTA 指令应用示例如图 5-70 所示。

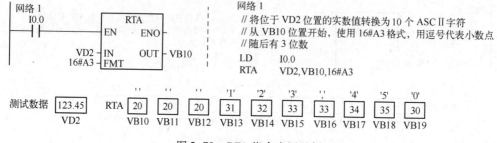

图 5-70　RTA 指令应用示例

其中，16#A3 的二进制数为 10100011，高 4 位 1010 表示以 OUT 为首地址连续 10 个字节存储单元存放转换结果。

5.7　中断指令

所谓中断，是指当 PLC 在执行正常程序时，由于系统中出现了某些急需处理的特殊情况或请求，使 PLC 暂时停止现行程序的执行，转去对这种特殊情况或请求进行处理（即执行中断服务程序），当处理完毕后，自动返回到原来被中断的程序处继续执行。S7-200 PLC 中断系统包括：中断源、中断事件号、中断优先级及中断控制指令。

5.7.1　中断源、中断事件号及中断优先级

S7-200 PLC 对申请中断的事件、请求及其中断优先级在硬件上都作了明确的规定和分配，通过中断指令可以方便地对中断进行控制和调用。

1. 中断源及中断事件号

中断源是请求中断的来源。在 S7-200 PLC 中，中断源分为通信中断、输入输出中断和时基中断 3 大类，共 34 个中断源。每个中断源都分配一个编号，称为中断事件号，中断指令是通过中断事件号来识别中断源的，其优先级顺序见表 5-7。

表 5-7　中断事件号及优先级顺序

中断事件号	中断源描述	优先级	组内优先级
8	端口 0：接收字符	通信中断（最高）	0
9	端口 0：发送完成		0
23	端口 0：接收信息完成		0
24	端口 1：接收信息完成		1
25	端口 1：接收字符		1
26	端口 1：发送完成		1
19	PTO　0 完成中断	I/O 中断（中等）	0
20	PTO　1 完成中断		1
0	上升沿　I0.0		2
2	上升沿　I0.1		3
4	上升沿　I0.2		4
6	上升沿　I0.3		5
1	下降沿　I0.0		6
3	下降沿　I0.1		7
5	下降沿　I0.2		8
7	下降沿　I0.3		9
12	HSC0　CV = PV（当前值 = 预置值）		10
27	HSC0 输入方向改变		11
28	HSC0 外部复位		12
13	HSC1　CV = PV（当前值 = 预置值）		13
14	HSC1 输入方向改变		14
15	HSC1 外部复位		15
16	HSC2　CV = PV（当前值 = 预置值）		16
17	HSC2 输入方向改变		17
18	HSC2 外部复位		18
32	HSC3　CV = PV（当前值 = 预置值）		19
29	HSC4　CV = PV（当前值 = 预置值）		20
30	HSC4 输入方向改变		21
31	HSC4 外部复位		22
33	HSC5　CV = PV（当前值 = 预置值）		23
10	定时中断 0　SMB34	定时中断（最低）	0
11	定时中断 1　SMB35		1
21	定时器 T32　CT = PT　中断		2
22	定时器 T96　CT = PT　中断		3

（1）通信中断

PLC 与外部设备或上位机进行信息交换时可以采用通信中断，它包括 6 个中断源，其中，通信口 0 接收字符对应的中断事件号为 8；通信口 0 发送字符完成对应的中断事件号为 9；通信口 0 接收信息完成对应的中断事件号为 23。

通信中断源在 PLC 的自由通信模式下，通信口的状态可由程序来控制。用户可以通过编程来设置协议、波特率和奇偶校验等参数。

（2）I/O 中断

I/O 中断是指由外部输入信号控制引起的中断。

- 外部输入中断。利用 I0.0 ~ I0.3 的上升沿可以产生 4 个外部中断请求；利用 I0.0 ~ I0.3 的下降沿可以产生 4 个外部中断请求。
- 脉冲输入中断：利用高速脉冲输出 PTO0、PTO1 的串输出完成（见 5.7 节）可以产生 2 个中断请求。
- 高速计数器中断：利用高速计数器 HSCn 的计数当前值等于设定值、输入计数方向的改变、计数器外部复位等事件，可以产生 14 个中断请求（见 5.7 节）。

在使用 I/O 中断编程时，必须注意以下几点。

1）由于 PLC 采用了循环扫描工作方式，申请 I/O 中断外部开关脉冲的有效宽度必须大于一个循环扫描工作周期，才能中断有效。

2）在整个程序运行过程中，中断处理程序执行的次数取决于 I/O 有效脉冲产生的次数。

3）在中断处理程序一次执行过程中，如果存在定时器、计数器等类指令，由于受扫描工作方式限制，它们的功能是无法体现的。因此，对于 I/O 中断处理程序，要求尽可能简单。

（3）时基中断

通过定时和定时器的时间到达设定值引起的中断为时基中断。

1）定时中断：设定定时时间以 ms 为单位（范围为 1 ~ 255 ms），当时间到达设定值时，对应的定时器溢出产生中断，在执行中断处理程序的同时，继续下一个定时操作，周而复始地执行中断处理程序。因此，该定时时间也称为周期时间。定时中断有定时中断 0 和定时中断 1 两个中断源。设置定时中断 0 需要把周期时间值写入 SMB34；设置定时中断 1 需要把周期时间写入 SMB35。

与 I/O 中断不同的是，时基中断是周而复始的执行中断处理程序，其中断处理程序可以正常编写。

2）定时器中断：利用定时器定时时间到达设定值时产生中断，定时器只能使用分辨率为 1ms 的 TON/TOF 定时器 T32 和 T96。当定时器的当前值等于设定值时，在主机正常的定时刷新中，执行中断程序。

2. 中断优先级

在 PLC 应用系统中通常有多个中断源，给各个中断源指定处理的优先次序称为中断优先级。这样，当多个中断源同时向 CPU 申请中断时，CPU 将优先响应处理优先级高的中断源的中断请求。SIEMENS 公司 CPU 规定的中断优先级由高到低依次是通信中断、输入/输出中断、定时中断，而每类中断的中断源又有不同的优先权，见表 5-7。

经过中断判优后，将优先级最高的中断请求送给 CPU，CPU 响应中断后首先自动保护现场数据（如逻辑堆栈、累加器和某些特殊标志寄存器位），然后暂停正在执行的程序（断点），转去执行中断处理程序。中断处理完成后，又自动恢复现场数据，最后返回断点继续执行原来的程序。在相同的优先级内，CPU 是按先来先服务的原则以串行方式处理中断，因此，任何时间内，只能执行一个中断程序。对于 S7-200 PLC 系统，一旦中断程序开始执行，它不会被其他中断程序及更高优先级的中断程序打断，而是一直执行到中断程序的结束。当另一个中断正在处理中，新出现的中断需要排队，等待处理。

5.7.2 中断指令类型及功能

中断功能及操作通过中断指令来实现，S7-200 提供的中断指令有 5 条：中断允许指令、中断禁止指令、中断连接指令、中断分离指令及中断返回指令，指令格式及功能见表 5-8。

表 5-8 中断类指令的指令格式及功能

LAD	STL	功 能 描 述
—(ENI)	ENI	中断允许指令 开中断指令，输入控制有效时，全局地允许所有中断事件中断
—(DISI)	DISI	中断禁止指令 关中断指令，输入控制有效时，全局地关闭所有被连接的中断事件
ATCH EN ENO INT EVNT	ATCH INT, EVENT	中断连接指令 又称为中断调用指令，使能输入有效时，把一个中断源的中断事件号 EVENT 和相应的中断处理程序 INT 联系起来，并允许这一中断事件
DTCH EN ENO EVNT	DTCH EVENT	中断分离指令 使能输入有效时，切断一个中断事件号 EVENT 和所有中断程序的联系，并禁止该中断事件
—(RETI)	CRETI	有条件中断返回指令 输入控制信号（条件）有效时，中断程序返回

中断指令使用说明如下。

1）操作数 INT：输入中断服务程序号 INT n（n = 0 ~ 127），该程序为中断要实现的功能操作，其建立过程与子程序相同。

2）操作数 EVENT：输入中断源对应的中断事件号（字节型常数 0 ~ 33）。

3）当 PLC 进入正常运行 RUN 模式时，系统初始状态为禁止所有中断，在执行中断允许指令 ENI 后，允许所有中断，即开中断。

4）中断分离指令 DTCH 禁止该中断事件 EVENT 和中断程序之间的联系，即用于关闭该事件中断；全局中断禁止指令 DISI，禁止所有中断。

5）RETI 为有条件中断返回指令，需要用户编程实现；STEP 7 - Micro/WIN 自动为每个中断处理程序的结尾设置无条件返回指令，不需要用户书写。

6）多个中断事件可以调用同一个中断程序，但一个中断事件不能同时连续调用多个中断程序。

5.7.3 中断设计步骤

为实现中断功能操作，执行相应的中断程序（也称为中断服务程序或中断处理程序），在 S7-200 PLC 中，中断设计步骤如下。

1）确定中断源（中断事件号）申请中断所需要执行的中断处理程序，并建立中断处理程序 INT n，其建立方法与子程序类同，唯一不同的是在子程序建立窗口中的 Program Block 中选择 INT n 即可。

2）在上面所建立的编辑环境中编辑中断处理程序。中断服务程序由中断程序号 INT n 开始，以无条件返回指令结束。在中断程序中，用户亦可根据前面逻辑条件使用条件返回指令，返回主程序。注意，PLC 系统中的中断指令与一般微机有所不同，它不允许嵌套。

中断服务程序中禁止使用以下指令：DISI、ENI、CALL、HDEF、FOR/NEXT、LSCR、SCRE、SCRT、END。

3）在主程序或控制程序中，编写中断连接（调用）指令（ATCH），操作数 INT 和 EVENT 由步骤 1）所确定。

4）设置中断允许指令（开中断 ENI）。

5）在需要的情况下，可以设置中断分离指令（DTCH）。

【例 5-31】用 I0.0 上升沿中断使 Q0.0 置位，下降沿使 Q0.0 复位。程序如图 5-71 所示。

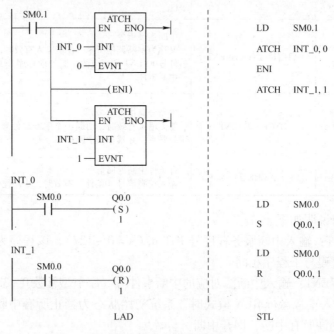

图 5-71　中断控制示例

【例 5-32】编写实现中断事件 0 的控制程序。

中断事件 0 是中断源 I0.0 上升沿产生的中断事件。

当 I0.0 有效且开中断时，系统可以对中断 0 进行响应，执行中断服务程序 INT0，中断服务程序的功能是在 I1.0 接通时，Q1.0 为 ON。

若 I0.0 发生错误（自动 SM5.0 接通有效），则立即禁止其中断。

主程序及中断处理程序如图 5-72 所示。

【例 5-33】编写定时中断周期性（每隔 100 ms）采样模拟输入信号的控制程序。

1）由主程序调用子程序 SBR_0。

2）子程序中设定定时中断 0（中断事件 10 号），时间间隔 100 ms（即将 100 送入 SMB34）；

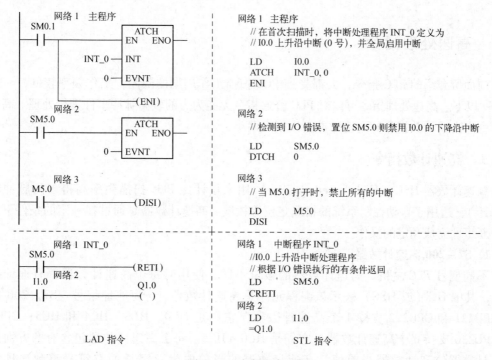

图 5-72 中断程序示例

通过 ATCH 指令把 10 号中断事件和中断处理程序 INT_0 连接起来；允许全局中断，从而实现子程序每隔 100ms 调用一次中断程序 INT_0。

3）中断程序中，读取模拟通道输入寄存器的值送入 VW4 字单元。

控制程序如图 5-73 所示。

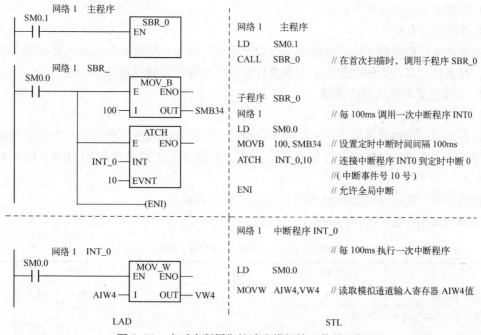

图 5-73 定时中断周期性读取模拟输入信号示例

5.8 高速处理指令

前面所介绍的 PLC 指令，大都受到 PLC 扫描工作周期的限制，工作频率较低，一般在 100Hz 以下。高速处理指令可以对 PLC 普通指令无能为力的较高脉冲事件进行处理。高速处理指令有高速计数指令和高速脉冲输出指令两类。

5.8.1 高速计数指令

高速计数器 HSC（High Speed Counter）用来累计比 PLC 扫描频率高得多的脉冲输入（30kHz），适用于自动控制系统的精确定位等领域。高速计数器是通过在一定的条件下产生的中断事件完成预定的操作。

1. S7-200 高速计数器

不同型号 PLC 主机，高速计数器的数量不同，使用时每个高速计数器都有地址编号 HCn，其中 HC（或 HSC）表示该编程元件是高速计数器，n 为地址编号。S7-200 系列中 CPU221 和 CPU222 支持 4 个高速计数器，它们是 HC0、HC3、HC4 和 HC5；CPU224 和 CPU226 支持 6 个高速计数器，它们是 HC0~HC5。每个高速计数器包含有两方面的信息：计数器位和计数器当前值，高速计数器的当前值为双字长的有符号整数，且为只读值。

2. 中断事件类型

高速计数器的计数和动作可采用中断方式进行控制。不同型号的 PLC 采用高速计数器的中断事件有 14 个，大致可分为 3 种类型。

- 计数器当前值等于预设值中断。
- 计数输入方向改变中断。
- 外部复位中断。

所有高速计数器都支持当前值等于预设值中断，但并不是所有的高速计数器都支持 3 种类型，高速计数器产生的中断源、中断事件号及中断源优先级见表 5-7。

3. 工作模式和输入点的连接

（1）工作模式

每种高速计数器有多种功能不同的工作模式，高速计数器的工作模式与中断事件密切相关。使用任一个高速计数器，首先要定义高速计数器的工作模式（可用 HDEF 指令来进行设置）。

在指令中，高速计数器使用 0~11 表示 12 种工作模式。

不同的高速计数器有不同的模式，见表 5-9、5-10。

表 5-9　计数器 HSC0、HSC3、HSC4、HSC5 工作模式

计数器名称		HSC0			HSC3	HSC4			HSC5
计数器工作模式		I0.0	I0.1	I0.2	I0.1	I0.3	I0.4	I0.5	I0.4
0：带内部方向控制的单向计数器		计数			计数	计数			计数
1：带内部方向控制的单向计数器		计数		复位		计数		复位	

（续）

计数器名称 / 计数器工作模式	HSC0 I0.0	HSC0 I0.1	HSC0 I0.2	HSC3 I0.1	HSC4 I0.3	HSC4 I0.4	HSC4 I0.5	HSC5 I0.4
2：带内部方向控制的单向计数器								
3：带外部方向控制的单向计数器	计数	方向			计数	方向		
4：带外部方向控制的单向计数器	计数	方向	复位		计数	方向	复位	
5：带外部方向控制的单向计数器								
6：增、减计数输入的双向计数器	增计数	减计数			增计数	减计数		
7：增、减计数输入的双向计数器	增计数	减计数	复位		增计数	减计数	复位	
8：增、减计数输入的双向计数器								
9：A/B 相正交计数器（双计数输入）	A 相	B 相			A 相	B 相		
10：A/B 相正交计数器（双计数输入）	A 相	B 相	复位		A 相	B 相	复位	
11：A/B 相正交计数器（双计数输入）								

例如，模式 0（单相计数器）：一个计数输入端，计数器 HSC0、HSC1、HSC2、HSC3、HSC4、HSC5 可以工作在该模式。HSC0 ~ HSC5 计数输入端分别对应为 I0.0、I0.6、I1.2、I0.1、I0.3、I0.4。

表 5–10　计数器 HSC1、HSC2 工作模式

计数器名称 / 计数器工作模式	HSC1 I0.6	HSC1 I0.7	HSC1 I1.0	HSC1 I1.1	HSC2 I1.2	HSC2 I1.3	HSC2 I1.4	HSC2 I1.5
0：带内部方向控制的单向计数器	计数				计数			
1：带内部方向控制的单向计数器	计数		复位		计数		复位	
2：带内部方向控制的单向计数器	计数		复位	启动	计数		复位	启动
3：带外部方向控制的单向计数器	计数	方向			计数	方向		
4：带外部方向控制的单向计数器	计数	方向	复位		计数	方向	复位	
5：带外部方向控制的单向计数器	计数	方向	复位	启动	计数	方向	复位	启动
6：增、减计数输入的双向计数器	增计数	减计数			增计数	减计数		
7：增、减计数输入的双向计数器	增计数	减计数	复位		增计数	减计数	复位	
8：增、减计数输入的双向计数器	增计数	减计数	复位	启动	增计数	减计数	复位	启动
9：A/B 相正交计数器（双计数输入）	A 相	B 相			A 相	B 相		
10：A/B 相正交计数器（双计数输入）	A 相	B 相	复位		A 相	B 相	复位	
11：A/B 相正交计数器（双计数输入）	A 相	B 相	复位	启动	A 相	B 相	复位	启动

例如，模式 11（正交计数器）：两个计数输入端，只有计数器 HSC1、HSC2 可以工作在该模式，HSC1 计数输入端为 I0.6（A 相）和 I0.7（B 相），所谓正交即指：当 A 相计数脉冲超前 B 相计数脉冲时，计数器执行增计数；当 A 相计数脉冲滞后 B 相计数脉冲时，计数器执行减计数。

（2）输入点的连接

在使用一个高速计数器时，除了要定义它的工作模式外，还必须注意系统定义的固定输

入点的连接。如 HSC0 的输入连接点有 I0.0（计数）、I0.1（方向）、I0.2（复位）；HSC1 的输入连接点有 I0.6（计数）、I0.7（方向）、I1.0（复位）、I1.1（启动）。

使用时必须注意，高速计数器输入点、输入输出中断的输入点都在一般逻辑量输入点的编号范围内。一个输入点只能作为一种功能使用，即一个输入点可以作为逻辑量输入或高速计数输入或外部中断输入，但不能重叠使用。

4. 高速计数器控制字、状态字、当前值及设定值

（1）控制字

在设置高速计数器的工作模式后，可通过编程控制计数器的操作要求，如启动和复位计数器、计数器计数方向等参数。

S7 - 200 为每一个计数器提供一个控制字节存储单元，并对单元的相应位进行参数控制定义，这一定义称其为控制字。编程时，只需要将控制字写入相应计数器的存储单元即可。控制字定义格式及各计数器使用的控制字存储单元见表 5-11。

表 5-11　高速计数器控制字格式

位地址	控制字各位功能	HSC0	HSC1	HSC2	HSC3	HSC4	HSC5
		SM37	SM47	SM57	SM137	SM147	SM157
0	复位电平控制 0：高电平 1：低电平	SM37.0	SM47.0	SM57.0		SM147.0	
1	启动控制 1：高电平启动 0：低电平启动	SM37.1	SM47.1	SM57.1		SM147.1	
2	正交速率 1：1 倍速率 0：4 倍速率	SM37.2	SM47.2	SM57.2		SM147.2	
3	计数方向 0：减计数 1：增计数	SM37.3	SM47.3	SM57.3	SM137.3	SM147.3	SM157.3
4	计数方向改变 0：不能改变 1：改变	SM37.4	SM47.4	SM57.4	SM137.4	SM147.4	SM157.4
5	写入预设值允许：0：不允许 1：允许	SM37.5	SM47.5	SM57.5	SM137.5	SM147.5	SM157.5
6	写入当前值允许 0：不允许 1：允许	SM37.6	SM47.6	SM57.6	SM137.6	SM147.6	SM157.6
7	HSC 指令允许 0：禁止 HSC 1：允许 HSC	SM37.7	SM47.7	SM57.7	SM137.7	SM147.7	SM157.7

例如，选用计数器 HSC0 工作在模式 3，要求复位和启动信号为高电平有效、1 倍计数速率、减方向不变、允许写入新值、允许 HSC 指令，则其控制字节为 SM37 = 2#11100100。

（2）状态字

每个高速计数器都配置一个 8 位字节单元，每一位用来表示这个计数器的某种状态，在程序运行时自动使某些位置位或清零，这个 8 位字节称为状态字。HSC0 ~ HSC5 配备相应的状态字节单元为特殊存储器 SM36、SM46、SM56、SM136、SM146 和 SM156。

各字节的 0 ~ 4 位未使用，第 5 位表示当前计数方向（1 为增计数），第 6 位表示当前值是否等于预设值（0 为不等于，1 为等于），第 7 位表示当前值是否大于预设值（0 为小于或等于，1 为大于）。在设计条件判断程序结构时，可以读取状态字判断相关位的状态，来决定程序应该执行的操作（参看 S7 - 200 用户手册——特殊存储器）。

（3）当前值

各高速计数器均设 32 位特殊存储器字单元为计数器当前值（有符号数），计数器 HSC0 ~ HSC5 当前值对应的存储器为 SMD38、SMD48、SMD58、SMD138、SMD148 和 SMD158。

（4）预设值

各高速计数器均设 32 位特殊存储器字单元为计数器预设值（有符号数），计数器 HSC0 ~ HSC5 预设值对应的存储器为 SMD42、SMD52、SMD62、SMD142、SMD152 和 SMD162。

5. 高速计数指令

高速计数指令有两条：HDEF 和 HSC，其指令格式和功能见表 5-12。

注意：

1）每个高速计数器都有固定的特殊功能存储器与之配合，完成高速计数功能。这些特殊功能寄存器包括 8 位状态字节、8 位控制字节、32 位当前值和 32 位预设值。

2）对于不同的计数器，其工作模式是不同的。

3）HSC 的 EN 是使能控制，不是计数脉冲，外部计数输入端见表 5-9 和表 5-10。

表 5-12 高速计数指令的格式、功能

LAD	STL	功能及参数
HDEF EN ENO HSC MODE	HDEF HSC, MODE	高速计数器定义指令： 使能输入有效时，为指定的高速计数器分配一种工作模式； HSC：输入高速计数器编号（0~5）； MODE：输入工作模式（0~11）
HSC EN ENO N	HSC N	高速计数器指令： 使能输入有效时，根据高速计数器特殊存储器的状态，并按照 HDEF 指令指定的模式，设置高速计数器并控制其工作； N：高速计数器编号（0~5）

6. 高速计数器初始化程序

使用高速计数器必须编写初始化程序，其编写步骤如下。

1）人工选择高速计数器、确定工作模式。

根据计数的功能要求，选择 PLC 主机型号，如 S7-200 中，CPU222 有 4 个高速计数器（HC0、HC3、HC4 和 HC5）；CPU224 有 6 个高速计数器（HC0 ~ HC5），由于不同计数器的工作模式不同，故主机型号和工作模式应统筹考虑。

2）编程写入设置的控制字。

根据控制字（8 位）的格式，设置控制计数器操作的要求，并根据选用的计数器号将其通过编程指令写入相应的 SMBxx 中（见表 5-11）。

3）执行高速计数器定义指令 HDEF。

在该指令中，输入参数为所选计数器的号值（0~5）及工作模式（0~11）。

4）编程写入计数器当前值和预设值。

将 32 位的计数器当前值和 32 位的计数器的预设值写入与计数器相应的 SMDxx 中，初始化设置当前值是指计数器开始计数的初值。

5）执行中断连接指令 ATCH。

在该指令中，输入参数为中断事件号 EVENT 和中断处理程序 INTn，建立 EVENT 与 INTn 的联系（一般情况下，可根据计数器的当前值与预设值的比较条件，判断是否满足产生中断）。

6）执行全局开中断指令 ENI。

7）执行 HSC 指令，在该指令中，输入计数器编号，在 EN 信号的控制下，开始对计数器对应的计数输入端脉冲计数。

【例 5-34】 设置外部方向控制的单向计数器，要求增计数、外部低电平复位、外部低电平启动、允许更新当前值、允许更新预设值、初始计数值 = 0、预设值 = 50、1 倍计数速率、当计数器当前值（CV）等于预设值（PV）时，响应中断事件（中断事件号为 13），连接（执行）中断处理程序 INT_0。

编程步骤如下。

1）根据题中要求，选用高速计数器 HSC1，定义为工作模式 5。

2）控制字（节）为 16#FC，写入 SMB47。

3）HDEF 指令定义计数器，HSC = 1，MODE = 5。

4）当前值（初始计数值 = 0）写入 SMD48，预设值 50 写入 SMD52。

5）执行中断连接指令 ATCH：INT = INT_0，EVENT = 13。

6）执行 ENI 指令。

7）执行 HSC 指令，N = 1。

中断处理程序 INT_0 的设计略，初始化程序如图 5-74 所示。

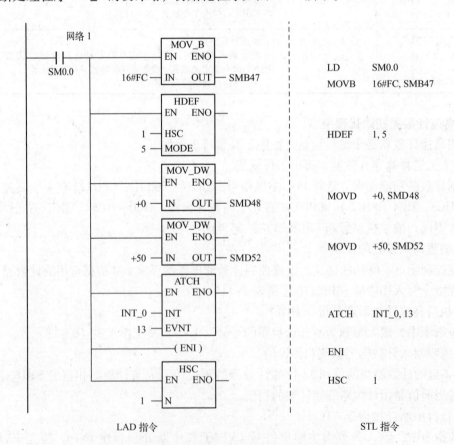

图 5-74　高速计数器初始化程序

5.8.2　高速脉冲输出

高速脉冲输出功能是在 PLC 的某些输出端产生高速脉冲，用来驱动负载实现高速输出和精确控制。

1. 高速脉冲的输出方式和输出端子的连接

（1）高速脉冲的输出方式

高速脉冲输出可分为：高速脉冲串输出 PTO 和宽度可调脉冲输出 PWM 两种方式。

1）高速脉冲串输出 PTO 主要是用来输出指定数量的方波，用户可以控制方波的周期和脉冲数，其参数为：

占空比：50%。

周期变化范围：以 μs 或 ms 为单位，$50 \sim 65535 \mu s$ 或 $2 \sim 65535$ ms（16 位无符号数据），编程时周期值一般设置为偶数。

脉冲串的个数范围：$1 \sim 4294967295$ 之间（双字长无符号数）。

2）宽度可调脉冲输出 PWM 主要用来输出占空比可调的高速脉冲串，用户可以控制脉冲的周期和脉冲宽度，PWM 的周期或脉冲宽度以 μs 或 ms 为单位，周期变化范围同高速脉冲串 PTO。

（2）输出端子的连接

每个 CPU 有两个 PTO/PWM 发生器产生高速脉冲串或脉冲宽度可调的波形，系统为其分配 2 个位输出端 Q0.0 和 Q0.1。PTO/PWM 发生器和输出映像寄存器共同使用 Q0.0 和 Q0.1，但一个位输出端在某一时刻只能使用一种功能，在执行高速输出指令中使用了 Q0.0 和 Q0.1，则这两个位输出端就不能作为通用输出使用，或者说其他操作及指令对其操作无效。如果 Q0.0 或 Q0.1 设定为 PTO 或 PWM 功能输出但未执行其输出指令时，仍然可以将 Q0.0 和 Q0.1 作为通用输出使用，但一般是通过操作指令将其设置为 PTO 或 PWM 输出时的起始电位 0。

2. 相关的特殊功能寄存器

1）每个 PTO/PWM 发生器都有 1 个控制字节来定义其输出位的操作。

Q0.0 的控制字节位为 SMB67，Q0.1 的控制字节位为 SMB77。

2）每个 PTO/PWM 发生器都有 1 个单元（或字或双字或字节）定义其输出周期时间、脉冲宽度、脉冲计数值等，例如，Q0.0 周期时间数值为 SMW68，Q0.1 周期时间数值为 SMW78。

其他相关的特殊功能寄存器及参数定义可参看附录 B，其理解及使用方式与高速计数器类似。一旦这些特殊功能寄存器的值被设成所需操作，可通过执行脉冲指令 PLS 来执行这些功能。

3. 脉冲输出指令

脉冲输出指令可以输出两种类型的方波信号，在精确位置控制中有很重要的应用，其指令格式见表 5-13。

表 5-13   脉冲输出指令的格式

LAD	STL	功　能
PLS —EN　ENO— —Q0.X	PLS　　Q	脉冲输出指令，当使能端输入有效时，检测用程序设置的特殊功能寄存器位，激活由控制位定义的脉冲操作。从 Q0.0 或 Q0.1 输出高速脉冲

说明：

1）脉冲串输出 PTO 和宽度可调脉冲输出都由 PLC 指令来激活输出。

2）输入数据 Q 必须为字型常数 0 或 1。

3）脉冲串输出 PTO 可采用中断方式进行控制，而宽度可调脉冲输出 PWM 只能由指令 PLS 来激活。

【例 5-35】编写实现脉冲宽度调制 PWM 的程序。根据要求控制字节（SMB77）= 16#DB 设定周期为 10000ms，通过 Q0.1 输出。

PWM 控制程序如图 5-75 所示。

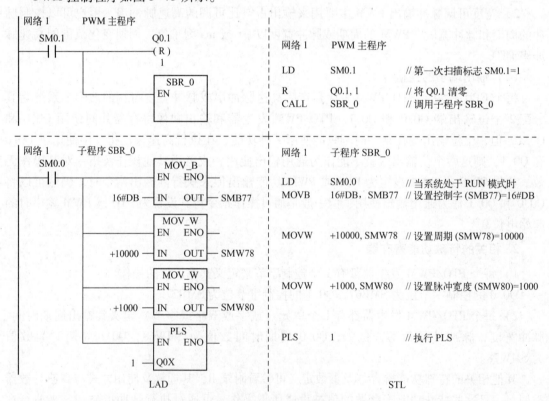

图 5-75　PWM 控制程序

【例 5-36】高速脉冲输出指令的应用示例如图 5-76 所示。

分析：该程序是单段管线高速脉冲串输出 PTO。首次扫描时，将 Q0.0 复位为 0，并调用子程序 SBR_0。在子程序中设置控制字节 SMB67 = 16#8D（不更新周期值；不更新脉冲宽度；允许更新输出脉冲数；周期单位是 ms；选择单端管线 PTO 模式；允许 PTO 脉冲输出），PTO 脉冲周期是毫秒，脉冲数目是 4 个，使用脉冲串输出完成中断事件（事件号 19）来连接一个中断子程序 INT_0，允许全局中断，执行 PTO 脉冲输出。

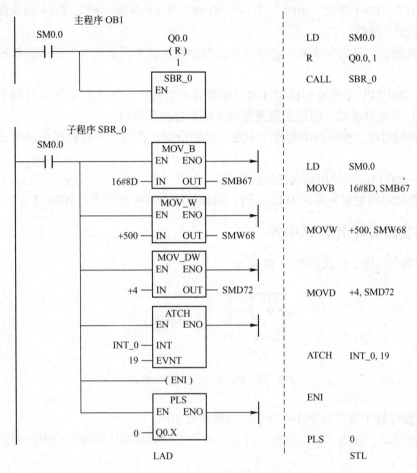

图 5-76 高速脉冲输出指令应用示例

5.9 时钟指令

利用时钟指令可以方便地设置、读取时钟时间，实现对控制系统的实时监视等操作。

5.9.1 读实时时钟指令 TODR

TODR 指令的指令格式如图 5-77 所示。

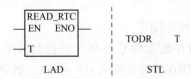

图 5-77 TODR 指令的指令格式

其中，操作数 T 用于指定 8 个字节缓冲区的首地址，T 存放"年"、T+1 存放"月"、T+2 存放"日"、T+3 存放"小时"、T+4"分钟"、T+5 存放"秒"、T+6 单元保留（存放 0）、T+7 存放"星期"。

在 EN 有效时，该指令读取当前时间和日期存放在以 T 开始的 8 个字节的缓冲区。

注意：

1）S7-200 CPU 不检查和核实日期与星期是否合理，例如，对于无效日期 February 30（2 月 30 日）可能被接受，因此必须确保输入的数据是正确的。

2）不要同时在主程序和中断程序中使用时钟指令，否则，中断程序中的时钟指令不会被执行。

3）S7-200 PLC 只使用年信息的后两位。

4）日期和时间数据表示均为 BCD 码，例如：用 16#09 可以表示 2009 年。

5.9.2 写实时时钟指令 TODW

TODW 指令的指令格式如图 5-78 所示。

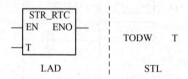

图 5-78 TODW 指令的指令格式

其中，操作数 T 含义与 TODR 指令中的操作数相同。

在 EN 有效时，该指令将以地址 T 开始的 8 个字节的缓冲区中设定的当前时间和日期写入硬件时钟。

注意事项与 TODR 相同。

5.10 技能项目实训

5.10.1 中断等功能指令编程练习

1. 实训目的

1）掌握常用功能指令的作用和使用方法。

2）掌握如何利用中断指令和中断处理程序完成其功能操作。

2. 实训内容

按顺序分别完成以下功能指令编程。

1）编写实现时基中断 0（中断事件号为 10）的控制程序，要求每 100 ms 周期性执行中断处理程序，采集模拟通道 AIW0 数据（输入 0～20 mA，数字输出为 0～32000），并送入处理单元 VW100。当读入的数据小于 3 mA 或大于 10 mA，令 Q0.0 或 Q0.1 驱动系统报警，并有人工清除。梯形图参考程序如图 5-79 所示。

主程序

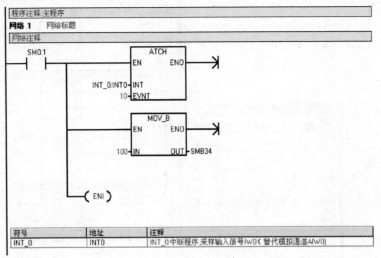

符号	地址	注释
INT_0	INT0	INT_0:中断程序,采样输入信号IW0(替代模拟通道AIW0)

中断程序

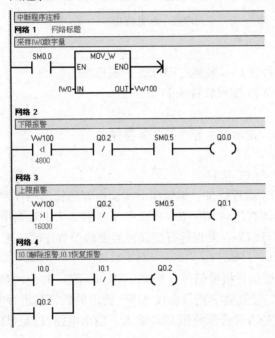

图5-79 时基中断0采样控制程序

2）编写实现中断事件0的控制程序，当I0.0有效（上升沿）且开中断时，系统可以对中断事件0进行响应，执行中断服务程序 INT_0。中断处理程序功能为：

- 从 VW200 开始的 256 个字节全部清零。
- 将 VB20 开始的 10 个字节数据传送到 VB100 开始的存储区。
- 报警信号使 QB0.0 ～ QB0.7 全部点亮，将当前时间和日期存放在 VB300 开始的缓冲区。

梯形图参考程序如图 5-80 所示。

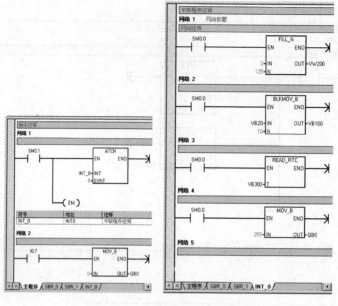

图 5-80　主程序及中断处理程序

3. 实训设备及元器件

1）S7 – 200 PLC 实验工作台或 PLC 装置、EM235 扩展模块。

2）安装有 STEP 7 – Micro/WIN 编程软件的 PC。

3）PC/PPI + 通信电缆线。

4）常开、常闭开关若干个、指示灯、导线等必备器件。

4. 实训操作步骤

1）将 PC/PPI + 通信电缆线与 PC 连接。

2）启动 STEP 7 – Micro/WIN 编程软件，编辑相应实训内容的梯形图程序。

3）编译、保存、下载梯形图程序到 S7 – 200 PLC 中（参照 2.7.1 实训项目）。

4）启动运行 PLC，观察运行结果，发现运行错误或需要修改程序时，重复上面过程。

5. 注意事项

1）实训内容 1）要计算出模拟量报警信号（3 mA、10 mA 等）对应的数字量，以方便编程。也可以使用 IW0 开关（二进制数字）量替代 AIW0 输出的数字量进行实验。

2）注意电源极性、电压值是否符合所使用 PLC 输入、输出电路及指示灯的要求。

6. 实训操作报告

1）整理出运行调试后的梯形图程序。

2）写出该程序的调试步骤和观察结果。

5.10.2　具有时间设置及显示功能的 PLC 延时继电器

1. 实训目的

1）进一步掌握常用功能指令的作用和使用方法。

2）掌握功能指令与逻辑指令的综合应用，熟悉系统设计方法。

2. 控制系统要求

延时继电器功能要求如下。

1）可以由人工设定延时时间。

由输入开关对计数器进行加 1、减 1 延时时间的设定，并显示设定时间。

2）启动运行。

启动继电器为 ON，同时进行倒计时延时时间显示，延时时间到，启动继电器为 OF，延时继电器为 ON，同时计数器复位。

该延时继电器程序在增加电动机主电源电路接触器控制程序段后，可以方便地实现电动机星 - 三角延时起动功能。

3. 设备及元器件

1）S7 - 200 PLC 实验工作台或 PLC 装置、、信号灯等。

2）安装有 STEP 7 - Micro/WIN 编程软件的 PC。

3）PC/PPI + 通信电缆线。

4）继电器、常开、常闭开关若干个，指示灯、导线等必备器件。

4. 控制系统设计

（1）PLC 控制系统 I/O 资源分配

I/O 资源分配见表 5-14。

表 5-14   系统 I/O 资源分配表

名　　　称	代　　码	地　　址	名　　　称	代　　码	地　　址
时间设定加 1 按钮	SB1	I0.0	七段显示器	LED	QB0
时间设定减 1 按钮	SB2	I0.1	启动继电器	KM1	Q1.0
启动及延时按钮	SB3	I1.0	延时继电器	KM2	Q1.1
复位及停止按钮	SB4	I1.2			

（2）选定 PLC 型号

根据 I/O 资源的配置可知，系统共有 4 个开关量输入点，2 个开关量输出点。考虑到 I/O 点的利用率及以后扩展使用的需要、PLC 的价格，可选用西门子公司的 S7 - 200 PLC CPU224CN。

（3）控制系统接线图

按表 5-14，系统 I/O 资源分配外围接线图如图 5-81 所示。PLC 的输入继电器 I0.0、I0.1、I1.0、11.2 检测来自按钮 SB1、SB2、SB3 和 SB4 输入信号，PLC 的输出继电器 Q1.0、

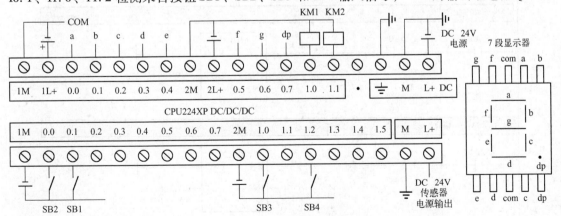

图 5-81   具有时间设置及显示功能的 PLC 延时继电器控制接线图

Q1.1，用于驱动外部控制继电器 KM1、KM2，QB0 用于启动七段 LED 数码管显示。

（4）控制系统软件设计

其梯形图程序如图 5-82 所示。

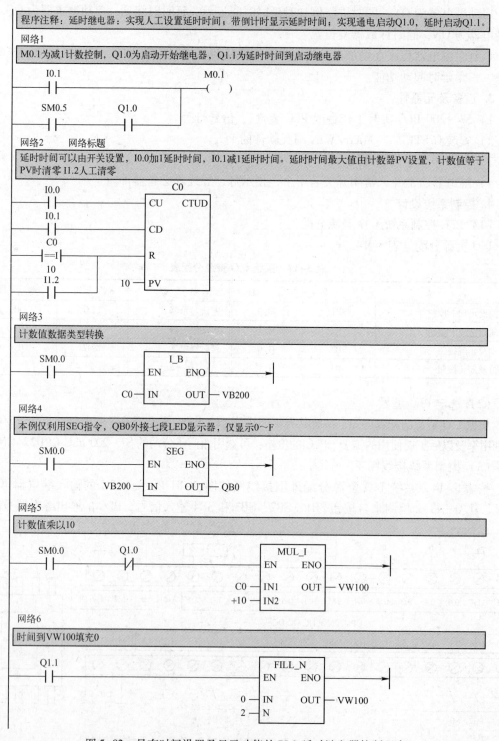

图 5-82　具有时间设置及显示功能的 PLC 延时继电器控制程序

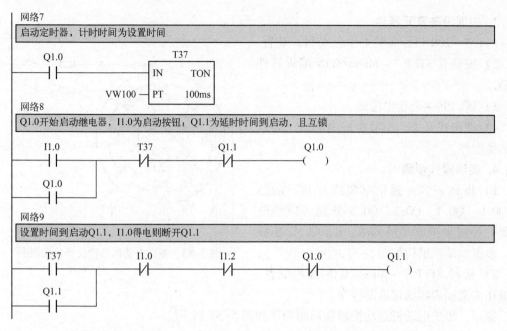

图 5-82 具有时间设置及显示功能的 PLC 延时继电器控制程序（续）

5. 实训操作步骤

1）将 PC/PPI + 通信电缆线与 PC 连接。

2）按图 5-81 连接 PLC 外部控制开关和东西南北信号灯 I/O 设备接线（注意：该图 PLC 工作电源为 DC24V）。

3）启动编程软件，编辑输入图 5-82 所示交通灯控制程序。

4）编译、保存、下载梯形图程序到 S7 - 200 PLC 中。

5）启动运行 PLC，观察运行结果，如发现运行错误或需要修改程序，则重复上面过程。

6. 注意事项

1）正确选用定时器的分辨率和设定值。

2）注意电源极性、电压值是否符合所使用 PLC 工作电源、输入、输出电路及指示灯的要求。

7. 实训操作报告

1）整理出运行调试后的梯形图程序。

2）写出该程序的调试步骤和观察结果。

5.10.3 步进电动机运动控制

1. 实训目的

1）了解步进电动机的工作原理，学习步进电动机运动控制的方法。

2）进一步掌握 S7 - 200 PLC 的编程方法。

3）掌握 PLC 控制系统的设计方法。

2. 实训内容

利用 STEP 7 - Micro/WIN V4.0 编写步进电动机运动控制的梯形图程序。

3. 实训设备及元器件

1）S7 – 200 PLC 实验工作台或 PLC 装置。

2）安装有 STEP 7 – Micro/WIN 编程软件的 PC。

3）PC/PPI + 通信电缆线。

4）按钮式开关、小型步进电动机、导线等必备器件。

4. 实训操作步骤

1）将 PC/PPI + 通信电缆线与 PC 连接；由 Q0.0、Q0.1、Q0.2、Q0.3 分别（或经驱动器）控制步进电动机的 A、B、C、D 相线圈，步进电动机结构如图 5-83 所示。

2）运行 STEP 7 – Micro/WIN 编程软件，编辑相应实训内容的梯形图程序。

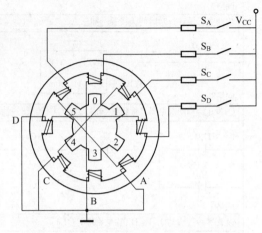

图 5-83　步进电动机结构及开关控制图

提示：步进电动机运动控制梯形图程序如图 5-84 所示。

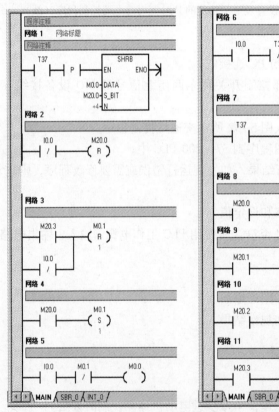
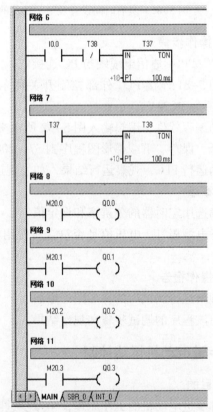

图 5-84　步进电动机运动控制梯形图程序

3）编译、保存、下载梯形图程序到 S7 – 200 PLC 中。

4）启动运行 PLC，观察运行结果，发现运行错误或需要修改程序重复上面过程。

5. 注意事项

PLC 输出端（或经驱动器）应符合步进电动机对电源、极性、电压及驱动电流的要求。注意用电安全。

6. 实训操作报告

1）整理出运行调试后的梯形图程序。

2）写出该程序的调试步骤和观察结果。

5.11　思考与习题

1. 什么是 PLC 功能指令，常见的功能指令有哪些？

2. 字节传送、字传送、双字传送、实数传送指令的功能和指令格式有什么异同？

3. 简述左、右移位指令和循环左、右移位指令的异同？

4. 编程分别实现以下功能：

1）从 VW200 开始的 256 个字节全部清零。

2）将 VB20 开始的 100 个字节数据传送到 VB200 开始的存储区。

3）当 I0.1 接通时，记录当前的时间，时间秒值送入 QB0。

5. 使用 ATT 指令创建表，表格首地址为 VW100，使用表指令找出 2000 数据的位置，存入 AC1 中。

6. 当 I1.1 = 1 时，将 VB10 的数值（0~7）转换为（译码）7 段显示器码送入 QB0 中。

7. 在输入触点 I0.0 脉冲作用下，读取 4 次 I0.1 的串行输入信号（最先输入的是二进制数的高位），移位存放在 VB100 的低 4 位；QB0 外接 7 段数码管用于显示串行输入的数据，当 VB100 ≥ 9 时系统报警，编写梯形图程序。

8. 设 4 个行程开关（I0.0、I0.1、I0.2、I0.3）分别位于 1~4 层位置，开始 Q1.1 控制电机起动，当某一行程开关闭合时，数码管显示相应层号，到达 4 层时，电机停，Q1.0 为 ON，延时 5 s 钟后，Q1.0 为 OFF，电动机再次起动，编写梯形图程序。

9. 什么是中断源、中断事件号、中断优先级、中断处理程序？S7 – 200 PLC 中断与其他计算机中断系统有什么不同？

10. 为什么 PLC 中断程序不能完全按照计算机（单片机）中断程序的方式设计？

11. 在 PLC 一次 I/O 中断过程中，如果中断程序设置了延时程序，请根据 PLC 扫描工作原理分析程序执行过程。

12. 定时中断和定时器中断有什么不同？主要应用在哪些方面？

13 编写实现中断事件 1 的控制程序，当 I0.1 有效且开中断时，系统可以对中断 1 进行响应，执行中断服务程序 INT1（中断服务程序功能根据需要确定）。

14. 利用中断 0 实现下列功能。

当 I0.1 有效且开中断时，系统将 IB0 输入的二进制数据每秒采样 10 次周期性送给 VB100，当 IB0 ≥ 100 时，点亮 Q0.0 报警，5 s 后自动解除报警。

15. 说明中断程序的设计步骤。

16 高速脉冲的输出方式有哪几种，其作用是什么？

17. 编写实现脉冲调宽 PWM 的程序，设定周期 500 ms，通过 Q0.0 输出。

第6章　PLC模拟量采集及PID控制回路

6.1　模拟量及PID控制算法

在自然界（生产过程）中，许多变化的信息，如温度、压力、流量、液位、产品的成分含量、电压及电流等，都是连续变化的物理量。所谓连续，是指这些物理量在时间上、数值上都是连续变化的，这种连续变化的物理量通常称为模拟量。而计算机接收、处理和输出的只能是离散的、二进制表示的数字量。为此，在计算机控制和检测系统中，需要检测的自然界的模拟量必须首先转换为数字量（称为模－数转换或A－D转换），然后输入给计算机进行处理。而计算机输出的数字量（控制信号），需要转换为模拟量（称为数－模转换或D－A转换），以实现对外部执行部件的控制。

6.1.1　模拟信号获取及变换

世界已经进入信息时代。在利用信息的过程中，首先要解决的就是要获取准确、可靠的信息，而传感器是获取信息的主要途径与手段。

在工业生产过程中，有许多物理量是可以连续变化的模拟量，如位移量、温度、压力、流量、液位、重量等，在PLC作为主控设备的系统中，如果需要获取这些模拟量信息时，必须首先经过传感器将其物理量转换为相应的电量（如电流、电压、电阻），然后由变送器进行信号处理、变换成相应的标准量。该标准量通过模－数转换单元（A－D），将其转换为相应的二进制码表示的数字量后，PLC才能识别并进行处理。模拟信号的获取过程如图6-1所示。

图6-1　模拟信号获取过程

图6-2所示为基于热电偶传感器的二线制变送器接线图。在图6-2中，被测温度通过热电偶传感器将其转换为相应的热电势（mV）输入给热电偶变送器，变送器采用二线制供电兼输出接线方式，DC24V电源的正极与变送器的V＋连接、负极通过负载（一般为250Ω电阻）与变送器的V－连接，变送器电流输出为与被测温度成线性关系的4～20mA标准信号电流。该电流通过250Ω电阻将其转换为1～5V电压，作为A－D转换器的模拟量输入信号，A－D转换器输出的

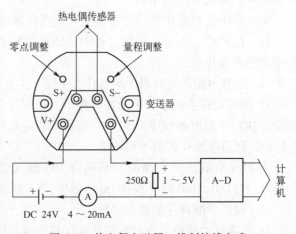

图6-2　热电偶变送器二线制接线方式

202

数字量信号可以直接输入给计算机进行处理。

6.1.2 闭环控制及 PID 控制算法

1. 闭环控制系统

计算机闭环 PID 控制系统方框图如图 6-3 所示。

被控设备（对象）输出的物理量（即被控参数或称系统输出参数），经传感器、变送器、A-D 转换后反馈到输入端，与期望值（即给定值或称系统输入参数）进行相减比较，当二者产生偏差时，对该偏差进行决策或 PID 运算处理，其处理后的信号经 D-A 转换器转换为模拟量输出，控制执行器进行调节，从而使输出参数按输入给定的条件或规律变化。由于系统是闭合的，输出量的变化经变送器反馈到输入端与输入量进行比较，由于反馈的输出量与输入量相位相反，所以也称闭环控制负反馈系统。

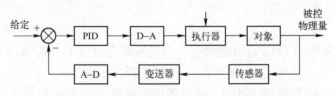

图 6-3　计算机闭环 PID 控制系统方框图

在模拟量作为被控参数的控制系统中，为了使被控参数按照一定的规律变化，需要在控制回路中设置比例（P）、积分（I）、微分（D）运算及其运算组和作为控制器输出信号。S7-200 PLC 设置了专用于 PID 运算的回路表参数和 PID 回路指令，可以方便地实现 PID 运算操作。

2. PID 算法

在一般情况下，控制系统主要针对被控参数 PV（又称为过程变量）与期望值 SP（又称为给定值）之间产生的偏差 e 进行 PID 运算。其数学函数表达式为

$$M(\mathrm{t}) = K_\mathrm{p}e + K_\mathrm{i}\int e\mathrm{d}t + K_\mathrm{d}\mathrm{d}e/\mathrm{d}t$$

式中　$M(\mathrm{t})$——PID 运算的输出，M 是时间 t 的函数；

$\quad\quad e$——控制回路偏差，PID 运算的输入参数；

$\quad\quad K_\mathrm{p}$——比例运算系数（增益）；

$\quad\quad K_\mathrm{i}$——积分运算系数（增益）；

$\quad\quad K_\mathrm{d}$——微分运算系数（增益）。

使用计算机处理该表达式，必须通过周期性地采样偏差 e，将其由模拟量控制的参数离散化，为了方便算法实现，离散化后的 PID 表达式可整理为

$$M_\mathrm{n} = K_\mathrm{c}e_\mathrm{n} + K_\mathrm{c}(T_\mathrm{s}/T_\mathrm{i})e_\mathrm{n} + MX + K_\mathrm{c}(T_\mathrm{d}/T_\mathrm{s})(e_\mathrm{n}-e_{\mathrm{n}-1})$$

式中　M_n——时间 $t=n$ 时的回路输出；

$\quad\quad e_\mathrm{n}$——时间 $t=n$ 时采样的回路偏差，即 SP_n 与 PV_n 之差；

$\quad\quad e_{\mathrm{n}-1}$——时间 $t=n-1$ 时采样的回路偏差，即 $SP_{\mathrm{n}-1}$ 与 $PV_{\mathrm{n}-1}$ 之差；

$\quad\quad K_\mathrm{c}$——回路总增益，比例运算参数；

$\quad\quad T_\mathrm{s}$——采样时间；

T_i——积分时间，积分运算参数；

T_d——微分时间，微分运算参数。

比较以上两式可以看出，$K_c = K_p$，$K_c(T_s/T_i) = K_i$，$K_c(T_d/T_s) = K_d$，MX 是所有积分项前值之和，每次计算出 $K_c(T_s/T_i)e_n$ 后，将其值累计入 MX 中。

由上式可以看出

- $K_c e_n$ 为比例运算项 P；
- $K_c(T_s/T_i)e_n$ 为积分运算项 I（不含 n 时刻前积分值）；
- K_c (T_d/T_s) $(e_n - e_{n-1})$ 为微分运算项 D；
- 比例回路增益 K_p 将影响 K_i 和 K_d。

在控制系统中，常使用的控制运算如下。

- 比例控制（P）：不需要积分和微分，可设置积分时间 $T_i = \infty$，使 $K_i = 0$；微分时间 $T_d = 0$，使 $K_d = 0$。其输出

$$M_n = K_c e_n$$

- 比例、积分控制（PI）：不需要微分，可设置微分时间 $T_d = 0$，$K_d = 0$。其输出

$$M_n = K_c e_n + K_c(T_s/T_i)e_n；$$

- 比例、积分、微分控制（PID）：可设置比例系数 K_p、积分时间 T_i、微分时间 T_d，其输出

$$M_n = K_c e_n + K_c(T_s/T_i)e_n + K_c(T_d/T_s)(e_n - e_{n-1})$$

3. PID 控制算法的应用特点

（1）比例控制（P）

比例控制是控制系统最基本的控制方式，其控制器的输出量与控制器输入量（偏差）成比例关系，输出量由比例系数 K_p 控制，比例系数越大，比例调节作用越强，系统的稳态误差就会减少。但是比例系数过大，调节作用强，会降低系统的稳定性。比例控制其特点是算法简单、控制及时，但系统会存在稳态偏差。

（2）积分控制（I）

积分控制是指控制器的输出量与控制器输入量（偏差）成积分关系，只要偏差不为零，积分输出就会逐渐变化，一直要到偏差消失。系统偏差为 0 处于稳定状态时，积分部分不再变化而处于保持状态。因此，积分控制可以消除偏差，提高控制精度。积分控制输出量由积分时间 T_i 控制，T_i 越小，积分控制作用就越强，消除偏差的速度就快，但增加了系统的不稳定性。积分控制一般不单独使用，通常和比例控制组成比例积分（PI）控制器，以实现消除系统稳态偏差。

（3）微分控制（D）

微分控制是指控制器的输出量与控制器输入量（偏差）成微分关系，或者说，只要系统有偏差对时间的变化率，控制器输出量就按期变化率的大小变化（而不管其偏差的大小），即使在偏差很小时，但其偏差的变化率存在，控制器输出仍然会产生较大的变化。微分控制反映了系统变化的趋势，因此具有超前控制作用，即把可能要产生的较大的偏差提前预测，实现超前控制。微分控制输出量由微分时间 T_d 控制，微分时间常数越大，微分控制作用就越强，系统动态性能可以得到改善。但如果微分时间常数过大，系统输出量会出现小幅度振荡，系统的不稳定性增加。微分控制一般和比例、积分控制组成比例积分微分

（PID）控制器。

6.2　S7－200 PLC 对模拟信号的处理

6.2.1　模拟量输入输出模块

在 S7－200 CPU 系列中，能够实现模拟信号处理的仅有 CPU224XP，内置 2 输入/1 输出模拟量端口。S7－200 PLC 还配备了 3 种模拟量扩展模块，分别为 EM231、EW232、EW235，以满足系统需要。考虑到当前工业生产过程中广泛使用热电偶、热电阻传感器实现对温度的测量，S7－200 PLC 还配备了 EM231 热电偶输入扩展模块，该模块直接以热电偶输出的电势作为输入信号；配备了 EM231 热电阻输入扩展模块，该模块提供了与多种热电阻的连接口。

S7－200 PLC 提供的以上模拟量处理模块的技术指标在第 2 章中已作详细介绍，读者可以参阅。

对模拟量控制模块在使用时需要注意的一些问题说明如下。

1）S7－200 PLC 模拟量输出模块中使用的 D－A 转换器，其输入的数字量位数为 12 位，因此，CPU 对模拟量数据设定为一个字长（2 个字节单元数字量 16 位，其最大数字量范围 65536），但能够反映模拟量变化的最小单位（分辨率）是满量程的 $1/2^{12}$。

2）对于模拟量输入模块，单极性模拟信号全量程输入所对应的数字量输出设定为 0～32 000，则对应的二进制数为 00000000 00000000～01111101 10000000。

双极性模拟信号全量程输入所对应的数字量输出设定为 －32 000～＋32 000。模拟输入信号若为电压，则输入阻抗为 10 MΩ；模拟输入信号若为电流，则输入电阻为 250 Ω，A－D 转换时间 < 250 μs，模拟量阶跃输入的响应时间为 1.5 ms。

3）S7－200 PLC 对模拟量输出模块中使用的 D－A 转换器，其输出模拟量为电流 0～20 mA 或电压 ±10 V，其对应的数字量分别为 0～32000 或 －32000～＋32000，其输出稳定时间分别为 2 ms 或 100 μs。在电流输出时，其输出回路负载电阻应小于 500 Ω，电压输出时其负载电阻应大于 5 kΩ。

4）模拟量端口的地址必须从偶数字节开始。

对于模拟量输入模块，按模块的先后顺序地址顺序后延。输入通道地址为：AIW0，AIW2，AIW4…；输出通道地址为 AQW0，AQW2，AQW4…。由于每个模拟量扩展模块被 CPU 分配至少占用两个通道，在使用多个扩展模块时需要注意。

例如，对于第一个模块（EM235）只有一个输出，但占用地址为 AQW0 和 AQW2，因此，对应第二个模块的模拟量输出地址应从 AQW4 开始寻址。

5）一般情况下可以在系统块中设置 S7－200 PLC 的模拟量滤波功能，包括采样数、死区电压及需要滤波的模拟量输入通道（如 AIW0）。

如果对某个通道选用了模拟量滤波，CPU 将在每一程序扫描周期前自动读取模拟量输入值，这个值是所设置的采样数的平均值，用户不必另行编制滤波程序。如果实际模拟量采样值超出平均值一个死区电压以上，则平均值被实际值取代。

若死区电压设为 0，则表示禁止死区功能，即所有的值都进行平均值计算，不管该值有多大的变化。对于快速响应要求，不要把死区值设为0，可以将其设为可预期的最大扰动值，例如，满量程32000的1%，即320。

模拟量的参数设置（采样数及死区值）对所有模拟量信号输入通道有效。

6）如果对某个通道不设置滤波功能，则CPU不会在程序扫描周期开始时读取平均滤波值，而只在用户程序访问此模拟量通道时，直接读取当时实际值。

7）为了保证模拟量输入数据的准确可靠，需要注意以下几点。

① 应确保设备安装正确、DC24V传感器电源无噪声、环境无磁场干扰。

② 传感器需使用屏蔽双绞线并且线路尽可能短。

③ 未用输入通道应短接。

④ 为确保输入信号范围在所规定的共模电压之内，电源端子M应与所有输入通道A－、B－等相连。

在S7－200 PLC模拟量扩展模块中，EM235是最常用的模拟量扩展模块，它实现了4路模拟量输入和1路模拟量输出功能。其常用技术参数见表6-1。EM235模拟量输入输出扩展模块接线如图6-4所示。

表6-1　EM235的常用技术参数

模拟量输入特性	
模拟量输入点数	4
输入范围	电压（单极性）0～10 V 0～5 V 0～1 V　0～500 mV 0～100 mV 0～50 mV
	电压（双极性）±10 V　±5 V　±2.5 V　±1 V　±500 mV　±250 mV　±100 mV　±50 mV　±25 mV
	电流 0～20 mA
数据字格式	双极性 全量程范围 －32 000～＋32 000 单极性 全量程范围 0～32 000
分辨率	12位 A－D转换器
模拟量输出特性	
模拟量输出点数	1
信号范围	电压输出 ±10 V 电流输出 0～20 mA
数据字格式	电压 －32 000～＋32 000 电流 0～32 000
分辨率	电压12位　电流11位

在图6-4中可以看出，扩展模块供电电源电压为DC24V（端口L＋为电源正极、M为电源负极），各通道接线如下。

1）输入通道A。输入通道A为电压输入信号，按正、负极直接接入端口A₊和A₋。

2）输入通道B。输入通道B未连接输入信号，则通道要将B₊和B₋短接。

3）输入通道C。输入通道C为0～20mA电流输入信号，按其电流方向由端口C₊流入、C₋流出接线，将端口RC和C₊短接后接入电流输入信号的"＋"端。

4）输入通道D。输入通道D为4～20mA电流输入信号，按其电流方向由D₊流入、D₋流出接线，将RD和D₊短接后接入电流输入信号的"＋"端，这里提供通道D电流输入的

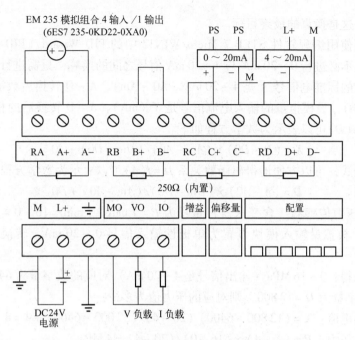

图 6-4　EM235 模拟量扩展模块接线图

显然是二线制变送器的输出电流。

5）输出通道。输出通道电流输出范围为 0~20mA，其负载电阻接端口 IO 和 M0；电压输出范围为 ±10V，其负载电阻接端口 VO 和 M0。

对于某一模块，只能将输入端同时设置为一种量程和格式，即相同的输入量程和分辨率。

6.2.2　模拟量/数字量与物理量的标度变换

在模拟通道中，传感器将其检测到的物理量转换为标准电信号输出（如 4~20mA 电流），该信号需要进行 A-D（模-数）转换，其转换结果（数字量）输入计算机；计算机输出的数字量需要进行 D-A（数-模）转换，其转换结果（模拟量）用来控制外部设备。这样，对于不同的转换信号，在模拟量、数字量、物理量之间存在着不同的对应关系。S7-200 CPU 内部用数字量表示外部的模拟量信号，两者之间有一定的数学关系。因此，计算机必须对模拟量/数字量之间进行换算或标度变换。

例如，模拟量信号输入信号为 0~20mA，则在 S7-200 CPU 内部，0~20mA 对应于数字量的范围 0~32 000（十进制表示，下同）；对于 4~20mA 的信号，由于线性关系，则对应的内部数字量应为 6400~32 000。

又如，有两个压力传感器（含变送器），其输入压力量程都是 0~10MPa，其中一个输出信号是 0~20mA，另一个输出信号是 4~20mA，在相同的输入压力下，其模拟量输出电流大小不同，显然，在 S7-200 CPU 内部的数值表示也不同，两者之间必然存在换算关系。

模拟量输出也存在类似情况。

模拟量转换的目的不仅仅是在 S7-200 CPU 中得到一个 0~32 000 之类的数值，对于编程和操作人员来说，得到具体的物理量数值（如压力值、流量值），或者对应物理量占量程的百分比数值，这是换算的最终目标。

注意，如果使用编程软件 STEP 7 Micro/WIN32 中的 PID Wizard（PID 向导）生成 PID 功能子程序，就不必进行 $0 \sim 20\,mA$ 与 $4 \sim 20\,mA$ 信号之间的换算，只需进行简单的设置。

现设模拟量的标准电信号 A 是 $4 \sim 20\,mA$（$A0 \sim Am$），A－D 转换后数字量 D 为 $6400 \sim 32\,000$（$D0 \sim Dm$），设模拟量的输入电流信号是 X（mA），A－D 转换后的相应数字量为 D，则函数关系 $A = f(D)$ 可以表示为数学方程如下。

$$X = (D - D0) \times (Am - A0)/(Dm - D0) + A0$$

根据该方程式，可以方便地得出函数关系 $D = f(A)$ 可以表示为数学方程如下

$$D = (A - A0) \times (Dm - D0)/(Am - A0) + D0$$

【例 6-1】 压力传感器（含变送器）量程为 $P = Pmax - Pmin = 16 - 0 = 16\,MPa$，输出信号是 $4 \sim 20\,mA$，模拟量输入模块设置为单极性输入信号 $0 \sim 20\,mA$，转换为 $0 \sim 32\,000$ 数字量。

由线性关系得：$0 \sim 16\,MPa$（输出信号是 $4 \sim 20\,mA$）对应的数字量为 $6400 \sim 32\,000$。

1）假设数字量为 $D = 12\,800$，则对应的压力值为多少？

传感器输出电流：$X = (12\,800 - 6400)(20 - 4)/(32\,000 - 6400) + 4 = 8\,mA$

传感器输入压力：$P = (X - 4) \times (16 - 0)/(20 - 4) = 4\,MPa$

将 X 代入 P：$P = ((D - D0)(Am - A0)/(Dm - D0)) \times (Pmax - Pmin)/(Am - A0)$

假设该模拟量输入模块与 AIW0 对应，则当 AIW0 的值为 $12\,800$ 时，相应的模拟电信号 $8\,mA$，相应的压力值为 $4\,MPa$，则用户可以编程实现对压力 P 直接显示。

2）假设输入压力为 $8\,MPa$，则对应的数字量是多少？

传感器输出电流：$X = 8/((16 - 0)/(20 - 4)) + 4 = 12\,mA$

数字量：$D = (12 - 4) \times (32\,000 - 6400)/(20 - 4) + 6400 = 19\,200$

【例 6-2】 模拟量编程示例。采用 CPU222PLC，仅带一个模拟量扩展模块 EM235，该模块的第一个通道地址为 AIW0，输入端连接一块温度变送器，该变送器输入量程 $Tmax - Tmin = 100\,℃$，输出电流为 $4 \sim 20\,mA$。则温度 T 与 AIW0 单元数字量 D 转换关系为：

$$T = ((D - D0)(Am - A0)/(Dm - D0)) \times (Tmax - Tmin)/(Am - A0)$$
$$= ((AIW0 - 6400)(20 - 4)/(32\,000 - 6400)) \times (100 - 0)/(20 - 4)$$
$$= (AIW0 - 6400)/256$$

数字量转换为温度值梯形图程序如图 6-5 所示。

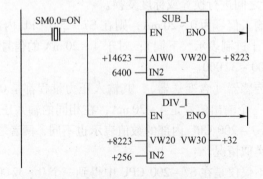

图 6-5 数字量转换为温度值梯形图程序

编译并运行程序，观察程序状态，VW30 即为实际温度值。

6.3 PID 控制指令及应用

S7 – 200 PLC 设置了专用于 PID 运算的回路表参数和 PID 回路指令，可以方便地实现闭环 PID 控制系统。

6.3.1 PID 回路输入转换及标准化数据

1. PID 回路

S7 – 200 PLC 为用户提供了 8 条 PID 控制回路，回路号为 0 ~ 7，即可以使用 8 条 PID 指令实现 8 个回路的 PID 运算。

2. 回路输入转换及标准化数据

每个 PID 回路有两个输入量，给定值（SP）和过程变量（PV）。一般控制系统中，给定值通常是一个固定的值。由于给定值和过程变量都是现实世界的某一物理量值，其大小、范围和工程单位都可能有差别，所以，在 PID 指令对这些物理量进行运算之前，必须对它们及其他输入量进行标准化处理，即通过程序将它们转换成标准的浮点型（0.0 ~ 1.0）表达形式，以便 PID 指令进行运算，其过程如下。

1）首先将 PLC 读取的输入参数（16 位整数值）转成浮点型实数值，其实现方法可通过下列指令序列实现：

```
ITD AIW0, AC0      //将输入值转换为双整数

DTR AC0, AC0       //将 32 位双整数转换为实数
```

2）然后将实数值表达形式转换成 0.0 ~ 1.0 之间的标准化值，可采用下列公式实现

$$R_{Norm} = (R_{Raw}/S_{pan}) + Offset$$

式中，R_{Norm} 为经标准化处理后对应的实数值；R_{Raw} 为没有标准化的实数值或原值；R_{Norm} 变化范围在 0.0 ~ 1.0 时 Offset 为 0.0（单极性）；R_{Norm} 在 0.5 上下变化时 $Offset$ 为 0.5（双极性）；Span 为值域大小，即可能的最大值减去可能的最小值；单极性典型值为 32 000，双极性典型值为 64 000。

把双极性实数标准化为 0.0 ~ 1.0 之间的实数的实现方法可通过下列指令序列实现：

```
/R 64000.0, AC0      //累加器中的标准化值

+R 0.5, AC0          //加上偏置，使其在 0.0 ~ 1.0 之间

MOVR AC0, VD100      //标准化的值存入回路表
```

上述指令/R、+R 功能参看附录 B。

6.3.2 回路输出值转换成标定数据

PID 回路输出值一般是用来控制系统的外部执行部件（如电炉丝加热、电动机转速等），由于执行部件 PID 回路输出的是 0.0 ~ 1.0 之间标准化的实数值，对于模拟量控制的执行部件，回路输出在驱动模拟执行部件之前，必须将标准化的实数值转换成一个 16 位的标定整数值，这一转换，是上述标准化处理的逆过程。转换过程如下。

1）首先将回路输出转换成一个标定的实数值，公式为

$$R_{scal} = (Mn - Offset) * Span$$

式中，R_{scal} 为回路输出按工程标定的实数值；Mn 为回路输出的标准化实数值；$Offset$ 为 0.0（单极性）或 0.5（双极性）；$Span$ 为值域大小，单极性典型值为 32 000，双极性典型值为 64 000。

实现这一过程的指令序列如下。

```
MOVR VD108，AC0          //把回路输出值移入累加器(PID 回路表首地址为 VB100)
/R 0.5，AC0              //仅双极性有此行
*R 64000.0，AC0          //在累加器中得到标定值
```

上述指令/R、*R 功能参看附录 B。

2）然后把回路输出标定实数值转换成 16 位整数，可通过下面的指令序列来完成。

```
ROUND AC0，AC0           //把 AC0 中的实数转换为 32 位整数
DTI AC0，LW0             //把 32 位整数转换为 16 位整数
MOVW LW0，AQW0           //把 16 位整数写入模拟输出寄存器
```

6.3.3 正作用和反作用回路

在控制系统中，PID 回路只是整个控制系统中的一个（调节）环节，在确定系统其他环节的正反作用（如执行部件为调节阀时，根据需要可为有信号开阀或有信号关阀）后，为了保证整个系统为一个负反馈的闭合系统，必须正确选择 PID 回路控制信号的正、反作用。如果正、反作用选择错误，则系统可能成为正反馈，系统不仅起不到对被控参数的调节作用，而且被控参数是发散的。

如果 PID 回路增益为正，则该回路为正作用回路；如果 PID 回路增益为负，则该回路为反作用回路；对于增益值为 0.0 的 I 或 D 控制，如果设定积分时间、微分时间为正，就是正作用回路；如果设定其为负值，就是反作用回路。

6.3.4 回路输出变量范围、控制方式及特殊操作

1. 过程变量及范围

过程变量和给定值是 PID 运算的输入值，因此回路表中的这些变量只能被 PID 指令读而不能被改写，而输出变量是由 PID 运算产生的，所以在每一次 PID 运算完成之后，需更新回路表中的输出值，输出值被限定在 0.0～1.0 之间。当输出由手动转变为自动控制时，回路表中的输出值可以用来初始化输出值。

如果使用积分控制，积分项前值要根据 PID 运算结果更新。这个更新了的值用作下一次 PID 运算的输入，当计算输出值超过范围（大于 1.0 或小于 0.0），那么积分项前值必须根据下列公式进行调整。

当输出 $M_n > 1.0$ 时

$$MX = 1.0 - (MP_n + MD_n)$$

当输出 $M_n < 0.0$ 时

$$MX = -(MP_n + MD_n)$$

式中，MX 为积分前项值；MP_n 为第 n 采样时刻的比例项值；MD_n 为第 n 个采样时刻的微分项值；M_n 为第 n 采样时刻的输出值。

这样调整积分前项值，一旦输出回到范围后，可以提高系统的响应性能。而且积分前项值限制在 0.0 ~ 0.1 之间，在每次 PID 运算结束时，把积分前项值写入回路表，以备在下次 PID 运算中使用。

在实际运用中，用户可以在执行 PID 指令以前修改回路表中积分项前值，以求对控制系统的扰动影响最小。手工调整积分项前值时，应保证写入的值在 0.0 ~ 1.0 之间。

回路表中的给定值与过程变量的差值（e）主要用于 PID 运算中的差分运算，用户最好不要去修改此值。

2. 控制方式

S7 – 200 PLC 的 PID 回路没有设置控制方式，只有当 PID 盒接通时，才执行 PID 运算。在这种意义上说，PID 运算存在一种"自动"运行方式。当 PID 运算不被执行时，称之为"手动"模式。

同计数器指令相似，PID 指令有一个使能位，当该使能位检测到一个信号的正跳变（从 0 到 1），PID 指令执行一系列的动作，使 PID 指令从手动方式无扰动地切换到自动方式。为了达到无扰动切换，在转变到自动控制前，必须把手工方式下的输出值填入回路表中的输出栏中。PID 指令对回路表中的值进行下列动作，以保证当使能位正跳变出现时，从手动方式无扰动切换到自动方式：

$$置给定值(SP_n) = 过程变量(PV_n)$$
$$置过程变量前值(PV_{n-1}) = 过程变量现值(PV_{n-1})$$
$$置积分项前值(MX) = 输出值(M_n)$$

3. 特殊操作

特殊操作是指故障报警、回路变量的特殊计算、跟踪检测等操作。虽然 PID 运算指令简单、方便且功能强大，但对于一些特殊操作，则须使用 S7 – 200 PLC 支持的基本指令来实现。

6.3.5 PID 回路表

回路表用来存放控制和监视 PID 运算的参数，每个 PID 控制回路都有一个确定起始地址（TBL）的回路表。每个回路表长度为 80 字节，0 ~ 35 字节（36 ~ 79 字节保留给自整定变量）用于填写 PID 运算公式的 9 个参数，这些参数分别是过程变量当前值（PV_n），过程变量前值（PV_{n-1}），给定值（SP_n），输出值（M_n），增益（K_c），采样时间（T_s），积分时间（T_i），微分时间（TD）和积分项前值（MX），其回路表格式见表 6-2。

表 6–2 PID 回路表

地　址	参数（域）	数据格式	类　型	数据说明
表起始地址 +0	过程变量（PV_n）	实数	IN	在 0.0 ~ 1.0 之间
表起始地址 +4	设定值（SP_n）	实数	IN	在 0.0 ~ 1.0 之间
表起始地址 +8	输出（M_n）	实数	IN/OUT	在 0.0 ~ 1.0 之间
表起始地址 +12	增益（K_c）	实数	IN	比例常数可大于 0 或小于 0

地　　址	参数（域）	数据格式	类　　型	数据说明
表起始地址 +16	采样时间（T_s）	实数	IN	单位：s（正数）
表起始地址 +20	积分时间（T_i）	实数	IN	单位：min（正数）
表起始地址 +24	微分时间（T_d）	实数	IN	单位：min（正数）
表起始地址 +28	积分前项（MX）	实数	IN/OUT	在 0.0～1.0 之间
表起始地址 +32	过程变量前值（PV_{n-1}）	实数	IN/OUT	上一次执行 PID 指令时的过程变量

注：表中偏移地址是指相对于回路表的起始地址的偏移量

注意：PID 的 8 个回路都应有对应的回路表，可以通过数据传送指令完成对回路表的操作。

6.3.6　PID 回路指令

PID 运算通过 PID 回路指令来实现，其指令格式如图 6-6 所示。

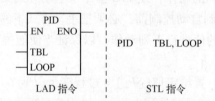

图 6-6　PID 回路指令的指令格式

其中，EN 为启动 PID 指令输入信号；TBL 为 PID 回路表的起始地址（由变量存储器 VB 指定字节性数据）；LOOP 为 PID 控制回路号（0～7）。

在输入有效时，根据回路表（TBL）中的输入配置信息，对相应的 LOOP 回路执行 PID 回路计算，其结果经回路表指定的输出域输出。

在使用 PID 回路指令时，应注意：

1）在使用该指令前，必须建立回路表，因为该指令是以回路表 TBL 提供的过程变量、设定值、增益、积分时间、微分时间、输出等进行运算的。

2）PID 指令不检查回路表中的一些输入值，必须保证过程变量和设定值在 0.0～1.0 之间。

3）该指令必须使用在以定时产生的中断程序中。

4）如果指令指定的回路表起始地址或 PID 回路号操作数超出范围，则在编译期间，CPU 将产生编译错误（范围错误），从而编译失败；如果 PID 算术运算发生错误，则特殊存储器标志位 SM1.1 置 1，并且中止 PID 指令的执行。在下一次执行 PID 运算之前，应改变引起算术运算错误的输入值。

6.3.7　PID 编程步骤及应用

综合前面几节所述，下面结合某一水箱的水位控制来说明 PID 控制程序编写步骤。

水箱控制要求如下。

1）被控参数（过程变量）：水箱水位，通过液位变送器产生与水位下限～上限线性对应的单极性模拟量。

2）设定值：满水箱水位液位的 60% = 0.6。

3）调节参数：通过控制水箱进水调节阀门的开度调节水位，回路输出单极性模拟量控制调节阀开度（0～100%）。

4）要求水位维持在设定值，在水位发生变化时，快速消除余差。

根据以上要求，控制系统宜采用 PI 或 PID 控制回路，设正回路可构成控制系统为闭合负反馈系统，依据工程设备特点及经验参数，初步设置 PID 回路参数为

$$增益：K_c = 0.5$$

$$积分时间：T_i = 35 \ min$$

$$微分时间：T_d = 20 \ min$$

$$采样时间：T_s = 0.2 \ s（采用定时中断周期为 200 \ ms 实现）$$

PID 回路参数主要是设置增益 K_c、积分时间 T_i、微分时间 T_d，这些参数直接影响控制系统的调节性能，由前已述及的 PID 调节输出数学表达式可知，增益 K_c 增大、积分时间 T_i 减小、微分时间 T_d 增加，其输出量增加，调节作用增强，对被调参数变化的影响就大，但系统的不稳定性就会增加。因此，要根据被控对象的动态特性及系统运行时被调参数变化情况对 PID 回路参数进行反复调整，直至系统达到所期望的工作状态。对 PID 参数进行调整的这一过程通常称为 PID 参数工程整定。

在实际工程中，系统的输入信号（如量程、零点迁移、A – D 转换等）、输出信号（如 D – A 转换、负载所需物理量等）及 PID 参数整定等工程问题都要综合考虑及处理。读者应参考相关技术资料作相应处理。

下面仅给出 PID 控制回路的编程步骤及程序。

1）首先指定内存变量区回路表的首地址（设为 VB200）。

2）根据表 5–11 格式及地址，设定值 SP_n 写入 VD204（双字，下同）、增益 K_c 写入 VD212、采样时间 T_s 写入 VD216、积分时间 T_i 写入 VD220、微分时间 T_d 写入 VD224、PID 输出值由 VD208 输出。

3）设置定时中断初始化程序，PID 指令必须使用在定时中断程序中（中断事件号为 10 或 11）。

4）读取过程变量模拟量 AIW2，并进行回路输入转换及标准化处理后写入回路表首 VD200。

5）执行 PID 回路运算指令。

6）对 PID 回路运算的输出结果 VD208 进行数据转换后送入模拟量输出 AQW0，作为控制调节阀的信号。

在实际工程中，还要设置参数报警、手动⟷自动无扰动切换等操作。

PID 回路表和定时中断 0 初始化程序如图 6–7 所示；PID 运算中断处理程序图 6–8 所示。

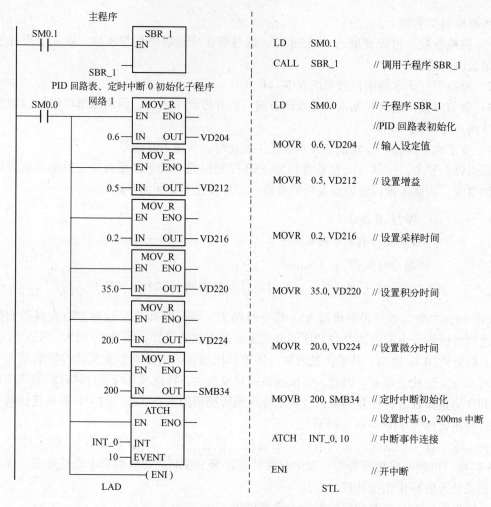

图6-7　PID回路表及定时中断0初始化子程序

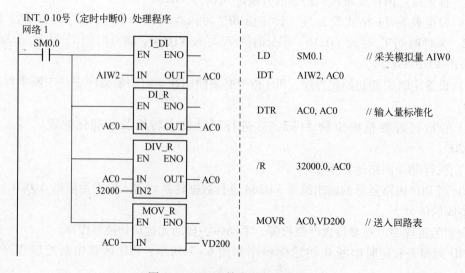

图6-8　PID运算中断处理程序

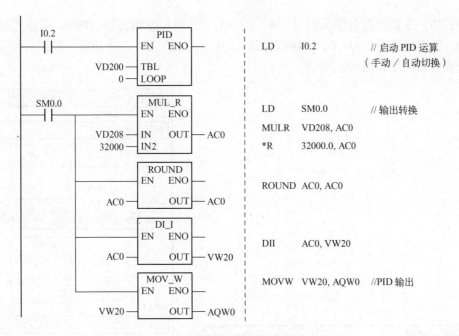

图 6-8 PID 运算中断处理程序（续）

6.4 技能项目训练

6.4.1 PLC 模拟信号采样系统

1. 实训目的

1）熟悉模拟信号采集的方法及模拟量扩展模块的使用。

2）掌握利用定时中断实现模拟量采集的编程方法。

2. 控制系统要求

某压力变送器量程为 0～10 MPa，输出信号 DC 4～20 mA，S7－200 PLC 模拟量扩展模块 EM235 将 DC 0～20 mA 转换为 0～32 000 的数字量。

要求采样频率为每秒 10 次，使用一位 7 段 LED 显示器显示相应压力值，当压力 P 小于 4 MPa 时，进行下限报警；当压力 P 大于 9 MPa 时，进行上限报警。

3. 实训设备及元器件

1）S7－200 PLC 实验工作台或 PLC 装置、EM235 扩展模块。

2）安装有 STEP 7－Micro/WIN 编程软件的 PC。

3）PC/PPI＋通信电缆线。

4）常开、常闭开关若干个、指示灯、导线等必备器件。

4. 控制系统设计

1）EM235 扩展模块接线参考如图 6-4 所示，模拟输入通道 A、B、C、D 的地址分别为 AIW0、AIW2、AIW4、AIW6；LED 显示器由输出端口 QB0 驱动。

2）编写实现定时中断 0（中断事件号为 10）的控制程序，要求每 100 ms 周期性执行中断处理程序，采集模拟量输入信号（4～20 mA）到 PLC 模拟通道 AIW6，并送入处理单元 VW100。下限报警驱动 Q1.0，上限报警驱动 Q1.1，并有人工清除功能。模拟信号采样上下限报警梯形图程序如图6-9所示。

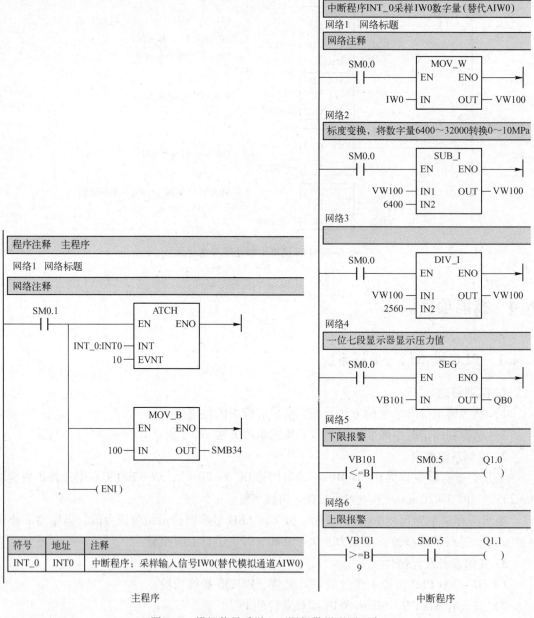

图6-9 模拟信号采样上下限报警梯形图程序

5. 实训操作步骤

1）将 PC/PPI + 通信电缆线与 PC 连接。

2）将 EM235 扩展模块通过 PLC 扩展槽口连接在一起。

3）连接模拟信号及工作电源。

4）启动 STEP 7 - Micro/WIN 编程软件，编辑相应实训内容的梯形图程序。

5）编译、保存、下载梯形图程序到 S7 – 200 PLC 中。

6）启动运行 PLC，观察运行结果，发现运行错误或需要修改程序时重复上面过程。

6. 注意事项

1）主程序中的取指令使用的是 SM0.1，不能使用 SM0.0，否则，系统不能正常工作。

2）需要对 AIW0 进行标度变换（也可以由 IW0 开关量替代 AIW0 作为输入信号）公式如下

$$P = ((D - D0)(Am - A0)/(Dm - D0)) \times (Pmax - Pmin)/(Am - A0)$$

$$= ((AIW0 - 6400)(20 - 4)/(32000 - 6400)) \times (10 - 0)/(20 - 4)$$

$$= (AIW0 - 6400)/2560$$

3）注意电源极性、电压值是否符合所使用 PLC 输入、输出电路及指示灯的要求。

7. 实训操作报告

1）整理出运行调试后的梯形图程序。

2）写出该程序的调试步骤和观察结果。

6.4.2　PID 闭环控制系统

1. 实训目的

熟悉使用西门子 S7 – 200 系列 PLC 的 PID 闭环控制，通过对实例的模拟，熟练地掌握 PLC 控制的流程和程序调试。

2. 控制系统要求

使用带有模拟量输入输出的 CPU224XP，通过热电阻传感器经温度变送器输出至模拟输入通道，模拟输出通道输出 0 ~ 5 V 电压通过驱动模块控制加热器，以控制其温度值达到设定值。

设置 PID 回路参数，包括过程变量（被调参数）、设定值、采样时间、比例增益、积分时间、微分时间等参数。

3. 设备及元器件

1）S7 – 200 CPU224XP PLC 装置（自带模拟输入输出通道）、PT100 热电阻传感器及热电阻温度变送器、驱动模块输入电压信号 0 ~ 5 V，输出电压及电流可根据选用加热器的额定电压和功率确定。

2）安装有 STEP 7 – Micro/WIN 编程软件的 PC。

3）PC/PPI + 通信电缆线，线路连接导线。

4. 控制系统设计

1）采用 Pt100 热电阻传感器测温，经温度变送器输出给 PLC 模拟通道 A，假设加热器额定电压为 24 V，闭环温度控制系统硬件电路如图 6–10 所示。

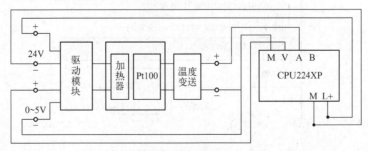

图 6–10　闭环温度控制硬件组成

2）PID 控制程序如图 6-11 所示（供参考）。

主程序
网络 1 NETWORK TITLE(single line)

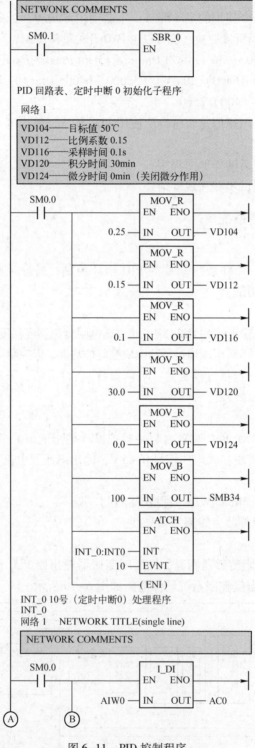

图 6-11 PID 控制程序

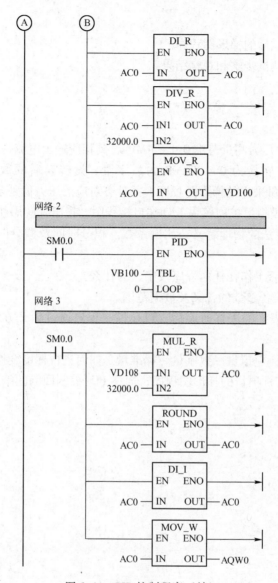

图 6-11　PID 控制程序（续）

5. 实训操作步骤

1）建立闭环温度控制系统硬件电路。

2）将 PC/PPI＋通信电缆线与 PC 连接。

3）运行 STEP 7 – Micro/WIN 编程软件，编辑主程序、子程序、中断处理程序直至编译成功。

4）保存、下载梯形图程序到 S7 – 200 PLC 中。

5）启动运行 PLC，观察运行结果，发现运行错误或需要修改程序时，重复上面过程。

6. 注意事项

1）CPU224XP 外部接线可以参考图 2 – 27。

2）温度变送器、驱动模块在选择时要确定其输入、输出控制参数及电源是否符合系统要求。

7. 实验操作报告

1）整理出运行调试后的梯形图程序。

2）写出该程序的调试步骤和观察结果。

6.5　思考与习题

1. 某压力变送器，压力测量范围 0.1~1 MPa，其相应输出电流是 DC4~20 mA，模拟量输入模块将 0~20 mA 转换为 0~32 000 的数字量。设转换后的数字量为 12 800，送入 VW100，编写实现模拟量采样的梯形图程序，并计算对应的压力值是多少？

2. 试画出 EM235 模拟量扩展模块 I/O 端口接线图，指出其应用注意要点。

3. 指出 PID 控制算法的物理意义。比例系数、积分时间及微分时间对系统的影响是怎样的？

4. PID 回路指令能否工作在任何程序段中，为什么？

5. 指出 PID 回路表各参数的含义及数据范围。

6. 设置 PID 回路表中的采样时间后，PLC 控制程序通过什么方法完成模拟量采样的，应注意哪些问题？

7. PID 控制程序中，模拟量–数字量–标准量是如何进行标度变换的？

8. 根据 6.4.2 节实训项目的梯形图程序，简述 PID 控制回路的编程步骤及注意要点。

第7章 S7-200 PLC 网络通信及应用

随着自动化技术的提高和网络应用迅猛发展的需求，PLC 与 PLC、PLC 与 PC 以及 PLC 与其他控制设备之间能迅速、准确地进行通信已成为自动控制领域的热门技术。将传统的单机集中自动控制系统发展为分级分布式控制系统，能降低系统成本，分散系统风险，提高系统速度，增强系统可靠性和灵活性。本章首先介绍 PLC 常用通信接口，然后主要介绍 S7-200 PLC 的通信网络、通信组态、通信指令及应用等内容，同时还详细阐述了如何利用 STEP 7-Micro/WIN 建立和配置网络。

7.1 PLC 常用通信接口

1. 串行通信接口标准

数据通信主要有并行通信和串行通信两种方式，PLC 通信主要采用串行异步通信，其常用的串行通信接口标准有 RS-232C、RS-422A 和 RS-485 等。

RS-232、RS-422 与 RS-485 均为串行数据接口标准，最初都是由电子工业协会（EIA）制订并发布的，RS-232 在 1962 年发布，命名为 EIA-232-E，作为工业标准，以保证不同厂家产品之间的兼容。RS-422 由 RS-232 发展而来，它是为弥补 RS-232 之不足而提出的。为改进 RS-232 通信距离短、速率低的缺点，RS-422 定义了一种平衡通信接口，将传输速率提高到 10 Mbit/s，传输距离延长到约 1200 m（速率低于 100 kbit/s 时），并允许在一条平衡总线上连接最多 10 个接收器。RS-422 是一种单机发送、多机接收的单向、平衡传输规范，被命名为 TIA/EIA-422-A 标准。为扩展应用范围，EIA 又于 1983 年在 RS-422 基础上制定了 RS-485 标准，增加了多点、双向通信能力，即允许多个发送器连接到同一条总线上，同时增加了发送器的驱动能力和冲突保护特性，扩展了总线共模范围，后命名为 TIA/EIA-485-A 标准。由于 EIA 提出的建议标准都是以 "RS" 作为前缀，所以在通信工业领域，仍然习惯将上述标准以 RS 作前缀称谓。其有关电气参数见表 7-1。

表 7-1　RS-232、RS-422 与 RS-485 电气参数

规　定	RS-232	RS-422	RS-485
工作方式	单端	差分	差分
节点数	1 收、1 发	1 发 10 收	1 发 32 收
最大传输电缆长度	50 ft	400 ft	400 ft
最大传输速率	20 kbit/s	10 Mbit/s	10 Mbit/s
最大驱动输出电压	±25 V	-0.25 ~ +6 V	-7 ~ +12 V
驱动器输出信号电平（负载最小值）	±（5~15）V	±2.0 V	±1.5 V
驱动器输出信号电平（空载最大值）	±25 V	±6 V	±6 V
驱动器负载阻抗（Ω）	3 kΩ ~7 kΩ	100	54

规　　定	RS－232	RS－422	RS－485
摆率（最大值）	30 V/μs	N/A	N/A
接收器输入电压范围	±15 V	−10 ~ +10 V	−7 ~ +12 V
接收器输入门限	±3 V	±200 mV	±200 mV
接收器输入电阻（Ω）	3 kΩ ~ 7 kΩ	4 kΩ（最小）	≥12 kΩ
驱动器共模电压		−3 ~ +3 V	−1 ~ +3 V
接收器共模电压		−7 ~ +7 V	−7 ~ +12 V

RS－232、RS－422 与 RS－485 标准只对接口的电气特性做出规定，而不涉及接插件、电缆或协议，在此基础上用户可以建立自己的高层通信协议。因此在视频界的应用，许多厂家都建立了一套高层通信协议，或公开或厂家独家使用。因此不同厂家的接口控制协议是有差异的，视频服务器上的控制协议则更多了，如 Louth、Odetis 协议是公开的，而 ProLINK 则是基于 Profile 的。

2. RS－232C

RS－232C 是美国电子工业协会 EIA 于 1969 年公布的通信协议，它的全称是"数据终端设备（DTE）和数据通信设备（DCE）之间串行二进制数据交换接口技术标准"。RS－232C 接口标准是目前计算机和 PLC 中最常用的一种串行通信接口。

RS－232C 采用负逻辑，用 −5 ~ −15 V 表示逻辑"1"，用 +5 ~ +15 V 表示逻辑"0"。噪声容限为 2 V，即要求接收器能识别低至 +3 V 的信号作为逻辑"0"，高到 −3 V 的信号作为逻辑"1"。RS－232C 只能进行一对一的通信，RS－232C 可使用 9 针或 25 针的 D 型连接器进行连接，表 7-2 列出了 RS－232C 接口各引脚信号的定义以及 9 针与 25 针引脚的对应关系。PLC 一般使用 9 针的连接器。

表 7-2　RS－232C 接口各引脚信号的定义

引脚号（9 针）	引脚号（25 针）	信　号	方　向	功　　能
1	8	DCD	IN	数据载波检测
2	3	RxD	IN	接收数据
3	2	TxD	OUT	发送数据
4	20	DTR	OUT	数据终端装置（DTE）准备就绪
5	7	GND		信号公共参考地
6	6	DSR	IN	数据通信装置（DCE）准备就绪
7	4	RTS	OUT	请求传送
8	5	CTS	IN	清除传送
9	22	CI（RI）	IN	振铃指示

由于发送电平与接收电平的差仅为 2 ~ 3 V 左右，另外 RS－232C 的电气接口采用单端驱动、单端接收的电路，容易受到公共地线上的电位差和外部引入的干扰信号的影响，其共模抑制能力差，再加上双绞线上的分布电容，其传送距离不能太长。RS－232C 标准规定：当误码率小于 4% 时，要求导线的电容值应小于 2500 pF。对于普通导线，其单位电容值约为

170 pF/m。则允许距离 L = 2500 pF/ （170 pF/M） = 15 m。这一距离的计算，是偏于保守的，实际应用中，当使用 9600 bit/s，普通双绞屏蔽线时，距离可达 30 ~ 35 m。RS - 232C 最高速率为 20 kbit/s。RS - 232C 是为点对点（即只用一对收、发设备）通信而设计的，其驱动器负载为 3 ~ 7kΩ。所以 RS - 232C 适合本地设备之间的通信。当然，在使用 Modem 时，传输距离会比较远。

RS - 232C 接口随应用方式的不同其连接方式也不相同。

当通信距离较近时，不需要 Modem，通信双方可以直接连接，这种情况下，只需使用少数几根信号线。在最简单的通信情况下，在通信中根本不需要 RS - 232C 的控制联络信号，只需 3 根线（发送线、接收线和信号地线）便可实现全双工异步串行通信。RS - 232 近距离标准连接如图 7-1a 所示。

在直接连接时，如果需要考虑到 RS - 232C 的联络控制信号，则采用零 MODEM 方式的标准连接方法。图 7-1b 是零 MODEM 方式的最简单连接（即三线连接），可以看出，只要请求发送 RTS 有效和数据终端准备好 DTR 有效就能开始发送或接收。

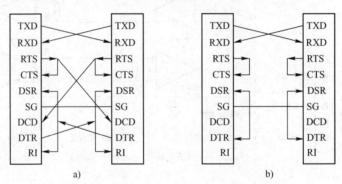

图 7-1　RS - 232C 近距离通信连接方法

3. RS - 422 与 RS - 485 串行接口标准

RS - 422、RS - 485 串行接口标准的数据信号采用差分传输方式，也称作平衡传输，它使用一对双绞线，将其中一线定义为 A，另一线定义为 B，如图 7-2 所示。

通常情况下，发送驱动器 A、B 之间的正电平在 +2 ~ +6 V，是一个逻辑状态，负电平在 -6 ~ 2 V，是另一个逻辑状态。另有一个信号地 C，在 RS - 485 中还有一"使能"端，而在 RS - 422 中这是可用可不用的。"使能"端用于控制发送驱动器与传输线的切断与连接。当"使能"端起作用时，发送驱动器处于高阻状态，称作"第三态"，即它是有别于逻辑"1"与"0"的第三态。

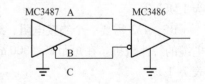

图 7-2　平衡驱动差分接收的电路

接收器也作与发送端相对的规定，收、发端通过平衡双绞线将 AA 与 BB 对应相连，当在收端 AB 之间有大于 +200 mV 的电平时，输出正逻辑电平，小于 -200 mV 时，输出负逻辑电平。接收器接收平衡线上的电平范围通常在 200 mV ~ 6 V 之间。

由于采用平衡驱动、差分接收电路，从根本上取消了信号地线，大大减少了低电平所带来的共模干扰。平衡驱动器相当于两个单端驱动器，其输入信号相同，两个输出信号互为反相信号，图中的小圆圈表示反相。外部输入的干扰信号是以共模方式出现的，两极传输线上的共模干扰信号相同，因接收器是差分输入，共模信号可以互相抵消。只要接收器有足够的抗共模干扰能力，就能从干扰信号中识别出驱动器输出的有用信号，从而克服外部干扰的影响。

(1) RS‑422 电气规定

RS‑422 标准全称是"平衡电压数字接口电路的电气特性"，它定义了接口电路的特性。图7‑3a 是其 DB9 连接器引脚定义，图7‑3b 是典型的 RS‑422 四线接口（加上公共信号 GND，共 5 根线）。由于接收器采用高输入阻抗，驱动器比 RS‑232 具有更强的驱动能力，故允许在相同传输线上连接多个接收节点，最多可接 10 个节点。即一个主设备（Master），其余为从设备（Slave），从设备之间不能通信，所以 RS‑422 支持点对多的双向通信。接收器输入阻抗为 4 kΩ，故发送端最大负载能力为 $10 \times 4\,k\Omega + 100\,\Omega$（终接电阻）。RS‑422 四线接口由于采用单独的发送和接收通道，因此不必控制数据方向，各装置之间信号交换均可以按软件方式（XON/XOFF 握手）或硬件方式（一对单独的双绞线）。

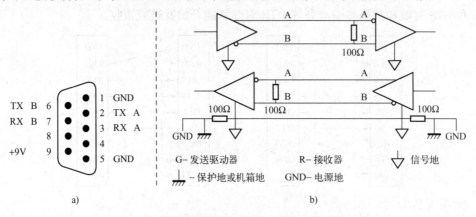

图7‑3 RS‑422 四线接口

RS‑422 的最大传输距离为 4000 ft（约 1219 m），最大传输速率为 10 Mbit/s。其平衡双绞线的长度与传输速率成反比，在 100 kbit/s 速率以下，才可能达到最大传输距离。只有在很短的距离下才能获得最高速率传输。一般 100 m 长的双绞线上所能获得的最大传输速率仅为 1 Mbit/s。

RS‑422 需要一个终接电阻，终接电阻接在传输电缆的最远端，要求其阻值约等于传输电缆的特性阻抗。在短距离（300 m 以内）传输时不需终接电阻。RS‑422 有关电气参数见表7‑1。

(2) RS‑485 电气规定

由于 RS‑485 是从 RS‑422 基础上发展而来的，所以 RS‑485 许多电气规定与 RS‑422 相仿。如都采用平衡传输方式、都需要在传输线上接终接电阻等。RS‑485 可以采用二线与四线方式，二线制可实现真正的多点双向通信。

而采用四线连接时，RS‑485 与 RS‑422 一样只能实现点对多的通信，即只能有一个主（Master）设备，其余为从设备，但它比 RS‑422 有改进，无论四线还是二线连接方式总线上最多可接到 32 个设备，如图7‑4所示。

RS‑485 与 RS‑422 的不同还在于其共模输出电压是不同的，RS‑485 是 −7 ~ + 12 V 之间，而 RS‑422 在 −7 ~ +7 V 之间，RS‑485 接收器最小输入阻抗为 12 kΩ。RS‑485 满

足所有 RS－422 的规范，所以 RS－485 的驱动器可以用在 RS－422 网络中。RS－485 有关电气规定参见表 7－1。

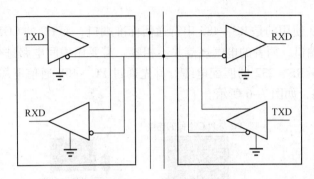

图 7-4　RS－485 连接方式

RS－485 与 RS－422 一样，其最大传输距离约为 1219 m，最大传输速率为 10 Mbit/s。平衡双绞线的长度与传输速率成反比，在 100 kbit/s 速率以下，才可能使用规定最长的电缆长度。只有在很短的距离下才能获得最高速率传输。一般 100 m 长双绞线最大传输速率仅为 1 Mbit/s。

RS－485 需要 2 个终接电阻，其阻值要求等于传输电缆的特性阻抗。在矩距离传输时可不需终接电阻，即一般在 300 m 以下不需终接电阻。终接电阻接在传输总线的两端。

RS－422/RS－485 接口一般采用使用 9 针的 D 型连接器。普通微机一般不配备 RS－422 和 RS－485 接口，但工业控制微机基本上都有配置。RS－232C/RS－422 转换器的电路原理如图 7－5 所示。

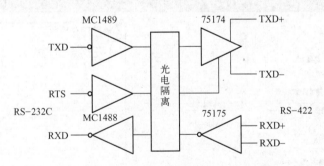

图 7-5　RS－232C/RS－422 转换的电路原理

7.2　S7－200 PLC 网络通信实现

S7-200 PLC 提供了方便、简洁、开放的通信功能，能满足用户各种通信和网络的需求，利用 S7－200 PLC 既可组成简单的网络也能组成比较复杂的网络。

7.2.1　S7－200 PLC 网络通信概述

1. 通信接口

S7－200 PLC CPU226 有两个通信口（端口 0、1），其余均只有一个通信口（端口 0）。

S7-200 PLC 支持多种类型的通信网络，能通过多主站 PPI 电缆、CP 通信卡或以太网通信卡访问这些通信网络。用户可在 STEP 7 - Micro/WIN 编程软件中选择通信接口，步骤如下。

1）S7-200 CPU 使用的是 RS-485 串行通信标准端口，而 PC 的 COM 口采用的是 RS-232C 串行通信标准端口，两者的电气规范并不相容，需要用中间电路进行匹配。PC/PPI 其实就是一根 RS-485/RS-232 的匹配电缆。首先通过 PC-PPI 通信电缆建立 S7-200 PLC 与上位机的通信线路，如图 7-6 所示。

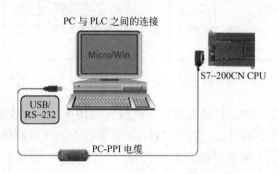

图 7-6　上位机与 S7-200 PLC 通信连接

2）在上位机进入 STEP 7 - Micro/WIN 环境后，在其操作栏中单击"通信"图标，然后在通信设置窗口中双击"PC/PPI cable（PPI）"图标或单击"设置 PG/PC 接口"按钮，如图 7-7 所示。

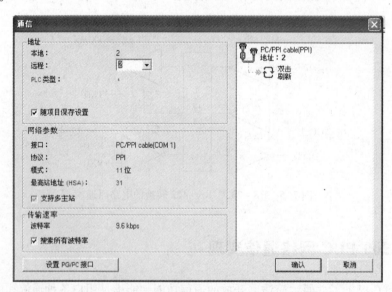

图 7-7　STEP 7 - Micro/WIN "通信"对话框

3）在弹出的设置 PG/PC 接口对话框中，可以看到 STEP 7 - Micro/WIN 提供了多种通信接口供用户选择，如 PC/PPI 电缆、TCP/IP 等，如图 7-8a 所示。其中，PC/PPI 电缆可以通过 COM 或 USB 端口与 S7-200 通信。在"Properties"对话框中单击"Local Connection"选项卡，用户可以选择 COM 端口或 USB 端口，如图 7-8b 所示。

a)　　　　　　　　　　b)

图 7-8　多主站 PPI 电缆选择

4）在弹出的"设置 PG/PC 接口（Set PG/PC Interface）"对话框中，用户还可以使用"安装/删除接口（Install/Remove Interfaces）"对话框安装或删除计算机上的通信接口。在图 7-9a 中单击"Select"按钮，弹出"安装/删除接口（Install/Remove Interfaces）"对话框。选择框中列出了可以使用的接口，列表框"Installed"中显示计算机上已经安装的接口。

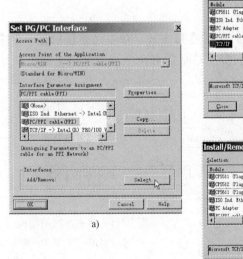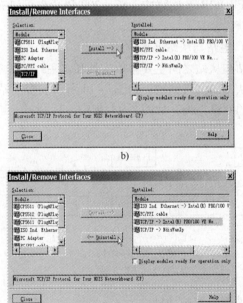

a)

图 7-9　安装/删除通信接口对话框
a) PG/PC 接口对话框　b) 安装通信接口　c) 删除通信接口

5）如果用户需要添加一个接口，可以在"selection"列表中选择需要添加的通信硬件，单击"Install->"按钮安装，如图 7-9b 所示。当关闭"安装/删除接口（Install/Remove Interfaces）"对话框后，新安装的接口会在"设置 PG/PC 接口（Set PG/PC Interface）"对话框中的"Interface Parameter Assignment"列表框中显示。

6）如果用户需要删除一个接口，可以在"Installed"列表中选择合适的通信硬件，单击"< – Uninstall"按钮删除，如图 7-9c 所示。当关闭"安装/删除接口（Install/Remove Interfaces）"对话框后，"设置 PG/PC 接口（Set PG/PC Interface）"对话框中会在"Interface Parameter Assignment"列表框中删除该接口。

2. 主站和从站

（1）主站

网络上的主站器件可以向网络上的其他器件发出要求，也可以对网络上其他主站的要求作出响应。例如，S7 – 200 PLC 与 PC 的通信网络中，PC 中的 STEP 7 – Micro/WIN 是主站。

典型的主站器件除了 STEP 7 – Micro/WIN 外，还有 S7 – 300 PLC、S7 – 400 PLC 和 HMI 产品（TD200、TP 或 OP 等）。

（2）从站

网络上的从站器件只能对其他主站的要求作出响应，自己不能发出要求。S7 – 200 PLC 与 PC 的通信网络中，S7 – 200 PLC 是从站。

一般 S7 – 200 PLC 都被配置为从站，用于负责响应来自某网络主站器件（如 STEP 7 – Micro/WIN 或人机操作员面板 HMI）的请求。

在 PROFIBUS 网络中，S7 – 200 PLC 也可以充当主站，但只能向其他 S7 – 200 PLC 发出请求以获得信息。

（3）主站与从站连接方式

主站和从站之间主要有单主站和多主站两种连接方式。单主站是指只有一个主站，一个或多个从站的网络结构，如图 7-10 所示。多主站是指有两个或两个以上的主站，一个或多个从站的网络结构，如图 7-11 所示。

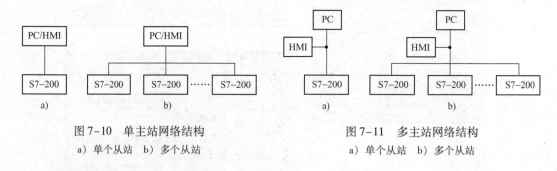

图 7-10　单主站网络结构
　　a）单个从站　b）多个从站

图 7-11　多主站网络结构
　　a）单个从站　b）多个从站

3. 波特率和站地址

（1）波特率

所谓波特率是指数据通过网络传输的速度，常用单位为 kbaud 或 Mbaud。波特率是用于度量给定时间传输数据多少的重要性能指标，如 9.6kbaud 的波特率表示传输速率为每秒 9600 比特，即 9600bit/s。

在同一个网络中通信的器件必须被配置成相同的波特率，因此，网络的最高波特率取决于连接在该网络上的波特率最低的设备。S7 – 200 不同的网络器件支持的波特率范围不同，如标准网络可支持的波特率范围为 9.6 ~ 187.5kbaud，而使用自由口模块的网络只能支持 1.2 ~ 115.2kbaud 的波特率范围。

（2）站地址

在网络中每个设备都要被指定唯一的站地址，这个唯一的站地址可以确保数据发送到正确的设备或来自正确的设备。S7 - 200 PLC 支持的网络地址范围为 0 ~ 126，如果某个 S7 - 200 PLC 带多个端口，那么每个端口都会有一个唯一的网络地址。在网络中，上位机 STEP 7 - Micro/WIN 系统默认的站地址为 0，HMI 系统默认的站地址为 1，S7 - 200 CPU 系统默认的缺省站地址为 2。用户在使用这些设备时，不必修改它们的站地址。

（3）配置波特率和站地址

在使用 S7 - 200 PLC 设备之前，必须正确配置设备的波特率和站地址，此处以如何设置 STEP 7 - Micro/WIN 和 S7 - 200 CPU 为例说明。

1）配置 STEP 7 - Micro/WIN 通信参数

在使用 STEP 7 - Micro/WIN 前，必须为其配置波特率和站地址。STEP 7 - Micro/WIN 的波特率必须与网络上其他设备的波特率一致，而且其站地址必须唯一。通常情况下，用户不需要改变 STEP 7 - Micro/WIN 的默认站地址 0。如果网络上还有其他的编程工具包，可改动 STEP 7 - Micro/WIN 的站地址。

配置 STEP 7 - Micro/WIN 通信参数的界面如图 7-12 所示。首先在操作栏中单击"通信"图标，打开"设置 PG/PC 接口（Set PG/PC Interface）"对话框。然后在弹出的对话框中单击"Properties"按钮，如图 7-20a 所示；在 PC/PPI 属性对话框中为 STEP 7 - Micro/WIN 选择站地址和波特率，如图 7-20b 所示。

a)　　　　　　　　　　　　　b)

图 7-12　配置 STEP 7 - Micro/WIN 通信参数

a）设置 PG/PC 接口对话　b）PC/PPI 属性对话框

2）配置 S7 - 200 CPU 通信参数

在使用 S7 - 200 CPU 前，必须为其配置波特率和站地址。S7 - 200 CPU 的波特率和站地址存储在系统块中，S7 - 200 CPU 配置参数后，必须将系统块下载到 S7 - 200 CPU 中。每个 S7 - 200 CPU 通信口的波特率默认值为 9600，站地址默认值为 2。

STEP 7 - Micro/WIN 编程工具使配置网络变得简便易行，用户可以在 STEP 7 - Micro/WIN 编程工具中为 S7 - 200 CPU 设置波特率和站地址。在操作栏中单击"系统块"图标，或者选择菜单"查看→组件→系统块"命令，然后为 S7 - 200 CPU 选择站地址和波特率，如图 7-13 所示。

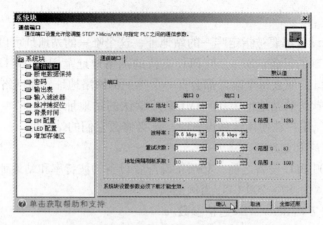

图7-13 配置 S7-200 CPU 通信参数

用户可以改变 S7-200 CPU 通信口的波特率值,但是在下载系统块时,STEP 7-Micro/WIN 会验证用户所选的波特率,如果该波特率妨碍了 STEP 7-Micro/WIN 与其他 S7-200 CPU 的通信,将会拒绝下载。

7.2.2 S7-200 PLC 网络通信协议

S7-200 PLC 支持的通信协议很多,如点对点接口协议 PPI、多点接口协议 MPI、PRO-FIBUS-DP 协议、自由口通信协议、AS-I 协议、USS 协议、MODBUS 协议以及以太网协议等。其中 PPI、MPI、PROFIBUS 是 S7-200 CPU 所支持的通信协议,其他通信协议需要有专门的 CP 模块或 EM 模块支持。如果带有扩展模块 CP243-1 和 CP243-1 IT 的 S7-200 CPU 也能运行在以太网上。

1. PPI 协议

PPI 是一个主-从协议,当主站向从站发出申请或查询时,从站才响应。

从站不主动发出信息,而是等候主站向其发出请求或查询,并对请求或查询作出响应。

从站不需要初始化信息,一般情况下,网络上的多数 S7-200 CPU 都是从站,如图7-14 所示。

主站利用一个 PPI 协议管理的共享连接来与从站通信,PPI 不限制能够与任何一台从站通信的主站数目,但是一个网络中主站的数目不能超过 32 个。

用户可以在 STEP 7-Micro/WIN 编辑软件中配置 PPI 的参数,设置步骤如下:

1)在 PC/PPI 电缆属性对话框中,为 STEP 7-Micro/WIN 配置站地址,系统默认值为 0。网络上的第一台 PLC 的默认站地址是 2,网络上的其他设备(PC、PLC 等)都有一个唯一的站地址,相同的站地址不允许指定给多台设备。

2)在"Timeout"方框中选择一个数值。该数值代表用户希望通信驱动程序尝试建立连接花费的时间,默认值为 1 s,如图7-15 所示。

3)如果用户希望将 STEP 7-Micro/WIN 用在配备多台主站的网络上,需要选中"Multiple Master Network"复选框。在与 S7-200 CPU 通信时,STEP 7-Micro/WIN 默认值是多台主站 PPI 协议,该协议允许 STEP 7-Micro/WIN 与其他主站(文本显示和操作面板)同

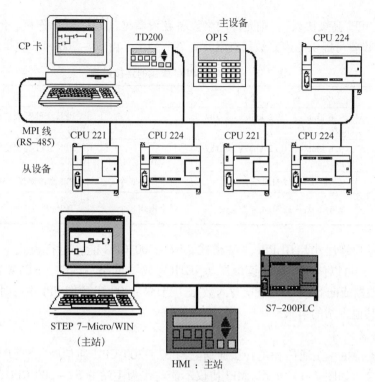

图 7-14 PPI 网络示意图

时在网络中存在。在使用单台主站协议时，STEP 7 – Micro/WIN 假设 PPI 协议是网络上的唯一主站，不与其他主站共享网络。用调制解调器或噪声很高的网络传输时，应当使用单台主站协议。可取消选中"Multiple Master Network"复选框，从而改成单台主站模式。

4）设置 STEP 7 – Micro/WIN 的波特率。PPI 电缆支持 9.6 kbaud、19.2 kbaud 和 187.5 kbaud。

5）单击"Local Connection"（Modem connection）选项卡，选择 COM 端口连接方式。如果用户需要使用调制解调器，还需要选中"使用调制解调器"复选框，如图 7-16 所示。

6）单击"确定"，退出设置 PG/PC 接口对话框。

图 7-15 "PPI"选项卡

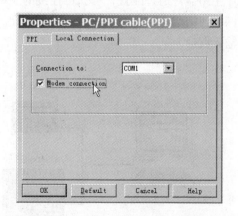

图 7-16 "Local Connection"选项卡

如果选择"PPI 高级协议",则允许网络设备在设备之间建立逻辑连接。但使用"PPI 高级协议",每台设备可提供的连接数目有限,表 7-3 列出了由 S7-200 PLC 提供的连接数目。

表 7-3　S7-200 PLC 提供的连接数目

模　块	波　特　率	连　接	协　议
S7-200 CPU 0 号端口	9.6 kbit/s、19.2 kbit/s 或 187.5 kbit/s	4 个	PPI、PPI 高级协议、MPI 和 PROFIBUS
S7-200 CPU 1 号端口	9.6 kbit/s、19.2 kbit/s 或 187.5 kbit/s	4 个	PPI、PPI 高级协议、MPI 和 PROFIBUS
EM277 模块	9.6 kbit/s~12 Mbit/s	每个模块 6 个	PPI 高级协议、MPI 和 PROFIBUS
CP243-1 以太网模块	9.6 kbit/s~12 Mbit/s	每个模块 8 个	TCP/IP 以太网

如果要在用户程序中启用 PPI 主站模式,S7-200 CPU 能在运行模式下作主站。启用 PPI 主站模式后,可以使用"网络读取"(NETR)或"网络写入"(NETW)从其他 S7-200 CPU 读取数据或向 S7-200 CPU 写入数据。当 S7-200 PLC 作 PPI 主站时,它仍然可以作为从站应答其他主站的请求。

2. MPI 协议

MPI 协议支持主-主通信和主-从通信。与 S7-200 CPU 通信时,STEP 7-Micro/WIN 建立主-从连接,如图 7-17 所示。MPI 协议不能与作为主站的 S7-200 CPU 通信。

网络设备通过任何两台设备之间的连接进行通信,设备之间通信连接个数受 S7-200 CPU 所支持的连接数目的限制,可参阅表 7-3 中的 S7-200 PLC 支持的连接数目。

关于 MPI 通信参数的设置,用户可参阅 PPI 的参数的设置步骤。

对于 MPI 协议,S7-300 和 S7-400 PLC 使用 XGET 和 XPUT 指令(有关这些指令的信息,请参阅 S7-300 或 S7-400 PLC 编程手册)来读写 S7-200 PLC 的数据。

3. PROFIBUS 协议

PROFIBUS 协议用于实现与分布式 I/O(远程 I/O)设备进行高速通信。各类制造商提供多种 PROFIBUS 设备,如简单的输入/输出模块、电机控制器等。

通常,在 S7-200 PLC 中,PROFIBUS 网络有一台主站和几台 I/O 从站,如图 7-18 所示。主站器件通过配置,可获得连接的 I/O 从站的类型以及连接的地址,而且主站通过初始化网络使网络上的从站器件与配置相匹配。主站不断将输出数据写入从站,并从从站设备读取输入数据。

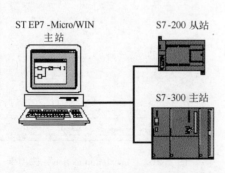

图 7-17　MPI 网络示意图

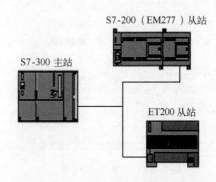

图 7-18　PROFIBUS 网络连接

当一台 DP（Decentralized Periphery）主站成功配置了一台 DP 从站后，该主站就拥有了这个从站器件。如果网络上还有第二台主站，那么它对第一台主站拥有的从站的访问将会受到限制。

4. 用户自定义协议

S7 - 200 PLC 还具有允许用户在自由口模式下使用自定义的通信协议的功能。用户自定义协议又称自由口通信模式，用户自定义协议是指用户通过应用程序来控制 S7 - 200 CPU 的通信口，并且自己定义通信协议（如 ASCⅡ协议和二进制协议）。用户自定义协议只能在 S7 - 200 PLC 处于 RUN 模式时才能被激活，如果将 S7 - 200 PLC 设置为 STOP 模式，所有的自由口通信都将中断，而且通信口会按照 S7 - 200 PLC 系统块中的配置转换到 PPI 协议。

PPI 通信协议是 S7 - 200 PLC 专用的一种通信协议，一般不对外开放。但是用户自定义协议则是对用户完全开放的，在自由口模式下通信协议是由用户自定义的。应用用户自定义协议，S7 - 200 PLC 可以与任何通信协议已知且具有串口的智能设备和控制器进行通信，当然也可以用于两个 CPU 之间简单的数据交换。

要使用自定义协议，用户需要使用特殊存储器字节 SMB30（端口 0）和 SMB130（端口 1）。在自定义协议通信模式下 PC 与 PLC 之间是主从关系，PC 始终处于主导地位，PC 通过串行口发送指令到 PLC 的通信端口，PLC 通过 RCV 指令接收信息，对指令译码后再调用相应的子程序，实现 PC 发出的指令要求，然后再通过 XMT 指令返回指令执行的状态信息。

7.2.3 网络通信配置实例

本节主要以使用 PPI 通信协议的 S7 - 200 PLC 网络为例进行说明。PPI 通信协议是西门子公司专为 S7 - 200 PLC 开发的一个通信协议，既支持单主站网络，也支持多主站网络。

为了实现把更多的设备连接到网络中，西门子 PLC 提供了两种网络连接器，一种是标准网络连接器，另一种带编程接口的连接器，这两种连接器都配有网络偏置和终端匹配的选择开关，在网络连接中电缆的两个末端必须接通终端和偏置，即开关位置置 ON，典型的网络连接器连接方式如图 7-19 所示，终端和偏置如图 7-20 所示。

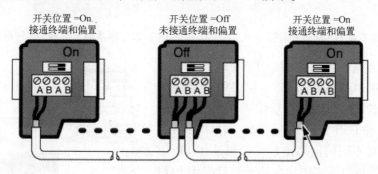

图 7-19　网络连接器

1. 单主站 PPI 网络

对于简单的单台主站网络，STEP 7 - Micro/WIN 和 S7 - 200 CPU 通过 PC/PPI 电缆或安装在 STEP 7 - Micro/WIN 中的通信处理器（CP 卡）连接。其中，STEP 7 - Micro/WIN 是网络中的主站。另外，人机接口（HMI）设备（例如 TD、TP 或 OP）也可以作为网络主站，

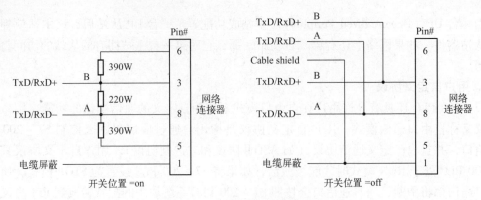

图 7-20　网络连接器终端和偏置

如图 7-21 所示，S7-200 CPU 是从站，对来自主站的请求作出应答。

对于单台主站 PPI 网络，需要将 STEP 7-Micro/WIN 配置为使用 PPI 协议，而且，尽量不要选择多主站网络选框和 PPI 高级选框。

2. 多主站 PPI 网络

多主站 PPI 网络又可细分为单从站和多从站网络两种。单从站多主站网络示意图如图 7-22 所示。在图 7-22 中，S7-200 CPU 是从站，STEP 7-Micro/WIN 和 HMI 设备都是网络的主站，它们共享网络资源，但是必须有不同的网络地址。如果使用 PPI 多主站电缆，那么该电缆将作为主站，并使用 STEP 7-Micro/WIN 提供给它的网络地址。

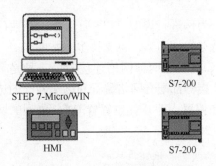

图 7-21　单主站 PPI 网络示意图

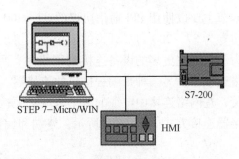

图 7-22　单从站多主站 PPI 网络示意图

多从站多主站网络示意图如图 7-23 所示。在图 7-23 中，STEP 7-Micro/WIN 和 HMI 设备是主站，可以对任意 S7-200 CPU 从站读写数据，STEP 7-Micro/WIN 和 HMI 共享网络资源。网络中的主站和从站设备都有不同的网络地址。如果使用 PPI 多主站电缆，那么该电缆将作为主站，并且使用 STEP 7-Micro/WIN 提供给它的网络地址。

对于单/多从站与多主站组成的网络，需要配置

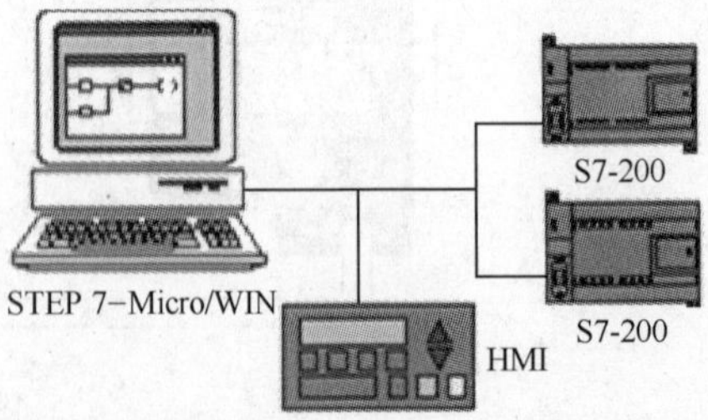

图 7-23　多从站多主站 PPI 网络示意图

STEP 7-Micro/WIN 使用 PPI 协议，而且，要尽量选中多主站网络选框和 PPI 高级选框。如果使用的电缆是 PPI 多主站电缆，电缆无须配置即会自动调整为适当的设置，因此多主站网络选框和 PPI 高级选框可以忽略。

3. 复杂 PPI 网络

如图 7-24 所示为带点对点通信的多主站复杂 PPI 网络。图 7-24a 中 STEP 7 - Micro/WIN 和 HMI 通过网络读写 S7 - 200 CPU，同时 S7 - 200 CPU 之间使用网络读写指令相互读写数据，即点对点通信。图 7-24b 中每个 HMI 监控一个 S7 - 200 PLC 的 CPU，S7 - 200 PLC 的 CPU 之间使用网络读写指令相互读写数据。

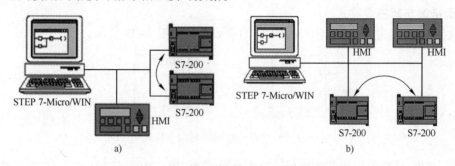

图 7-24　点对点通信的多主站 PPI 网络示意图

7.3　S7 - 200 PLC 通信指令和应用

在 PLC 通信网络中，PLC 通过专设的通信指令进行信息交换。S7 - 200 PLC 提供的通信指令有：网络读指令与网络写指令（PPI 通信模式）、发送指令与接收指令（自由口通信模式）、获取指令与设置通信口地址指令。

7.3.1　网络读与写指令

1. 网络读与写指令工作条件

在 S7 - 200 PLC 网络通信中，使用网络读/网络写指令来读写其他 S7 - 200 CPU 的数据，就必须在用户程序中允许 PPI 主站模式，此外还需使 S7 - 200 CPU 作为 RUN 模式下的主站设备。

S7 - 200 PLC 网络通信的协议类型，是由 S7 - 200 PLC 的特殊继电器 SMB30 和 SMB130 的低 2 位决定的，可以设置 S7 - 200 PLC 的 CPU 为 4 种不同的网络通信的协议类型。在 S7 - 200 PLC 的特殊继电器 SM 中，SMB30 控制端口 0 的通信方式和设置，如果 CPU 模块有两个端口，SMB130 用于控制端口 1 的通信方式和设置，其设置方式见表 7-4。用户可以对 SMB30 和 SMB130 进行读写操作。

表 7-4　SMB30/SMB130 网络通信设置方式

数据位	D7	D6	D5	D4	D3	D2	D1	D0	协议类型（端口 0 或端口 1）
标志									

数据位	D7 D6	D5	D4 D3 D2	D1 D0	协议类型（端口 0 或端口 1）
标志	D7D6 = 00：不校验 D7D6 = 01：奇校验 D7D6 = 10：不校验 D7D6 = 11：偶校验	D5 = 0：8 位数据/字符 D5 = 1：7 位数据/字符	D4D3D2 = 000, 38400 bit/s D4D3D2 = 001, 19200 bit/s D4D3D2 = 010, 9600 bit/s D4D3D2 = 011, 4800 bit/s D4D3D2 = 100, 2400 bit/s D4D3D2 = 101, 1200 bit/s D4D3D2 = 110, 600 bit/s D3D2D1 = 111, 300 bit/s	D1D0 = 00 点到点接口协议（PPI 从站模式） D1D0 = 01 自由口协议 D1D0 = 10　ppI 主站模式 D1D0 = 11 保留自由口协议 （缺省值为 PPI 从站模式）

从表 7-4 可知，只要将 SMB30/SMB130 的低 2 位设置为 2#10，就能允许该 PLC 的 CPU 为 PPI 主站模式，可以执行网络读/网络写指令，实现对网络中其他 S7-200 PLC 的访问。

例如，设 SMB30 = $(00001000)_2$ = $(8)_{10}$，则设置为不校验、8 为数据、波特率 = 9600 bit/s、PPI 从站模式。设 SMB30 = $(00001010)_2$ = $(10)_{10}$，则设置为不校验、8 为数据、波特率 = 9600 bit/s、PPI 主站模式。

2. 网络读与写指令格式

网络读/网络写指令（NETR/NETW）的指令格式如图 7-25 所示。

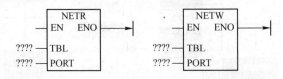

图 7-25　网络读/网络写指令格式

其中，TBL 是数据缓冲区首地址，操作数可以为 VB、MB、* VD 或 * AC 等，数据类型为字节；PORT 是操作端口，0 用于 CPU 221/222/224 的 PLC，0 或 1 用于 CPU 226／226XM 的 PLC，数据类型为字。

网络读（NETR）指令，在梯形图中以指令盒形式表示，当允许输入 EN 有效时，初始化通信操作，通过指令指定的端口 PORT，从远程设备上接收数据，并将接收到的数据存储在指定的数据表 TBL 中。在语句表 STL 中，NETR 指令的指令格式为 NETR TBL, PORT。

网络写（NETW）指令，在梯形图中以功能框形式表示，当允许输入 EN 有效时，初始化通信操作，通过指令指定的端口 PORT，将数据表 TBL 中的数据发送到远程设备。在语句表 STL 中，NETW 指令的指令格式为 NETW TBL, PORT。

NETR 指令可从远程站最多读取 16 个字节信息，NETW 指令可向远程站最多写入 16 个字节信息。在程序中，用户可以使用任意数目的 NETR/NETW 指令，但在同一时间最多只能有 8 条 NETR/NETW 指令被激活。例如，在用户选定的 S7-200 CPU 中，可以有 4 条 NETR 指令和 4 条 NETW 指令，或 2 条 NETR 指令和 6 条 NETW 指令在同一时间被激活。

3. 网络读与写指令的 TBL 参数

在执行网络读、写指令时，PPI 主站与从站间传送数据的数据表 TBL（首地址自设，如 VB100）参数见表 7-5，其中"字节 0"的各标志位及错误码（4 位）的含义见表 7-6。

表 7-5　数据表 TBL 参数格式

地　　址	字 节 名 称	功 能 描 述							
字节 0	状态字节	反映网络通信指令的执行状态及错误码							
		D	A	E	0	E1	E2	E3	E4
字节 1	远程站地址	远程站地址（被访问的 PLC 地址）							
字节 2	远程站的数据区指针	被访问数据的间接指针，指针可以指向 I、Q、M 或 V 数据区							
字节 3									
字节 4									
字节 5									

地　　址	字 节 名 称	功 能 描 述							
字节 0	状态字节	反映网络通信指令的执行状态及错误码							
		D	A	E	0	E1	E2	E3	E4
字节 6	数据长度	数据长度 1~16（远程站点被访问数据的字节数）							
字节 7~字节 22	数据字节 0~数据字节 15	接收或发送数据区，1~16 个字节，其长度在字节 6 中定义。执行 NETR 后，从远程读到的数据放在这个数据区；执行 NETW 后，要发送到远程站数据要放在这个数据区							

表 7-6　TBL 首字节标志位含义

标 志 位		定 义	说 明
D		操作已完成标志位	0 = 未完成，1 = 功能完成
A		操作已排队标志位	0 = 无效，1 = 有效
E		错误标志位	0 = 无错误，1 = 有错误
错误码 E1E2E3E4	0	无错误	
	1	时间溢出错误	远程站点无响应
	2	接收错误	奇偶校验出错，响应时帧或校验和出错
	3	离线错误	相同的站地址或无效的硬件引发冲突
	4	队列溢出错误	激活超过了 8 个 NETR/NETW 指令
	5	违反通信协议	没有在 SMB30 或 SMB130 中允许 PPI，就试图执行 NETR/NETW 指令
	6	非法参数	NETR/NETW 表中包含非法或无效的参数值
	7	没有资源	远程站点正在忙中，如在上载或下载程序处理中
	8	第 7 层错误	违反应用协议
	9	信息错误	错误的数据地址或不正确的数据长度
	A~F	未用	为将来的使用保留

【例 7-1】 在 PPI 主站模式下，其数据表 TBL 字节 0 地址单元为 VB400，设计主站 TBL 表。已知从站 PLC 站地址为 2，编写将从站 VB200 单元开始的 4 个字节数据读入主站地址为 VB407~VB410 单元中的程序段。

由表 7-5 可知，主站 TBL 表分配如下。

401 字节单元存放从站站地址 2；402~405 字节单元存放从站数据指针 VB200 地址；406 字节单元存放数据长度 4；407~410 字节单元为读入的数据。

其梯形图程序及主站、从站数据单元如图 7-26 所示。

【例 7-2】 在 PPI 主站模式下，其数据表 TBL 字节 0 地址单元为 VB400，设计主站 TBL 表。已知从站 PLC 站地址为 2，编写将主站 4 个字节单元数据写入从站 VB200 单元中的程序段。

由表 7-5 可知，主站 TBL 表分配如下。

401 字节单元存放从站站地址 2；402~405 字节单元存放从站数据指针 VB200 地址；406 字节单元存放数据长度 4；407~410 字节单元为写入从站的数据。

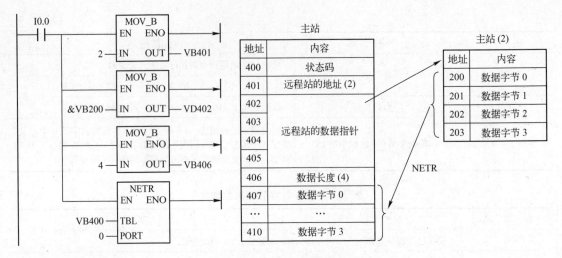

图 7-26　PPI 主站读从站数据程序段

其梯形图程序及主站、从站数据单元如图 7-27 所示。

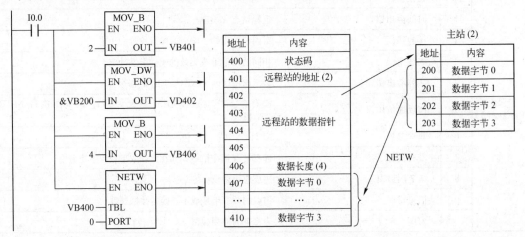

图 7-27　PPI 主站写入从站数据程序段

【例 7-3】在 PPI 单主站模式下，主站地址为 6，从站 PLC 地址为 7。

要求实现从站 IW0 输入单元状态控制主站 QW0 输出单元；主站 IW0 输入单元状态控制从站 QW0 输出单元。

主站 PLC 梯形图程序如图 7-28 所示。

从站 PLC 梯形图程序如图 7-29 所示。

【例 7-4】主站地址为 6，从站 PLC 地址为 7。

PPI 模式下实现远程控制三相笼型异步电动机点动控制和自锁控制。

远程（主站）　　IB0 = I0.0　　I0.1　　I0.2　　…　　I0.7

↓　　　↓　　　↓　　…　　↓

近程（从站）　　VB0 = V0.0　　V0.1　　V0.2　　…　　V0.7

要求实现从站 IW0 输入单元状态控制主站 QW0 输出单元；主站 IW0 输入单元状态控制从站 QW0 输出单元。

238

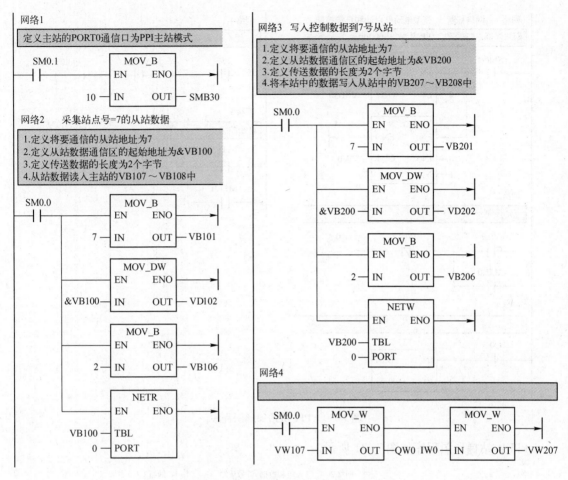

图 7-28　PPI 主站程序

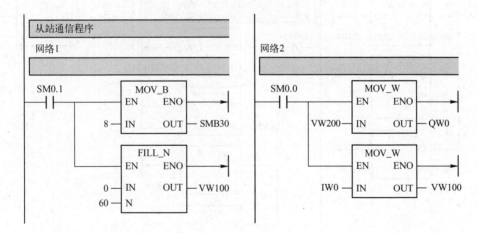

图 7-29　PPI 从站程序

PPI 从站梯形图程序如图 7-30 所示。

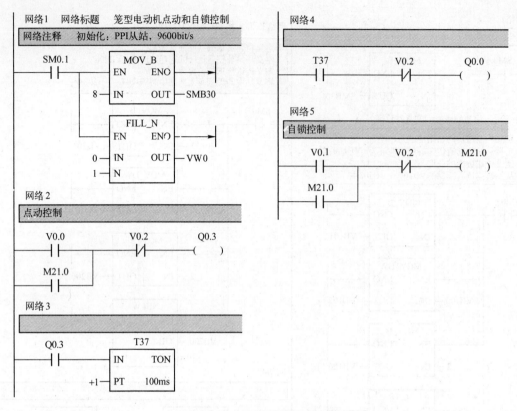

图 7-30 PPI 从站梯形图程序

PPI 主站梯形图程序如图 7-31 所示。

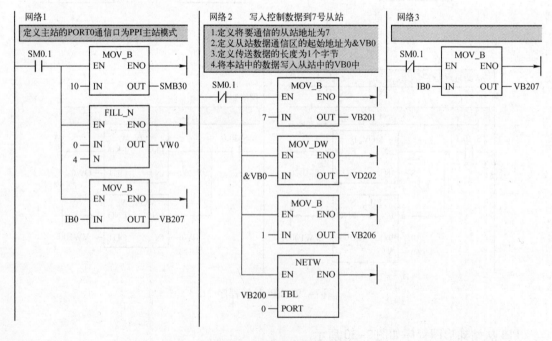

图 7-31 PPI 主站梯形图程序

4. 网络读与写指令应用实例

某瓶装饮料生产线，主要包括瓶提升机、理瓶机、空气输送机、盖提升机、贴标机及装箱机等工序。其中，装箱工序是将成品的瓶装水饮料输送到装箱机上进行打包，瓶装饮料装箱机网络配备示意图如7-32所示。在图7-32中，主要有3台装箱机和1台分流机。分流机控制着瓶装饮料流向各个装箱机。装箱机把24瓶饮料包装在一个纸箱中。3台装箱机分别由3台CPU222控制，分流机由CPU224控制，在CPU224上还安装了TD200操纵器接口。

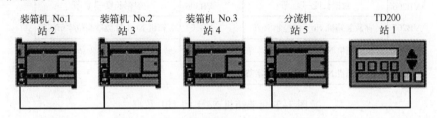

| 装箱机 No.1
站 2 | 装箱机 No.2
站 3 | 装箱机 No.3
站 4 | 分流机
站 5 | TD200
站 1 |

图7-32　瓶装饮料装箱机网络配置示意图

分流机CPU224（站5）主要负责将瓶装饮料、黏结剂和纸箱分配给不同的装箱机，用NETR指令连续地读取各个装箱机的控制字节和包装数量，每当某个装箱机包装完24瓶（每箱24瓶饮料）时，分流机用NETW指令发送一条信息，复位该装箱机的计数器。

在每台装箱机的CPU222（站2、站3、站4）中，VB100存放控制字节，如图7-33所示。VW101（VB101和VB102）存放包装完的纸箱数（计数器的当前值）。

MSB　　　　　　　　　　　　　　　　　　　　　　LSB

| F | E | E | E | 0 | G | B | T |

F－错误指示：F=1，装箱机检测到错误
EEE－错误码：识别出现的错误类型的错误代码
G－黏结剂供应慢：G=1，30 min内必须增加黏结剂
B－纸箱供应慢：B=1，30 min内必须增加纸箱
T－没有可打包的瓶装饮料：T=1，无产品

图7-33　VB100中控制字节位

在分流机的CPU224（站5）中，为了能在PPI主站模式下接收和发送数据，设置了接收缓冲区和发送缓冲区。站2的接收缓冲区首地址为VB200，发送缓存区首地址为VB300；站3的接收缓冲区首地址为VB210，发送缓存区首地址为VB310；站4的接收缓冲区首地址为VB220，发送缓存区首地址为VB320。

本实例中，分流机的程序应包括控制程序、与TD200的通信程序以及与其他站的通信程序，而各个装箱机只有控制程序。此处仅以分流机（站5）与装箱机No.1（站2）间的通信程序为例说明，其他程序可以根据控制要求编写。

分流机和装箱机No.1网络通信的TBL数据表格式如图7-34所示。对于另外两个装箱机，分流机的网络通信的TBL数据表格式，只是首地址与装箱机No.1不同，偏移地址与装箱机No.1完全相同。

分流机网络读写装箱机No.1（站2）的梯形图和语句表程序如图7-35所示。

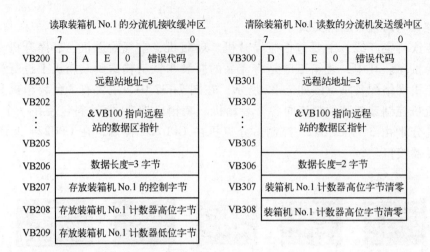

图 7-34　装箱机 No.1 的 TBL 数据

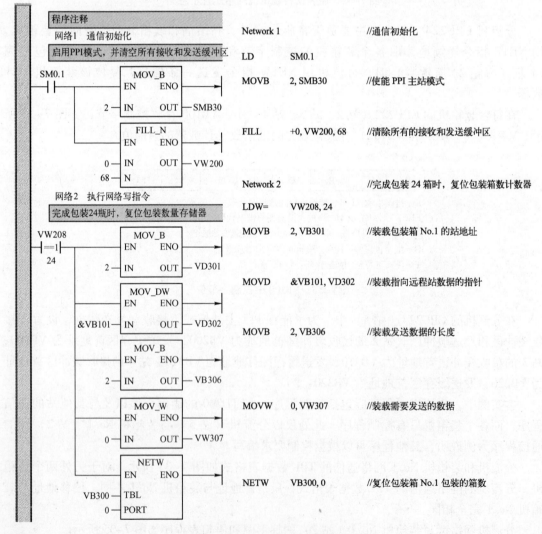

图 7-35　网络读写指令应用实例程序图

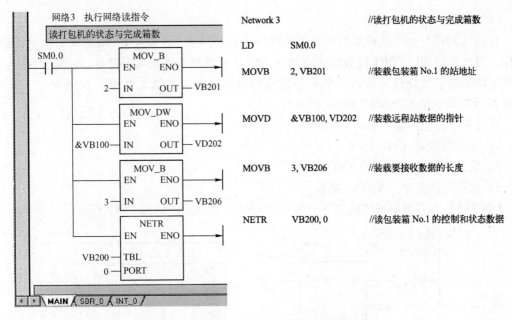

图 7-35　网络读写指令应用实例程序图（续）

分流机（站 5）与装箱机 No. 1（站 2）间的通信程序的工作过程如下。

1）网络 1 完成通信初始化设置。在第一个扫描周期，使能 PPI 主站模式，并且对所有接收缓冲区和发送缓冲区进行清零。

2）网络 2 实现对远程站 2 的网络写操作。装箱机 No. 1 完成包装 24 箱任务时，复位包装箱数计数器。

3）网络 3 实现对远程站 2 的网络读操作。如果不是第一个扫描周期并且没有错误发生时，读取装箱机 No. 1 的状况和完成箱数。

7.3.2　发送与接收指令

在 S7-200 PLC 定义为自由口通信模式时，用户程序通过使用接收中断及发送中断、发送指令及接收指令来进行通信。

1. 发送与接收指令格式

发送与接收指令（XMT/RCV）的指令格式如图 7-36 所示。发送与接收指令只有在 S7-200 PLC 被定义为自由口通信模式时，才能发送或接收数据。

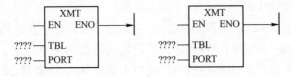

图 7-36　发送与接收指令

其中，TBL 是数据缓冲区首地址，操作数可以为 VB、MB、SMB、∗ VD、∗ LD 或 ∗ AC 等，数据类型为字节；PORT 是操作端口，0 用于 CPU221/222/224，0 或 1 用于 CPU226 / 226XM，数据类型为字节。

（1）发送（XMT）指令

发送（XMT）指令在梯形图中以功能框形式表示，当允许输入 EN 有效时，初始化通信操作，通过通信端口 PORT 将数据表首地址 TBL 中的数据发送到远程设备，数据表的第一字节指定传输的字节数目，从第二个字节以后的数据为需要发送的数据。在语句表 STL 中，XMT 指令的指令格式为 XMT TBL，PORT。

发送指令编程步骤如下。

1）建立发送表（TBL）。

2）发送初始化（SMB30/130）。

3）编写发送指令（XMT）程序。

【例 7-5】在自由口通信模式下，发送（XMT）指令示例如图 7-37 所示。

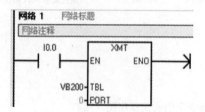

发送表（TBL）	
VB 200	发送的字节数
VB 201	数据
……	数据

图 7-37　发送指令示例

（2）接收（RCV）指令

接收（RCV）指令在梯形图中以指令盒形式表示，当允许输入 EN 有效时，初始化通信操作，通过通信端口 PORT 接收远程设备的数据，并将其存放在首地址为 TBL 的数据接收缓冲区。数据缓冲区的第一字节为接收到字节数目，第二个字节以后的数据为需要接收的数据。在语句表 STL 中，RCV 指令的指令格式为 RCV TBL，PORT。

【例 7-6】在自由口通信模式下，接收指令（RCV）示例如图 7-38 所示。

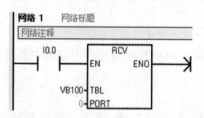

接收表（TBL）	
VB100	接收的字节数
VB101	数据
……	数据

图 7-38　接收指令示例

（3）发送和接收完成中断

XMT 指令可以传送 1 ~ 255 个字节的缓冲区数据。XMT 指令发送数据的缓冲区格式，如图 7-39 所示。如果需要一个中断处理程序连接到发送数据结束事件上，在发送完缓冲区的最后一个字符时，端口 0 会产生中断事件 9，端口 1 会产生中断事件 26。通过监视 SM4.5 或 SM4.6 信号，也可以判断发送是否完成。当端口 0 和端口 1 发送空闲时，SM4.5 或 SM4.6 置 1。

RCV 指令可以接收 1 ~ 255 个字符的缓冲区数据。RCV 指令接收数据的缓冲区格式，如图 7-40 所示。如果需要一个中断处理程序连接到接收数据完成事件上，在接收完缓冲区的最后一个字符时，S7-200 PLC 的端口 0 会产生中断事件 23，端口 1 会产生中断事件 24。也可以不使用中断，通过监视 SMB86 或 SMB186（端口 0 或端口 1）来接收信息。当接收指令未被激

244

活或已经被中止时，SMB86 或 SMB186 为 1；当接收正在进行时，SMB86 或 SMB186 为 0。

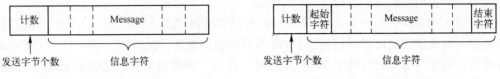

图 7-39 发送缓冲区格式   图 7-40 接收缓冲区格式

（4）接收缓冲区字节

在使用 RCV 指令时，用户必须指定一个起始条件和一个结束条件。设置起始和结束条件，是为了在自由口通信模式下实现接收同步，保证信息接收的安全可靠。RCV 指令允许用户选择接收信息的起始和结束条件，见表 7-7。使用 SMB86 ~ SMB94 对端口 0 进行设置，SMB186 ~ SMB194 对端口 1 进行设置。如果出现超限或有校验错误时，接收信息功能会自动终止。

表 7-7 接收缓冲区字节（SMB86 ~ SMB94 和 SMB186 ~ SMB194）

端口 0	端口 1	中 断 描 述
SMB86	SMB186	接收信息状态字节 MSB　　　　　　　　　　　　　　LSB <table><tr><td>N</td><td>R</td><td>E</td><td>0</td><td>0</td><td>T</td><td>C</td><td>P</td></tr></table> N 为 1 表示用户通过发送禁止命令终止接收信息功能 R 为 1 表示因输入参数错误或无起始和结束条件终止接收信息功能 E 为 1 表示收到结束字符 T 为 1 表示因超时终止接收信息功能 C 为 1 表示因超出最大字符数终止接收信息功能 P 为 1 表示因奇偶校验错误终止接收信息功能
SMB87	SMB187	接收信息控制字节 MSB　　　　　　　　　　　　　LSB <table><tr><td>EN</td><td>SC</td><td>EC</td><td>IL</td><td>C/M</td><td>TMR</td><td>BK</td><td>0</td></tr></table> EN：每次执行 RCV 指令时检查禁止/允许接收信息位。0 表示禁止接收信息，1 表示允许接收信息 SC：是否用 SMB88 或 SMB188 的值检测起始信息。0 表示忽略，1 表示使用 EC：是否用 SMB89 或 SMB189 的值检测结束信息。0 表示忽略，1 表示使用 IL：是否用 SMW90 或 SMW190 的值检测空闲状态。0 表示忽略，1 表示使用 C/M：0 表示定时器是内部字符定时器，1 表示定时器是信息定时器 TMR：是否用 SMW92 或 SMW192 的值终止接收。0 表示忽略，1 表示终止接收 BK：是否用中断条件作为信息检测的开始。0 表示忽略，1 表示使用
SMB88	SMB188	信息字符的开始
SMB89	SMB189	信息字符的结束
SMW90	SMW190	空闲线时间段按毫秒设定。空闲线时间溢出后接收的第一个字符是新的信息的开始字符 SMB90/SMB190 是最高有效字节，SMB91/SMB191 是最低有效字节
SMW92	SMW192	中间字符/信息定时器溢出值按毫秒设定。如果超过这个时间段，则终止接收信息。SMB92/SMB192 是最高有效字节，SMB93/SMB193 是最低有效字节
SMB94	SMB194	要接收的最大字符数（1~255 字节）。必须设置为所希望接收的最大字节数（缓冲区）

2. 自由口通信模式

S7-200 PLC 支持自由口通信模式，在这种通信模式下，用户程序通过使用接收中断、发送中断、发送指令和接收指令来控制通信口的操作。当处于自由口通信模式时，通信协议

（对所传数据的定义）完全由用户程序（自定义协议）控制，各站点无主/从之分，任何时刻只能有一个站向总线发送数据。

只有当 S7 - 200 PLC 处于 RUN 模式时（此时特殊继电器 SM0.7 为"1"），才能进行自由口通信。如果选用自由口通信模式，PPI 通信协议被禁止，此时 S7 - 200 PLC 不能与编程设备通信。当 S7 - 200 PLC 处于 STOP 模式时，自由口模式被禁止，通信口自动切换为 PPI 协议通信模式，重新建立与编程设备的正常通信。

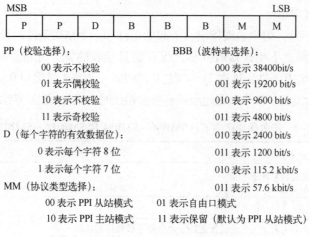

MSB							LSB
P	P	D	B	B	B	M	M

PP（校验选择）：　　　　　　　　　　　　　BBB（波特率选择）：

　　00 表示不校验　　　　　　　　　　　　000 表示 38400bit/s

　　01 表示偶校验　　　　　　　　　　　　001 表示 19200 bit/s

　　10 表示不校验　　　　　　　　　　　　010 表示 9600 bit/s

　　11 表示奇校验　　　　　　　　　　　　011 表示 4800 bit/s

D（每个字符的有效数据位）：　　　　　　　010 表示 2400 bit/s

　　0 表示每个字符 8 位　　　　　　　　　011 表示 1200 bit/s

　　1 表示每个字符 7 位　　　　　　　　　010 表示 115.2 kbit/s

MM（协议类型选择）：　　　　　　　　　　011 表示 57.6 kbit/s

　　00 表示 PPI 从站模式　　　01 表示自由口模式

　　10 表示 PPI 主站模式　　　11 表示保留（默认为 PPI 从站模式）

图 7-41　用于自由口模式的 SM 控制字节

要将 PPI 通信转变为自由口通信模式，必须使 SMB30/SMB130 的低 2 位设置为 2#01。SMB30 和 SMB130 分别用于配置端口 0 和端口 1，用于为自由口操作提供波特率、校验和数据位数的选择，每一个配置都产生一个停止位。用于自由口模式的 SM 控制字节功能描述如图 7-41 所示。

【例 7-7】 运用自由口通信方式，实现 PLC - A 站的输入信号 IB0 状态控制 PLC - B 站输出继电器状态。梯形图程序如图 7-42 所示。

【例 7-8】 运用自由口通信方式，远程控制实现三相笼型异步电动机带延时正反转运行。

由 PLC A 站自由口通信方式输入信息（I0.0 ~ I0.2），控制 PLC B 站实现电动机带延时正反转运行。梯形图程序如图 7-43 所示。

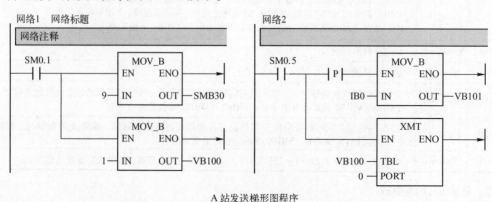

A 站发送梯形图程序

图 7-42　用于自由口模式通信梯形图程序示例

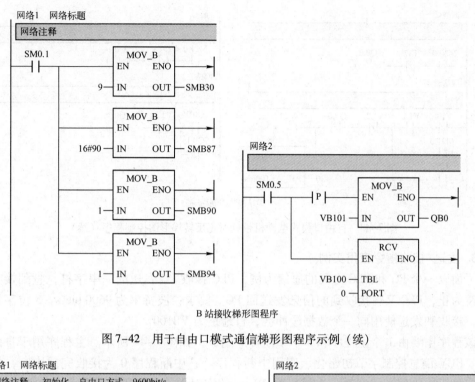

B 站接收梯形图程序

图 7-42 用于自由口模式通信梯形图程序示例（续）

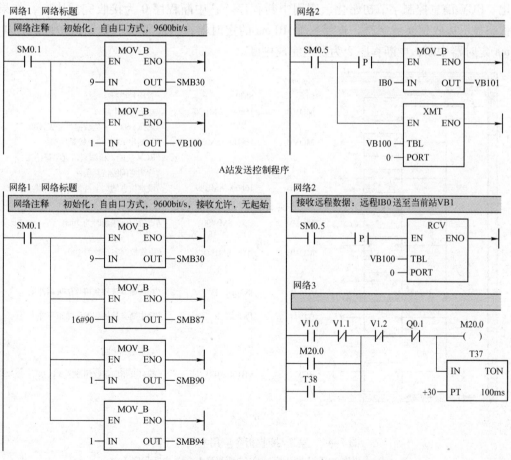

A 站发送控制程序

图 7-43 自由口模式电动机带延时正反转梯形图控制程序

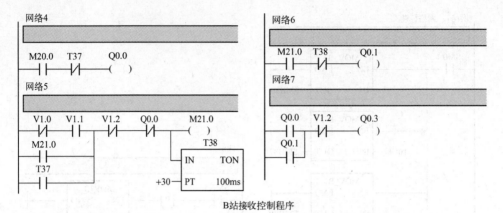

图 7-43 自由口模式电动机带延时正反转梯形图控制程序（续）

3. 发送/接收指令应用实例

下面以一个 PC 和 PLC 之间的通信为例，PLC 接收 PC 发送的一串字符，直到接收到换行字符为止，PLC 又将接收到的信息发送回 PC。要求：波特率为 9600 bit/s，8 位字符，无校验，接收和发送使用同一个数据缓冲区，首地址为 VB100。

该程序主要由 1 个主程序和 3 个中断程序组成，如图 7-44 所示。主程序用于自由口初始化、RCV 信息控制字节初始化、调用中断程序等；中断程序 0 为接收完成中断，如果接收状态显示接收到换行字符，连接一个 10 ms 的定时器，触发发送后返回；中断程序 1 为 10 ms 定时器中断；中断程序 2 为发送完成中断。

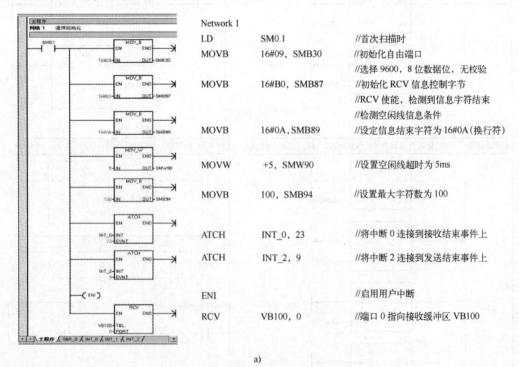

a)

图 7-44 发送/接收指令应用实例程序图

a）主程序　b）中断程序　c）中断程序 1　d）中断程序 2

248

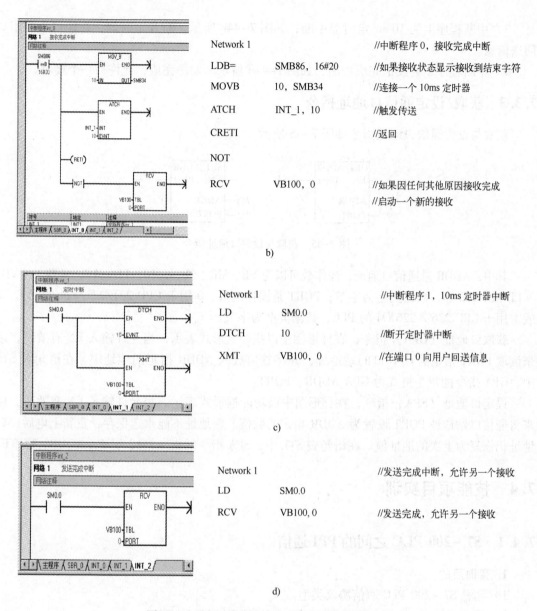

Network 1		//中断程序 0，接收完成中断
LDB=	SMB86，16#20	//如果接收状态显示接收到结束字符
MOVB	10，SMB34	//连接一个 10ms 定时器
ATCH	INT_1，10	//触发传送
CRETI		//返回
NOT		
RCV	VB100，0	//如果因任何其他原因接收完成
		//启动一个新的接收

b)

Network 1		//中断程序 1，10ms 定时器中断
LD	SM0.0	
DTCH	10	//断开定时器中断
XMT	VB100，0	//在端口 0 向用户回送信息

c)

Network 1		//发送完成中断，允许另一个接收
LD	SM0.0	
RCV	VB100，0	//发送完成，允许另一个接收

d)

图 7-44　发送/接收指令应用实例程序图（续）

a）主程序　b）中断程序　c）中断程序 1　d）中断程序 2

PC 和 PLC 之间通信程序的工作过程如下：

1）主程序完成通信初始化设置，如图 7-44a 所示。在第一个扫描周期，初始化自由口（设置 9600 bit/s，8 位数据位，无校验位）和 RCV 信息控制字节（RCV 使能，检测信息结束字符，检测空闲线信息条件），设置程序结束字符（换行字符 16#0A），设置空闲线超时时间（5 ms）以及设置最大字符数（100）。在主程序中还设置了中断服务，用于调用中断程序 0 和中断程序 2。接收和发送使用同一个数据缓冲区，首地址为 VB100。

2）中断程序 0 为接收完成中断，如图 7-44b 所示。如果接收状态显示接收到结束字符，连接一个 10 ms 的定时器，触发发送后返回。如果由于任何其他原因接收完成，启动一个新的接收。

3）中断程序 1 为 10 ms 定时器中断，如图 7-44c 所示。断开定时器，在端口 0 向用户回送信息。

4）中断程序 2 为发送完成中断，如图 7-44d 所示。发送完成，允许另一个接收。

7.3.3 获取/设定通信口地址指令

获取与设置通信口地址指令如图 7-45 所示。

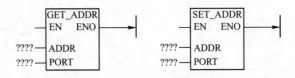

图 7-45 获取与设置口地址指令

其中，ADDR 是通信口地址，操作数可以为 VB、MB、SB、SMB、LB、AC、常数、＊VD、＊LD 或＊AC 等，数据类型为字节；PORT 是操作端口，0 用于 CPU 221/222/224 的 PLC，0 或 1 用于 CPU 226 / 226XM 的 PLC，数据类型为字节。

获取口地址（GPA）指令，在梯形图中以指令盒形式表示，当允许输入 EN 有效时，用来读取 PORT 指定的 CPU 口的站地址，并将数值放入 ADDR 指定的地址中。在语句表 STL 中，GPA 指令的指令格式为 GPA ADDR，PORT。

设定口地址（SPA）指令，在梯形图中以功能框形式表示，当允许输入 EN 有效时，用来将通信口站地址 PORT 设置为 ADDR 指定的数值。新地址不能永远保存，重新上电后，口地址仍恢复为上次的地址值。在语句表 STL 中，SPA 指令的指令格式为 SPA ADDR，PORT。

7.4 技能项目实训

7.4.1 S7 – 200 PLC 之间的 PPI 通信

1. 实训目的

1）熟悉 S7 – 200 PLC 通信协议类型。

2）学会利用 STEP 7 – Micro/WIN 建立 S7 – 200 与 PC 的通信。

3）掌握 S7 – 200 PLC 通信指令编程方法。

2. 实训内容

1）配置 STEP 7 – Micro/WIN 和 S7 – 200 CPU 的通信参数。

2）本地 PLC 与远程 PLC 之间的 PPI 通信。

要求在 PPI 单主站模式下，主站地址为 3，从站 PLC 地址为 5。实现从站 IB0 输入单元状态控制主站 QB0 输出单元；主站 IB0 输入单元状态控制从站 QB0 输出单元。参考本章例 7-3 程序。

3. 实训设备及元器件

1）本地 S7 – 200 PLC 装置和远程 S7 – 200 PLC 装置。

2）安装有 STEP 7 – Micro/WIN 编程软件的 PC。

3）PC/PPI＋通信电缆线。

4. 实训操作步骤

1）用 PC/PPI＋通信电缆线将 PC、本地 S7 – 200 PLC 和远程 S7 – 200 PLC 连接，电源及硬件端口连接正确。

2）启动 PC，打开 STEP 7 – Micro/WIN，配置 STEP 7 – Micro/WIN 和本地 S7 – 200 PLC 的通信端口和通信波特率等通信参数（在操作栏中单击"通信"图标，在弹出的"设置 PG/PC 接口"对话框中，选择 PC/PPI 协议，单击"Properties"按钮，配置 STEP 7 – Micro/WIN 和本地 S7 – 200 CPU 的通信参数）。

3）在操作栏中单击"系统块"图标，在弹出的通信端口对话框中设置 PLC 地址。

4）在 STEP 7 – Micro/WIN 编程软件中，输入本地 PLC 和远程 PLC 之间 PPI 通信相关梯形图程序。

5）分别编译、保存、下载梯形图程序到 S7 – 200 PLC 中。

6）启动运行 PLC，观察运行结果，发现运行错误或需要修改程序时，重复上面过程。

5. 实训操作报告

1）整理出运行调试后的梯形图程序。

2）写出该程序的调试步骤和观察结果。

7.4.2　S7 – 200 PLC 之间的自由口通信

1. 实训目的

1）熟悉 S7 – 200 PLC 通信协议类型。

2）学会利用 STEP 7 – Micro/WIN 建立 S7 – 200 与 PC 的通信。

3）掌握 S7 – 200 PLC 通信指令及中断的编程方法。

2. 实训内容

1）配置 STEP 7 – Micro/WIN 和 S7 – 200 CPU 的通信参数。

2）本地 PLC 与远程 PLC 之间的自由口通信。

要求：本地 S7 – 200 PLC 接收来自远程 PLC 的 10 个字符，接收完成后，再将信息发送回远程 PLC；本地 PLC 是通过一个外部信号（I0.1）的脉冲控制接收任务的开始；当发送完成后用本地指示灯（Q0.1）显示；通信参数为：9600 bit/s，偶校验，8 位字符；不设立超时时间，接收和发送使用同一个数据缓冲区，首地址为 VB200。

3. 实训设备及元器件

1）本地 S7 – 200 PLC 装置和远程 S7 – 200 PLC 装置。

2）安装有 STEP 7 – Micro/WIN 编程软件的 PC。

3）PC/PPI＋通信电缆线。

4. 实训操作步骤

1）用 PC/PPI＋通信电缆线将 PC、本地 S7 – 200 PLC 和远程 S7 – 200 PLC 连接，电源及硬件端口连接正确。

2）启动 PC，打开 STEP 7 – Micro/WIN，配置 STEP 7 – Micro/WIN 和本地 S7 – 200 PLC 的通信端口和通信波特率等通信参数（在操作栏中单击"通信"图标，在弹出的设置 PG/PC 接口对话框中，选择 PC/PPI 协议，单击"Properties"按钮，配置 STEP 7 – Micro/WIN

和本地 S7 – 200 CPU 的通信参数）。

3）将本地 S7 – 200 PLC 设置为 RUN 工作方式（此时特殊继电器 SM0.7 为 1，运行自由口通信）。

4）在 STEP 7 – Micro/WIN 编程软件，输入本地 PLC 和远程 PLC 之间自由口通信的相关梯形图程序。

提示：本地 PLC 的通信控制程序如图 7-46 所示。

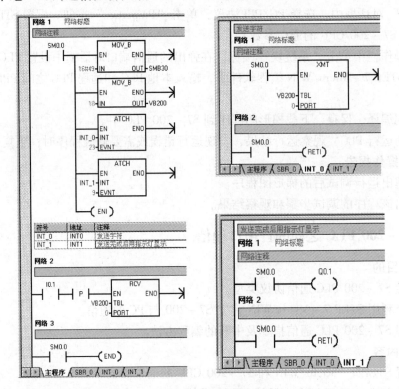

图 7-46　本地 PLC 通信控制程序

主程序中网络 1 实现本地 PLC：①通信参数（9600 bit/s，偶校验，8 位字符）设置；②送 10 个字符到首地址为 VB200 的数据缓冲区；③多个字符接收结束后，产生中断事件 23；④发送字符完成后，产生中断事件 9。

主程序中网络 2，在触点 I0.1 有效时控制本地 PLC 开始接收远程 PLC 发送来的字符。

中断程序 INT_0：控制本地 PLC 通过通信端口 0 将数据表首地址为 VB200 中的 10 个字符数据发送回远程 PLC。

中断程序 INT_1：用指示灯（Q0.1）显示，本地 PLC 将 10 个字符数据发送完成。

5）编译、保存、下载梯形图程序到 S7 – 200 PLC 中。

6）启动运行 PLC，观察运行结果，发现运行错误或需要修改程序时，重复上面过程。

5. 实训操作报告

1）整理出运行调试后的梯形图程序。

2）写出该程序的调试步骤和观察结果。

7.5 思考与习题

1. S7 – 200 PLC 网络通信类型有哪些，各有什么特点？

2. 在 STEP 7 – Micro/WIN 中进行通信参数设置，要求：PPI 主站站地址为 0，PPI 从站站地址为 2，用 PC/PPI 电缆连接到主站 PC 的串行通信口 COM1，传送速率为 9600 bit/s，传送字符为默认值。

3. 网络读/网络写指令（NETR/NETW）与发送与接收指令（XMT/RCV）各应用在什么场合？

4. 实现 PLC 两站进行 PPI 通信，用主站的输入按钮（I0.0）控制从站的电动机（Q0.0）运转；用从站的输入按钮（I0.0）控制主站的电动机（Q0.0）运转。

5. 某控制网络如图 7 – 47 所示，其中 TD200 为主站，在 RUN 模式下，允许站 1（CPU224）为 PPI 主站模式。要求：站 1 对站 2 的状态字节（存放在 VB100）和计数器当前值（存放在 VW101）进行读写操作，如果站 2 的计数值达到 100，站 1 对站 2 的计数器清零，重新计数，并使站 1 的指示灯亮 5 s；站 1 的数据接收缓冲区首地址为 VB300，数据发送缓冲区首地址为 VB320；用网络读写指令完成通信操作。

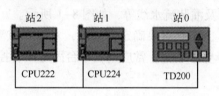

图 7-47　第 3 图

6. 运用自由口通信方式，实现 PLC – A 站的输入信号 IB1 状态控制 PLC – B 站输出继电器状态。

7. 编程实现两台 S7 – 200 PLC 的单向主从式自由口通信，要求：主机只有发送功能，将 IB0 送到由指针 &VB100 指定的发送数据缓冲区，且不断执行自由口数据发送指令 XMT；从机只有接收功能，通过单字符接收中断事件 8 连接到一个中断服务程序，将接收到的 IB0 通过 SMB2 传送到 QB0，使 QB0 随 IB0 同步变化；通信参数为 9600 bits，8 位字符，无校验。

第8章 PLC控制系统及工程实例

本章首先介绍PLC控制系统的一般组成、硬件配置、外围电路、软件设计及工程常见问题，然后通过PLC控制系统应用实例说明设计步骤和方法，加深读者对PLC控制系统设计过程的认识和理解。

8.1 PLC控制系统结构类型

PLC构成的控制系统主要有单机控制系统、集中控制系统、远程I/O控制系统和分布式控制系统四种类型。

8.1.1 单机控制系统

单机控制系统是由一台PLC控制一台设备或一条简易生产线，如电梯控制、机床、无塔供水、原料皮带运输机以及灌装流水线等，如图8-1所示。

单机控制系统结构简单、控制对象确定，因此，对I/O点要求相对较少，存储器容量小，而且对PLC型号的选择要求不高，常应用在单台固定设备控制系统中。

8.1.2 集中控制系统

集中控制系统是由一台PLC控制多台设备或几条简易生产线，如图8-2所示。这种控制系统的特点是多个被控对象的地理位置比较接近，相互之间的动作有一定的联系。由于多个被控对象由同一台PLC控制，因此各个被控对象之间的数据、状态的变化不需要另设专门的通信线路。

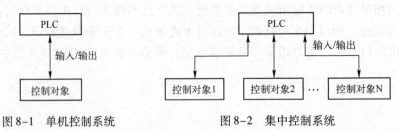

图8-1　单机控制系统　　　　　图8-2　集中控制系统

集中控制系统比单机控制系统要经济，因此，在中、小型控制系统中得到广泛应用。集中控制系统的PLC一旦出现故障，整个系统就会瘫痪，因此对PLC的可靠性要求较高。一般对于大型的集中控制系统，往往增加投资采取热备用和冗余设计（PLC的I/O点数和存储器容量都要有较大余量）等措施。

8.1.3 远程I/O控制系统

远程I/O控制系统是集中控制系统的特殊情况，是由一台PLC控制多个被控对象，适用于具有部分被控对象远离集中控制室的场合，如图8-3所示。

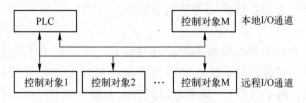

图 8-3　远程 I/O 控制系统

远程 I/O 模块与 PLC 主机通过同轴电缆传递信息，但是需要注意的是，不同型号 PLC 能够驱动的同轴电缆长度不尽相同，所能驱动的远程 I/O 通道的数量也不同，选择 PLC 型号时，要重点考察驱动同轴电缆的长度和远程 I/O 通道的数量。

8.1.4　分布式控制系统

分布式控制系统有多个被控对象，每个被控对象由一台具有通信功能的 PLC 控制，上位机通过数据总线与多台 PLC 进行通信，各个 PLC 之间也可进行数据交换，如图8-4所示。

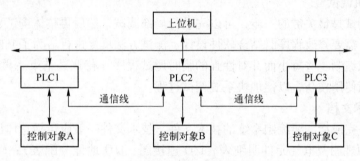

图 8-4　分布式控制系统

分布式控制系统适用于多个被控对象分布的区域较大，相互之间的距离较远，同时相互之间又经常交换信息。分布式控制系统的优点是某个被控对象或 PLC 出现故障时，不会影响其他 PLC 正常运行。相比集中控制系统来说，分布式控制系统成本较高，但灵活性好、可靠性更高。

8.2　PLC 控制系统设计步骤

PLC 控制系统应用开发，主要分为总体规划、PLC 选型、硬件设计、软件设计和联机调试等步骤。

1. 总体规划

总体规划主要包括了解工艺过程、明确设计任务、确定系统控制结构和选择用户 I/O 设备等。同时，拟定出设计任务书，包括各项设计要求、约束条件及控制方式等。

2. 选择 PLC 机型

目前，PLC 种类繁多，特性各异，价格悬殊。在设计 PLC 控制系统时，应根据系统功能和所选 I/O 设备的输入输出点数、性能、特殊通道选择 PLC 机型。其选型原则是：一方面功能要满足设计需要，另一方面不浪费存储器容量和 I/O 点等系统资源。例如，若输出控制负载为电动机，则可选 PLC 输出端为继电器输出。

3. 硬件设计

硬件设计是指对 PLC 与外部设备的电路连接设计。要结合 PLC 选型，确定 I/O 点的分配，建立 I/O 点分配明细表。对于输入、输出设备的选择（如操作按钮、开关、接触器的线圈、电磁阀的线圈、指示灯等），要考虑到其供电电源、控制方式、控制线路连接及安全保护等措施。

4. 软件设计

软件设计主要包括：绘制控制系统模块图、各模块算法流程图、编写梯形图或语句表程序等。软件设计必须经过反复调试、修改、优化，以提高编程效率，直到满足控制系统要求为止。

5. 软件测试

为了避免软件设计中的疏漏，必须进行软件测试。在测试过程中，只有建立合适的测试数据，才能发现程序中的漏洞。

6. 系统联机调试

系统联机调试是最关键的一步，可以先进行局部调试，然后再整体调试，直至系统运行满足功能要求。需要修改程序时结合软件设计、测试方法反复进行。为了判断系统各部件工作的情况，可以编制一些短小而针对性强的临时调试程序（待调试结束后再删除）。在系统联调中，要注意使用技巧，以便加快系统调试过程。

7. 编制技术文档

在设计任务完成后，要编制系统的技术文件。技术文件一般应包括总体说明书、硬件技术文档（电气原理图及电气元件明细表、I/O 连接图、I/O 地址分配表）、软件编程文档以及系统使用说明等。

8.3 PLC 硬件配置选择与外围电路

8.3.1 PLC 硬件配置

PLC 硬件选择主要包括机型选择、容量选择、I/O 模块选择和供电系统选择几个方面。

1. PLC 机型选择

PLC 是工业自动控制系统的核心部件，PLC 的选择应在满足系统控制要求的前提下，选用其性价比高、使用维护方便、抗干扰能力强的产品。

例如：单台机械的自动控制、泵的顺序控制、少量模拟信号控制等中、小型系统，这些系统对控制速度要求不高，选择西门子 S7 - 200 系列 PLC 即能满足控制任务的要求；对附有模拟量控制的集中应用系统，则应选用带 A - D 和 D - A 转换的西门子 S7 - 300 系列 PLC 机型，再配接相应的传感器、变送器和驱动装置；对 PID 调节、闭环控制、网络通信等比较复杂的大中型控制系统，可选用西门子 S7 - 400 系列 PLC 等。

目前，一般 PLC 还应具有处理速度满足实时要求、离线/在线编程选择、系统可扩展等功能。

2. PLC 容量选择

PLC 容量选择主要是指存储器容量和 I/O 点数多少的选择。在控制系统设计时，存储器容量的大小和 I/O 点数的多少是由控制要求决定的。另外，在满足控制要求的提前下，还应留有适当的备用量，一般可取 20% 左右的备用量，以便系统调试和升级时使用。

3. I/O 模块扩展选择

在 PLC 的 CPU 资源不能满足系统控制要求时，可扩展 I/O 模块。

PLC 与被控制对象的联系是通过 I/O 模块实现的。通过 I/O 模块可以检测被控制对象的各种参数，并以这些参数作为控制器对被控制对象进行控制的依据。同时，控制器又通过 I/O 模块将控制器的处理结果送给被控制的设备，驱动各种执行机构来实现控制。不同的 I/O 模块，其电路和性能各不相同，要根据实际需要进行选择。尤其要注意的是：模块的工作方式（如输出模块有继电器输出和晶闸管输出）及输出电压、额定输出电流均应满足负载的要求。

4. PLC 供电系统选择

在 PLC 控制系统中，供电系统占有极其重要的地位，PLC 一般由 220 V，50 Hz 交流电供电。电网的冲击和频率的波动将直接影响到实时控制系统的准确度和可靠性。由于电网干扰可以通过 PLC 系统的供电电源（如 CPU 电源、I/O 电源等）耦合进入，在干扰较强或对可靠性要求很高的场合，可选择采取交流稳压器、隔离变压器、UPS 电源等供电系统。

8.3.2 PLC 外围电路

PLC 外围电路是用于实现外部 I/O 设备与 PLC 的连接一种电路，根据功能的不同可分为输入外围电路和输出外围电路两类。由于 I/O 设备的多少直接决定了 PLC 控制系统的价格，因此，进行 PLC 外围电路设计时，要合理配置、适度简化。

1. 输入外围电路

根据功能的不同，输入外围电路可分为操作指令电路、参数设置电路、反馈电路及手动电路等。在实现同样控制功能的情况下，对不同的输入外围电路，可以采取如下方式进行简化：

1）对实现相同操控功能的输入点进行合并。如果外部输入信号总是以某种串/并联组合方式整体出现在梯形图中，可以将它们对应的触点串/并联后，再作为一个输入点接到 PLC 中。

例如，某工业控制系统，有两个设置在不同位置的起动开关，用于控制同一设备运行。根据逻辑化简原理，可以将两处的起动开关并联后再输入给 PLC，两处的起动开关并联后，仅需要一个输入点就能实现控制要求。

2）分时分组处理输入点。如自动程序和手动程序不会在同一时间执行指令，则可以将自动和手动两种工作方式分别使用的输入信号分成两组，两种工作方式分时使用相同的输入点。另外，为了操作的便利，最好增加一个自动/手动指令信号，用于两种工作方式的切换。

3）减少多余信号的输入。如果通过 PLC 软件能断定输入信号的状态，则可以减少多余信号的输入。例如，某系统设有全自动、半自动和手动三种工作方式，通过转换开关进行切换，常用的方式是将转换开关的三路信号全部输入到 PLC。如果转换开关既没有选择全自动方式也没有选择半自动方式，根据系统约束条件可知，转换开关只能选择手动方式，因此，可以用全自动与半自动的"非"来表示手动，从而节省一个输入点。

2. 输出外围电路

根据功能的不同，输出外围电路可分为显示电路、负载电路、主电路及安全保护电路等。与输入点简化相同，在进行 PLC 输出外围电路设计时，也可以采取如下方式进行简化：

1) 负载并联处理。在负载电压一致，且总负荷容量不超过输出模块允许的负载容量时，可以将这些负载并联在一起，用一个输出点来驱动。

2) 使用接触器辅助触点。PLC 输出驱动大功率负载时，常要通过接触器进行电压或功率的转换。一般接触器除完成主控功能外，还提供了多对辅助触点，用来对有关设备进行联锁控制。设计 PLC 输出外围电路时，可充分利用这类辅助触点，使 PLC 的一个输出点可以同时控制两个或多个有不同要求的负载。通过外部转换开关的转换，一个输出点就能控制两个或多个不同时工作的负载，节省了 PLC 的输出点数。

3) 用数字显示器替代指示灯。如果系统的状态指示灯或程序工步很多，用数字显示器的状态来替代指示灯，也可以节省输出点数。

4) 多位数字显示器的动态扫描驱动。对于多位数字显示器，如果直接用数字量输出点来控制，所需要的输出点会很多，使用动态扫描技术，可以大幅度地减少输出点数。

5) 在输出回路中设计安全保护措施。例如，增加熔断器以实现限流保护，对于电感性直流负载并联保护二极管等。

6) 使用者必须注意到 PLC 继电器输出接点所允许工作的电压/电流额定值，正确选择和设计 PLC 接口电路。

7) 如果 PLC 输出接点所连接的是直流感性负载，为了消除感性负载断路时产生的反电动势对输出触点的影响，应对感性负载实施二极管续流或 RC 电路泄放。

8.4 PLC 软件设计

PLC 软件设计和任何软件设计的过程一样，要经历需求分析、软件设计、编码实现、现场调试和运行维护等几个环节。

8.4.1 PLC 软件设计的基本原则

PLC 软件设计类似于微型计算机中的接口程序设计，是以系统要实现的工艺要求、硬件组成和操作方式等条件为依据来进行的。但由于 PLC 本身的特点，其程序设计相对于一般计算机程序也有其特殊性。在进行 PLC 程序设计时应注意以下几个方面：

1) 对 I/O 信号进行统一操作，确定各个信号在 PLC 一个扫描周期内的唯一状态，避免由同一信号不同状态而引起的逻辑混乱。

2) 由于 CPU 在每个周期内都固定进行某些窗口服务，占用一定机器时间，因此，要确保周期时间不能无限制缩短。

3) 定时器的时间设定值不能小于 PLC 扫描周期时间；在对定时时间的准确度要求较高时，要保证定时器时间设定值是平均周期扫描时间的整数倍，否则，可能带来定时误差。

4）用户程序中如果多次对同一参数赋值，只有最后一次赋值操作结果有效，前几次赋值操作结果不影响实际输出状态。

5）指令盒类指令在使能端有效执行后，其传送结果保留（即便在使能端无效时）；线圈输出在控制端有效时为 ON，在控制端无效时恢复 OFF。

6）同一程序中一个线圈只能使用一次"＝"输出指令。

8.4.2　PLC 软件设计的内容和步骤

1. PLC 软件设计的内容

PLC 程序设计的基本内容一般包括：参数表的定义（需要时）、程序框图绘制、程序编制、程序测试和程序说明书编写五项内容。

2. PLC 软件设计的步骤

编写 PLC 程序和编写其他计算机程序一样，其基本步骤如下。

1）对系统任务模块化。模块化就是把一个复杂的工程，分解成多个比较简单的小任务（模块），并建立其逻辑关系（程序框图）。用户可以对各个模块编程，然后通过控制程序将其组合在一起。

2）根据外围设备与 PLC 输入输出端口连接表建立程序流程图。

3）根据流程图编程（需要时进行参数表定义）。

4）现场联机程序调试。如果控制程序由几个部分组成，应先进行局部调试，然后再进行整体调试，直至满足控制系统要求。

5）编写程序说明等技术文件。

8.5　PLC 控制系统运行方式及可靠性

8.5.1　PLC 控制系统运行方式

PLC 系统运行方式主要是指系统工作方式和停止方式，正确合理设计系统的运行方式，不但方便用户使用，而且便于工程技术人员的调试和维护。

1. PLC 工作方式

基于 PLC 的控制系统，其工作方式有全自动、半自动和手动三种。

（1）全自动工作方式

全自动工作方式是 PLC 控制系统的主要运行方式。只要运行条件具备，控制器启动或者人工启动后，就能自动运行整个控制过程。

（2）半自动工作方式

半自动工作方式是指 PLC 控制系统的启动或运行中的某些步骤，需要人工干预才可继续运行的一种工作方式。半自动工作方式多用于检测手段不完善，需要人工判断，或某些设备不具备自动控制条件，需要人工干预的场合。

（3）手动工作方式

手动工作方式是指完全需要人工干预的一种工作方式。多用于设备调试、系统调整或紧急情况下的控制方式，由于手动工作方式缺少系统联锁信号，不符合系统安全运行规程，只能作为自动工作方式的辅助或后备方式。

2. PLC 停止方式

PLC 控制系统主要有正常停止、暂时停止和紧急停止三种。

（1）正常停止方式

正常停止方式是指由系统程序控制执行的停止方式。当运行步骤执行完毕，或系统接收到操作人员发出的停止指令后，按系统程序设计的停止步骤停止工作。

（2）暂时停止方式

暂时停止方式是指暂时停止执行当前程序的一种操作方式。暂时停止时系统所有的输出被置为停止状态，待暂停解除时继续执行被暂停的程序。

（3）紧急停止方式

紧急停止方式是指在系统出现异常情况或故障时强制停止系统运行的一种操作方式。当控制系统中的设备出现异常或故障时，必须立即停止所有设备运行，否则将导致重大事故或损坏设备。PLC 控制系统紧急停止时，所有设备停止运行，所有程序的执行被解除，系统复位到初始状态。为了安全可靠，紧急停止方式设计时，要既没有联锁条件，也没有延时时间，并且不受 PLC 运行状态的限制。

8.5.2　PLC 控制系统的可靠性

PLC 是专门为工业环境设计的控制装置，在生产制造 PLC 时，从设计到元器件选择都严格按照标准进行，因此，PLC 的 CPU 和 I/O 等硬件模块都具有很高的可靠性，可以直接在工业环境中使用。但是，如果环境过于恶劣、电磁干扰过于强烈或安装使用不当，都可能使系统无法正常运行。在实际应用 PLC 时，要尽可能从工程设计、安装施工和使用维护等方面，进一步提高 PLC 的可靠性。

1. 适宜工作环境的选择

尽管 PLC 可以在比较恶劣的环境中工作，但是良好的工作环境，对提高系统可靠性、保障系统稳定性、增强控制准确度和延长使用寿命等都是有益的。

（1）温度

不合适的温度会导致 PLC 准确度下降，故障率上升，使用寿命缩短。例如，使用 S7 - 200 PLC 时，要保证工作的环境温度在 0℃ ~ 55℃（最适合温度应在 18℃ 以下）。不能把发热量大的元件放在 PLC 下面，PLC 四周通风散热的空间应足够大。

（2）湿度

PLC 的工作环境过于潮湿，会导致其内部线路短路或元器件击穿。潮湿的环境还会降低 PLC 的绝缘性能，导致静电集结，而损坏器件。解决的方法可以使用空调控制室，采用密封机柜和防潮剂等。为了保证 PLC 良好的绝缘性能，空气的相对湿度一般应小于 85%。

（3）振动和冲击

振动和冲击会导致 PLC 内部继电器等器件的错误运行，会导致 PLC 控制系统机械结构的松动。解决的方法可以将 PLC 控制系统远离强烈的振动源，还可以使用减振橡胶来减轻柜内和柜外产生的振动。

（4）周围空气

如果周围空气中有较浓的粉尘、烟雾、腐蚀性气体或可燃性气体，会导致电路短路、电路板腐蚀、器件损坏、线路接触不良、系统火灾或爆炸等。解决的方法是将 PLC 封闭，或者把 PLC 安装在密闭性较好的控制室内，并安装空气净化装置。

2. 完善的抗干扰设计

PLC 是可以用在工业现场的计算机，具有很强的抗干扰能力，但是在实际应用场合仍易受到各种干扰信号的影响。在 PLC 控制系统设计时必须考虑一些抗干扰的措施，以保证系统能工作在更稳定、更可靠的状态。

（1）对空间电磁场的抗干扰措施

若 PLC 系统置于由电力网络、无线电广播、高频感应设备等产生的空间电磁场内，就会受到空间电磁场干扰。一般通过设置屏蔽电缆、PLC 局部屏蔽及高压泄放元件进行保护。

（2）对供电系统的抗干扰措施

对于 PLC 的供电系统，电磁干扰产生的感应电压/感应电流、交直流传动装置引起的谐波、开关操作浪涌、大型电力设备起停、电网短路暂态冲击等，都会直接影响控制系统的可靠性。一般通过串接滤波电路或使用浪涌吸收器进行保护，还可使用带屏蔽的隔离变压器、不间断 UPS 电源或开关电源。

（3）对 I/O 信号的抗干扰措施

PLC 的各类信号传输线，也易受到空间电磁场的干扰。由信号线引入的干扰会导致 I/O 信号工作异常，严重时将引起元器件损伤。而且，对于隔离性能差的系统，还将导致信号间互相干扰，造成逻辑数据变化、误动和死机。要抵抗这种干扰，用户可使用抗干扰性能强的 I/O 模块，或者对信号屏蔽接地，或者对感性输入增加保护措施。

3. 安全的软件设计

PLC 的可靠性不仅与硬件有关，与软件也有密切的关系，特别是用户应用程序的可靠性。在设计软件时，要采用标准化和模块化的设计方法，要充分考虑控制上和操作上可能出现的因果关系和转换条件。在对程序进行测试时，要完善测试数据参数，减少程序漏洞，以最大可能保证应用程序的可靠性。

8.6 PLC 控制系统的安装与调试

8.6.1 PLC 控制系统的安装

一般来说，工业现场的环境都比较恶劣，为了确保 PLC 控制系统安全可靠地运行，在进行 PLC 控制系统安装时，要严格按照设计的要求和符合产品的设计要求进行。

PLC 控制系统安装时要根据设计布局和系统硬件配置图，严格按照产品的安装规范进行安装。在安装时要注意：

1）PLC 应远离强干扰源，如大功率晶闸管装置、变频器、高频焊机和大型动力设备等。

2）PLC 不能与高压电器安装在同一个开关柜内，在柜内 PLC 应远离动力线（二者之间的距离应大于 20 cm）。

3）与 PLC 装在同一个开关柜内的电感性元件（如继电器、接触器的线圈），应并联 RC

消弧电路。

4）插拔模块时不得用手或工具直接触摸电子线路板，严禁用容易产生静电的刷子或化纤等清洗各类模块和设备，操作者应采取防静电措施，如佩戴防静电手套或手链等。

5）要对模块做好保护措施，避免小杂物进入模块内。保管好体积小的配件和材料，并保持安装环境的整洁卫生。

8.6.2　PLC 控制系统的调试

联机调试是 PLC 控制系统最后一个设计步骤。PLC 控制系统的调试可以分为模拟调试和现场调试两个阶段。

（1）模拟调试

用户程序在联机调试前需进行模拟调试。在实验室进行模拟调试时，实际的输入信号可以用开关和按钮来模拟，各输出量的通断状态用 PLC 上的发光二极管来显示。在模拟调试时，一般不接电磁阀、接触器等实际的负载。

在模拟调试时应充分考虑各种可能的情况，对系统的各种工作方式，应逐一检查。发现问题后及时修改用户程序，直到在各种可能的情况下输入量与输出量之间的关系完全符合设计要求。

如果程序中某些定时器或计数器的设定值过大，为了缩短调试时间，可以在调试时将它们减小，模拟调试结束后再写入它们的实际设定值。

检查程序无误后，便可以把 PLC 接到控制系统中，进行现场调试。

（2）现场调试

完成模拟调试工作后，将 PLC 安装在控制现场进行现场联机调试。具体过程如下。

1）查接线、核对地址，要逐点进行，确保正确无误。

2）检查 I/O 模块是否正确，工作是否正常。必要时，还可用标准仪器检查 I/O 的准确度。

3）检查、测试指示灯。控制面板上如有指示灯，应先对对应指示灯进行检查。通过检测指示灯，来查看系统逻辑关系是否正确。调好指示灯，将对进一步调试提供方便。

4）检查手动动作及手动控制逻辑关系。查看各个手动控制的输出点，验证是否有相应的输出及与输出对应的动作，之后再看各个手动控制是否能够实现，如有问题立即解决。

5）系统试运行检查。如果系统可以自动运行，要先进行半自动调试，调试时一步步推进，直至完成整个控制周期。在完成半自动调试后，可进行全自动调试，要多观察几个工作周期，以确保系统能正确无误地连续工作。

6）异常条件检查。完成上述调试后，最好再进行一些异常条件检查。如果系统出现异常情况或一些难以避免的非法操作时，检查是否会停机保护或提示报警。

在联机调试时，对可能出现的传感器、执行器和硬件接线等方面的问题，或 PLC 梯形图程序设计中的问题，要及时进行解决。如果调试达不到相关指标要求，则对相应硬件和软件部分作适当调整（通常修改程序可能达到调整的目的）。全部调试通过后，还要经过一段时间的试运行，系统方可投入到实际运行中。

8.7 PLC 控制系统设计实例

8.7.1 三相异步电动机带延时的正反转控制系统

本节以三相异步电动机的控制为例，介绍电动机起动、停止、正转、反转和互锁保护控制功能的设计过程和编程。

1. 工作原理

异步电动机是一种将电能转换成机械能的动力机械，其结构简单、使用方便、可靠性高、易于维护、不受使用场所限制，广泛应用于厂矿企业、科研生产、交通运输、娱乐生活等各个领域。在自动控制系统中，根据生产过程和工艺要求，经常要对电动机进行起动、停止、正转、反转、顺序起动、减压起动、自锁保护和互锁保护等方面的控制。

电气设备上下、左右、前后的运动，正是利用电动机的正转和反转功能实现的。三相异步电动机的正反转可借助正反向接触器改变定子绕组的相序来实现，控制的方法很多，但都必须保证正反向接触器不会同时接通，以防造成电动机短路故障（常用"互锁"电路来避免此类故障）。如图8-5所示为三相异步电动机正、反转主电路。M为电动机，三绕组，每绕组均有首尾接头。继电器KM1和KM2分别控制电动机的正转运行和反转运行，继电器KM3用于控制电动机的星形连接。

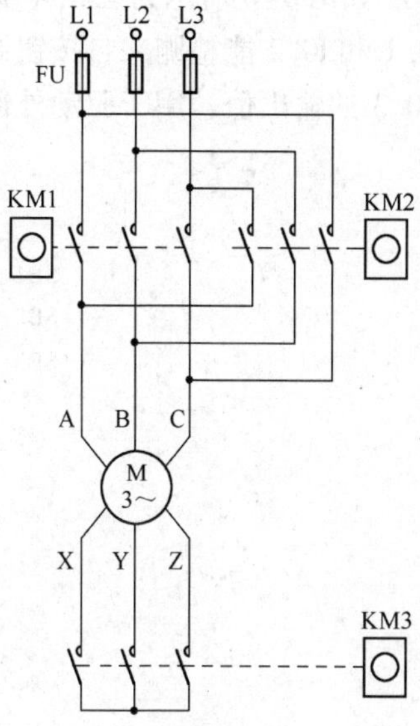

图 8-5 电动机正反转主电路
工作原理图

2. 系统控制要求

对三相异步电动机正反转控制系统的要求如下。

1）实现三相异步电动机的起动、停止控制。

2）实现三相异步电动机的正转、反转控制。

3）实现三相异步电动机在正向运转时，延时1~2s后能进入反向运转模式。

4）实现三相异步电动机在反向运转时，延时1~2s后能进入正向运转模式。

5）实现三相异步电动机的互锁保护控制。

3. 控制系统 I/O 资源分配

PLC系统设计时，I/O资源分配非常重要。资源规划的好坏，将直接影响到系统软件的设计质量。根据系统控制要求，设计使用3个继电器分别控制电动机的正转、反转与停止，资源分配表见表8-1。

表 8-1 系统 I/O 资源分配表

名　称	代　码	地　址	说　明
正转起动按钮	SB1	I0.0	电动机正向转动
反转起动按钮	SB2	I0.1	电动机反向转动
停止按钮	SB3	I0.2	电动机停止

名 称	代 码	地 址	说 明
控制继电器1	KM1	Q0.0	控制电动机的正向转动
控制继电器2	KM2	Q0.1	控制电动机的反向转动
控制继电器3	KM3	Q0.3	控制电动机星形连接

4. 选定 PLC 型号

根据 I/O 资源的配置可知，系统共有 3 个开关量输入点，3 个开关量输出点。考虑到 I/O 点的利用率和 PLC 的价格，可选用西门子公司的 S7 – 200 PLC CPU221。

5. 控制系统接线图

如图 8-6 所示为三相异步电动机正反转控制电路外围接线图，PLC 的输入开关量 I0.0、I0.1 和 I0.2 能检测来自按钮 SB1、SB2 和 SB3 输入信号，PLC 的输出开关量 Q0.0、Q0.1 和 Q0.3 的输出值，用于驱动外部控制继电器，以实现相应的控制动作。

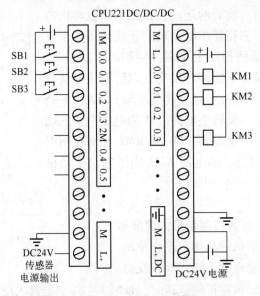

图 8-6　电动机正、反转 PLC 控制接线图

6. 控制系统软件设计

三相异步电动机带延时的正反转控制系统软件的开发设计，可以在西门子公司提供的 STEP 7 – Micro/WIN V4.0 编程环境中进行。在 STEP 7 – Micro/WIN V4.0 编程环境中，通过软件设计实现对电动机的起动、停止、正转、反转和互锁保护等功能，具体操作步骤如下所示。

（1）建立新工程

在 STEP 7 – Micro/WIN V4.0 主操作界面下，选择主菜单中的"文件→新建"选项或单击工具栏中的"新建项目"图标，在主操作窗口中将显示新建的程序文件区，新建的程序文件以"项目 1"命名，如图 8-7a 所示。

用户可以根据实际情况选择 PLC 型号。右键单击"CPU224XP CN REL 02.01"图标，在弹出的快捷菜单中单击"类型"，如图 8-7b 所示。在"PLC 类型"对话框中，选择需要的 CPU221 类型，单击"确认"按钮，如图 8-7c 所示。

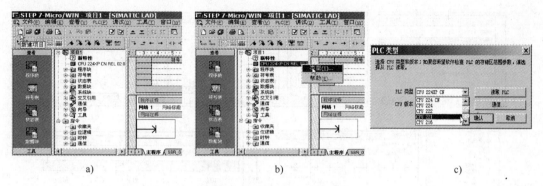

图 8-7　建立新工程对话框
a）新建工程　b）更改类型　c）选择类型

（2）编写控制程序

根据控制系统要求在 STEP 7 – Micro/WIN V4.0 中编写控制程序，具体操作步骤如图 8-8 所示。

1）在程序编辑窗口中将光标定位到所要编辑的位置。

2）从指令树中选择需要的常开触点，双击或者按住鼠标左键拖放元件到指定位置。

3）在"?? .?"处输入常开触点元件的地址 I0.0（不区分大小写，如输入"i0.0"，按〈Enter〉键确认后自动生成"I0.0"，且光标自动右移一格）。

4）选择并添加内部线圈 M0.0，实现自锁。

5）选择并添加内部常开触点 M0.0。

6）选择需要添加向上分支的位置，单击工具栏中的"向上连线"按钮。

7）选择需要添加向下分支的位置，单击工具栏中的"向下连线"按钮。

8）选择接通延时定时器 TON。

9）在定时器上方的"????"输入定时器号 T37，按〈Enter〉键确认后，光标自动移动到预置时间值参数处，输入 80（实现电动机正转 8s 的时间长度），再按按〈Enter〉确认。

10）按上述方法，完成该控制系统的其余程序段。

为了增加程序的可读性和调试维修的方便，可单击"程序注释""网络标题"或"网络注释"，输入必要的说明的信息。

（3）控制程序清单

三相异步电动机带延时的正反转控制系统的梯形图程序和语句表程序，如图 8-9 所示。

7. 控制系统调试

三相异步电动机带延时的正反转控制程序的工作过程如下。

（1）电动机正转→延时（8 s）→停止（1 s）→反转

1）如果首先按下正向起动按钮 SB1，常开触点 I0.0 闭合，线圈 Q0.0 得电，线圈 Q0.3 也同时得电，即继电器 KM1 和 KM3 的线圈得电，此时电机正转。

2）电动机正转工作 8 s 后，Q0.0 的线圈失电，延时 1s 后 Q0.1 的线圈得电，即继电器 KM1 的线圈失电，继电器 KM2 的线圈得电，此时电机反转。

（2）电动机反转→延时（10 s）→停止（1 s）→正转

1）如果首先按下反向起动按钮 SB2，常开触点 I0.1 闭合，线圈 Q0.1 得电，线圈 Q0.3

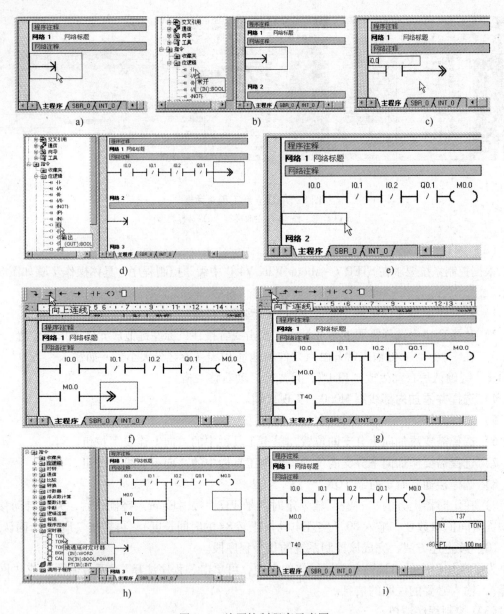

图 8-8　编写控制程序示意图

a）选择网络　b）选择添加的触点　c）输入触点编号　d）选择添加的线圈　e）准备添加触点

f）准备添加向上分支　g）准备添加向下分支　h）选择添加定时器　i）设置定时器参数

也同时得电，即继电器 KM2 和 KM3 的线圈得电，此时电机反转。

2）电动机反转工作 10 s 后，Q0.1 的线圈失电，延时 1 s 后 Q0.0 的线圈得电，即继电器 KM2 的线圈失电，继电器 KM1 的线圈得电，此时电机正转。

（3）自锁保护

内部线圈 M0.0 和 M1.0 得电时，对 I0.0 和 I0.1 实现自锁保护。

（4）停止运行

在电动机正转或反转时，按下停止按钮 SB3，电动机停止运转。

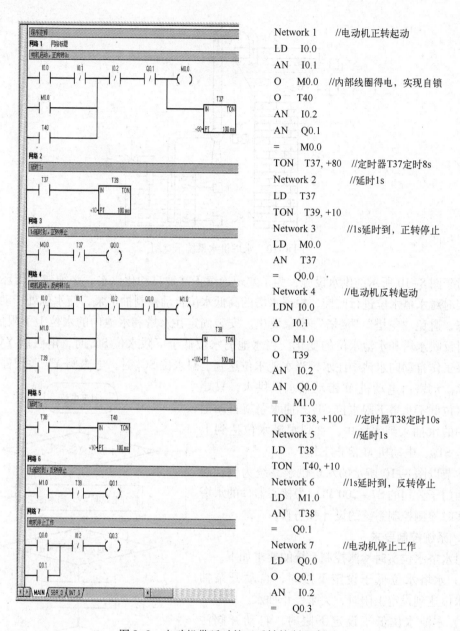

	Network 1　　//电动机正转起动
	LD　　I0.0
	AN　　I0.1
	O　　M0.0　//内部线圈得电，实现自锁
	O　　T40
	AN　　I0.2
	AN　　Q0.1
	=　　M0.0
	TON　T37, +80　//定时器T37定时8s
	Network 2　　//延时1s
	LD　T37
	TON　T39, +10
	Network 3　　//1s延时到，正转停止
	LD　M0.0
	AN　T37
	=　　Q0.0
	Network 4　　//电动机反转起动
	LDN　I0.0
	A　　I0.1
	O　　M1.0
	O　　T39
	AN　　I0.2
	AN　　Q0.0
	=　　M1.0
	TON　T38, +100　//定时器T38定时10s
	Network 5　　//延时1s
	LD　T38
	TON　T40, +10
	Network 6　　//1s延时到，反转停止
	LD　M1.0
	AN　T38
	=　　Q0.1
	Network 7　　//电动机停止工作
	LD　Q0.0
	O　　Q0.1
	AN　　I0.2
	=　　Q0.3

图 8-9　电动机带延时的正反转控制程序图

8.7.2　水塔水位实时检测控制系统

1. 工艺过程

水塔供水设施主要有水塔、水池、抽水泵和补水泵组成，如图 8-10 所示为一个简化的水塔供水系统示意图，其中，ST_H 和 SC_H 为水塔和水池的上限水位传感器，ST_L 和 SC_L 为水塔和水池的下限水位传感器；电机 M 驱动抽水泵工作，从水池中抽水注入水塔中；水池注水控制电磁阀 YV 开启，补水泵工作，自动把水注满储水水池。如图 8-11 所示为该水塔水位实时检测控制系统流程图。

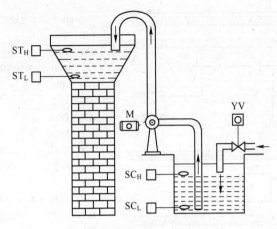

图 8-10　水塔供水系统示意图

对于图 8-10 所示的供水设施，为了实现连续正常地自动化供水，必须建立闭环控制系统，实时对水塔水位进行监控，根据水塔的高低水位自动控制抽水泵，使水位处于动态的平衡状态，避免"空塔""溢塔"现象发生。安装固定在水塔和水池内的水位上下限传感器，能实时反映水塔和水池水位的变化。当水池的水位低于下限水位 SC_L 时，电磁阀 YV 打开，补水泵工作自动向水池中注水；当水池水位达到上限水位 SC_H 时，电磁阀 YV 关闭停止向水池注水。水塔由电动机 M 带动抽水泵供水，只要水塔水位低于水塔下限水位 ST_L，抽水泵就自动把水池中的水抽入到水塔中，直到水塔水位达到上限水位 ST_H，电动机 M 停止工作。

本节以图 8-10 所示的水塔供水系统为例，阐述以西门子公司的 S7 - 200 PLC 为核心器件的水塔水位实时检测控制系统的设计和仿真。

2. 系统控制要求

对水塔水位实时检测控制系统的要求如下。

1）水塔水位低于设定下限时，自动开泵抽水，水位达到设定上限时，关泵停止抽水。

2）水池水位低于设定下限时，自动开阀注水，水位达到设定上限时，关阀停止注水。

3）要有完善的报警功能，在系统发生故障时能发出声光报警。

4）要有必要的人机界面，如指示水位高低的指示灯、电动机工作指示灯等。

5）对抽水泵和补水泵要有手动控制功能，以便在应急或检修时临时使用。

3. 控制系统 I/O 资源分配

用 PLC 构成水塔水位实时检测控制系统的资源分配表见表 8-2。水塔和水池水位上下限信号分

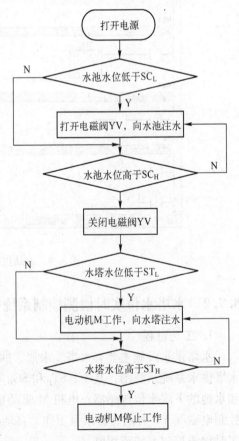

图 8-11　水塔供水系统控制流程图

别为 I0.0、I0.1、I0.2 和 I0.3，当水淹没上下限传感器时，它们的值为低电平 0，否则为高电平 1。

表 8-2　系统 I/O 资源分配表

名　称	代　码	地　址	说　明
水塔水位上限信号	ST_H	I0.0	水塔的最高水位指示
水塔水位下限信号	ST_L	I0.1	水塔的最低水位指示
水池水位上限信号	SC_H	I0.2	水池的最高水位指示
水池水位下限信号	SC_L	I0.3	水池的最低水位指示
电动机	M	Q0.0	电动机工作，将水池的水抽入水塔中
电磁阀	YV	Q0.1	控制是否向水池注水

4. 选定 PLC 型号

根据 I/O 资源的配置可知，系统共有 4 个开关量输入点，2 个开关量输出点，此处选用西门子公司的 S7-200 PLC CPU224。

5. 控制系统接线图

如图 8-12 所示为水塔水位实时检测控制外围接线图，PLC 的输入开关量 I0.0、I0.1、I0.2 和 I0.3 检测来自高低水位传感器 ST_H、ST_L、SC_H 和 SC_L 的输入信号，PLC 的输出开关量 Q0.0 和 Q0.1 的输出值，用于驱动外部负载，以实现相应的控制动作。

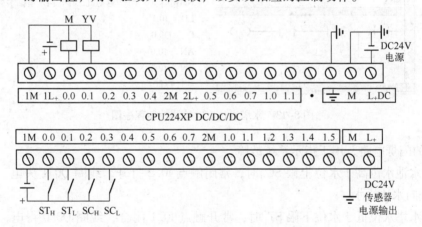

图 8-12　水塔水位实时检测 PLC 控制接线图

6. 控制系统软件设计

水塔水位实时检测控制系统软件的开发设计，是在 STEP 7 - Micro/WIN V4.0 编程环境中进行的，具体操作步骤可参考 8.7.1 节应用实例的设计。

水塔水位实时检测控制系统的梯形图程序和语句表程序如图 8-13 所示。

水塔水位实时检测控制程序工作过程如下。

1）当水池水位低于水位下限 SC_L 时，常开触点 I0.3 闭合，线圈 Q0.1 得电，打开电磁阀 YV 开始向水池注水。同时定时器 T39 开始计时，计时时长为 4 s。

2）如果计时 4 s 后，水池水位还是低于水位下限 SC_L，表示电磁阀 YV 没有向水池注水，系统有故障时光电报警。在本系统中，利用定时器 T37 和定时器 T38，组成了一个 0.5 s

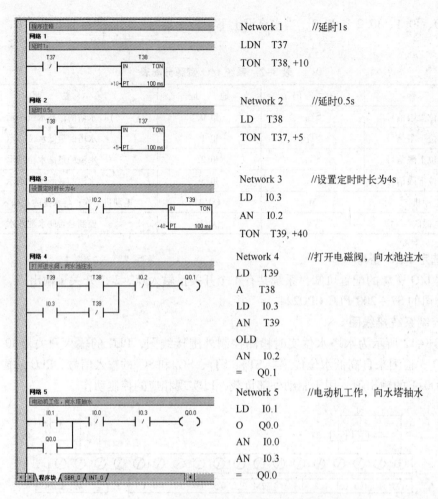

程序注释	Network 1　　　//延时1s
网络 1	LDN　T37
延时1s	TON　T38, +10

网络 2	Network 2　　　//延时0.5s
延时0.5s	LD　T38
	TON　T37, +5

网络 3	Network 3　　　//设置定时时长为4s
设置定时时长为4s	LD　I0.3
	AN　I0.2
	TON　T39, +40

网络 4	Network 4　　　//打开电磁阀，向水池注水
打开进水阀，向水池注水	LD　T39
	A　T38
	LD　I0.3
	AN　T39
	OLD
	AN　I0.2
	＝　Q0.1

网络 5	Network 5　　　//电动机工作，向水塔抽水
电动机工作，向水塔抽水	LD　I0.1
	O　Q0.0
	AN　I0.0
	AN　I0.3
	＝　Q0.0

图 8-13　水塔水位实时检测控制程序图

通、1 s 断的闪烁电路，用于指示系统故障。

3）当水池水位高于水位上限 SC_H 时，常闭触点 I0.2 打开，线圈 Q0.1 失电，关闭电磁阀 YV 停止向水池注水。

4）当水塔水位低于水位下限 ST_L 时，常开触点 I0.1 闭合，线圈 Q0.0 得电，电动机 M 工作，抽水泵向水塔注水。

5）当水塔水位高于水位上限 ST_H 时，常闭触点 I0.0 打开，线圈 Q0.0 失电，电动机 M 停止工作。

8.7.3　带有数显及倒计时功能的 4 人抢答器系统

1. 工作原理

PLC 抢答器外部控制由 4 个选手抢答开关、一个数码管、一个开始按钮和一个复位按钮组成。在按下开始按钮之后数码管显示倒计时，当倒计时为 0 时开始抢答，4 个抢答开关分别对应数字 1、2、3、4，数码管将显示最先按下的按钮所对应的数字。按下清零按钮之后数码管恢复为 0。

2. 系统控制要求

对 4 人抢答器的控制要求如下。

1) 能对抢答器进行开始和清零控制。

2) 要求 4 个抢答按钮之间互锁。

3) 要求在筛选出抢答者之后数码管要显示其对应的数字。

3. 控制系统 I/O 分配

用 PLC 构成的 4 人抢答器的控制系统的资源分配表见表 8-3。

表 8-3　系统 I/O 资源分配表

名　　称	代　　码	地　　址	说　　明
开始按钮	SB1	I1.0	开始倒计时
复位按钮	SB2	I1.1	抢答器复位
抢答按钮 1	SB3	I0.1	抢答人 1
抢答按钮 2	SB4	I0.2	抢答人 2
抢答按钮 3	SB5	I0.3	抢答人 3
抢答按钮 4	SB6	I0.4	抢答人 4
数码管	XS	QB0	倒计时显示/抢答人显示

4. 选择 PLC 型号

根据 I/O 资源的配置可知，系统共有 6 个开关输入量，8 个开关输出量，因此选用西门子公司的 S7-200 PLC CPU224。

5. 控制系统接线图

图 8-14 所示为 4 人抢答器的外围接线图，PLC 的输入开关量 I1.0、I1.1 为系统开始和复位控制按钮，I0.1 ~ I0.4 为抢答按钮，7 段数码管共阴极连接由 QB0 驱动。

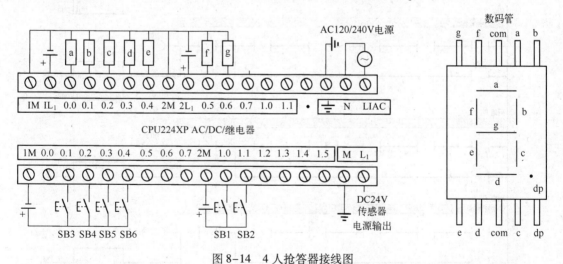

图 8-14　4 人抢答器接线图

6. 控制系统软件设计

4 人抢答器系统的梯形图程序如图 8-15 所示。

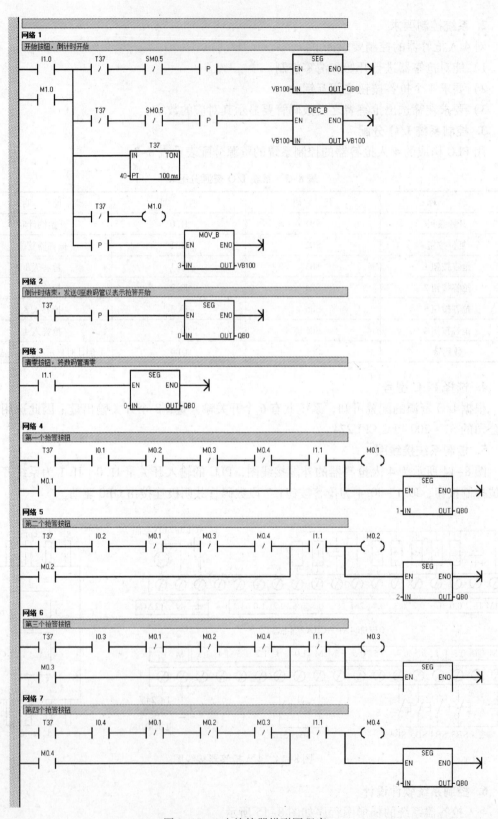

图 8-15　4 人抢答器梯形图程序

8.7.4 自动搬运车控制系统

1. 工艺过程

自动搬运车是一种自动完成不同地点货物的装载和卸载的运输装置。自动搬运车是现代自动化物流系统中的关键设备之一,能实现自动、高效、低故障无人化作业,是物流货物搬运作业正确、安全运行的重要保障。自动搬运车代替传统的人工搬运方式,大大减轻了工人的劳动强度,改善了工作条件和环境,提高了自动化生产水平。

如图 8-16 所示为一个自动搬运车操作示意图,自动搬运车的控制过程属于双向控制,可由一台三相异步电动机拖动,电动机正转,搬运车向右行,电动机反转,搬运车向左行。在自动搬运车行程线上有 6 个编码为 R1、R2、R3、L1、L2 和 L3 的站点供搬运车停靠,在每一个停靠点安装一个行程开关以监视搬运车是否到达该站点。

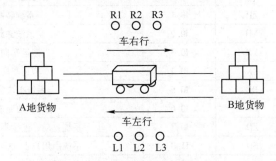

图 8-16　自动搬运车操作示意图

自动搬运车的工艺流程比较简单,属于顺序功能控制。如图 8-17 所示为自动搬运车工艺流程图,共有 7 步动作,每次循环动作均从 A 地开始。

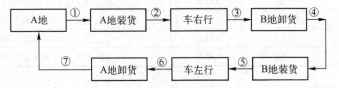

图 8-17　自动搬运车控制流程图

自动搬运车的操作方式分为手动操作、全自动操作、单周期操作和单步操作 4 种类型。手动操作是指用按钮操作对自动搬运车的每一步动作单独进行控制,如控制车右行/左行、装货/卸货等;全自动操作是指按下起动按钮后,自动搬运车的动作将自动地、连续不断地周期性循环,直到按下停止按钮后结束;单周期操作是指自动搬运车的动作自动完成一个周期后就停止;单步操作是指每按一次起动按钮,自动搬运车完成一步操作,然后自动停止。

本节以图 8-16 所示的自动搬运车控制系统为例,阐述以 S7-200 PLC 为核心器件的自动搬运车控制系统的设计过程。

2. 系统控制要求

对自动搬运车控制系统的要求是:

1) 控制系统要能实现搬运车自动运行,且要有一定的方向性。

2) 控制系统要有货物位置检测和货物形态检测装置,以便精确无误地进行货物的自动装载和卸载。

3）控制系统要有车辆位置定位和限位装置，以便搬运车能准确停靠到 R1、L1 等站点。

4）控制系统要有灵活的运行方式，如全自动操作、单周期操作等操作方式。

5）要有必要的人机界面，如系统起/停按钮、运行方式选择开关、右行/左行显示灯、装货/卸货指示灯等。

6）要有手动控制功能，以便突发异常紧急停止系统运行，或在系统维护检修时使用。

3. 控制系统 I/O 资源分配

用 PLC 控制自动搬运车的资源分配表见表 8-4。

表 8-4　系统 I/O 资源分配表

名　称	代　码	地　址	说　明
系统起/停按钮	QT	I0.0	系统起动/停止运行
装载货物按钮	ZH	I0.1	系统装载货物
卸载货物按钮	XH	I0.2	系统卸载货物
搬运车右行开关	YX	I0.3	搬运车向右行驶
搬运车左行开关	ZX	I0.4	搬运车向左行驶
单步操作方式按钮	DB	I0.5	系统单步完成动作
单次周期操作方式开关	DC	I0.6	系统自动完成一个周期
全自动操作方式开关	ZD	I0.7	系统自动、连续不断地周期性运行
手动操作方式开关	SD	I1.0	系统由用户手动操作完成各步动作
搬运车装货指示灯	S1	Q0.0	搬运车装货，该指示灯点亮
搬运车卸货指示灯	S2	Q0.1	搬运车卸货，该指示灯点亮
右行线站点 1	R1	Q0.2	右行线上，可供搬运车停靠的站点 1
右行线站点 2	R2	Q0.3	右行线上，可供搬运车停靠的站点 2
右行线站点 3	R3	Q0.4	右行线上，可供搬运车停靠的站点 3
左行线站点 1	L1	Q0.5	左行线上，可供搬运车停靠的站点 1
左行线站点 2	L2	Q0.6	左行线上，可供搬运车停靠的站点 2
左行线站点 3	L3	Q0.7	左行线上，可供搬运车停靠的站点 3

4. 选定 PLC 型号

根据 I/O 资源的配置可知，系统共有 9 个开关量输入点，8 个开关量输出点，此处选用了西门子公司的 S7 - 200 PLC CPU224。

5. 控制系统接线图

如图 8-18 所示为自动搬运车控制系统的外围接线图，PLC 的输入开关量 I0.0 ~ I1.0 检测按钮和开关的输入信号；PLC 的输出开关量 Q0.0 ~ Q0.7 的输出值，用于驱动外部负载，以实现相应的控制动作。

6. 控制系统软件设计

自动搬运车控制系统软件的开发设计，是在 STEP 7 - Micro/WIN V4.0 编程环境中进行，具体操作步骤可参考 8.7.1 节应用实例的设计。

自动搬运车控制系统的梯形图和语句表程序由电子文档提供。

自动搬运车控制程序工作过程如下。

1）按下起/停按钮 QT，系统启动，等待用户选择系统操作方式。

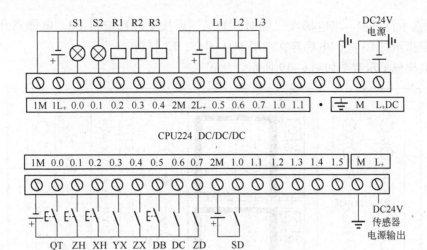

图 8-18 自动搬运车控制系统 PLC 控制接线图

2）当手动操作方式开关 SD 为 ON，系统以手动操作方式工作。按下装货按钮 ZH，搬运车在 A 地装货，装货指示灯 S1 亮，15 s 后搬运车装货完毕 S1 灭；右行开关 YX 为 ON，搬运车开始向右行驶，在右行线上，用依次（间隔时长为 2 s）被点亮的指示灯表示经过 R1、R2、R3 站点；搬运车行驶到 B 地后，按下卸货按钮 XH，搬运车在 B 地装货，卸货指示灯 S2 亮，15 s 后搬运车卸货完毕 S2 灭，同时，空的搬运车可以在 B 地装载新的货物；左行开关 ZX 为 ON，搬运车开始向左行驶，在左行线上，用依次（间隔时长为 2 s）被点亮的指示灯表示搬运车经过 L1、L2、L3 站点；最后，搬运车返回 A 地卸货。

3）当全自动操作方式开关 ZD 为 ON，系统以全自动操作方式工作。自动完成 "A 地装货→车右行→B 地卸货→B 地装货→车左行→A 地卸货"。延时 5 s 后，开始下一个周期，且连续不断地循环。如果在搬运车工作中按下起/停按钮 ST，系统不会立即停止工作，而是在搬运车完成一个周期的动作后，返回 A 地自动停止。

4）当单周期操作方式开关 DC 为 ON，系统以单周期操作方式工作。完成 "A 地装货→车右行→B 地卸货→B 地装货→车左行→A 地卸货"，然后系统自动停止。

5）当按下单步操作方式按钮 DB 时，系统以单步操作方式工作，每按一次该按钮，搬运车运行一步。

8.7.5 三层电梯控制系统

1. 工作过程

电梯由安装在各楼层厅门口的上行和下行呼叫按钮进行呼叫操纵，从而确定电梯运行方向。三层电梯输入/输出控制功能及符号见表 8-5。

电梯轿厢内设有楼层内选按钮 S1～S3，用以选择需停靠的楼层。L1 为一层指示、L2 为二层指示、L3 为三层指示，SQ1～SQ3 分别为 1、2、3 楼层到位行程开关。工作过程如下。

1）设电梯起始位置停在一层，SQ1 开关闭合。

2）内选上行过程。当电梯在一层时，按电梯内选按钮 S2，电梯内选指示 SL2 亮，电梯上行离开一层时，SQ1 断开，L2 灯亮，电梯到二层，L2 灯灭，SQ2 闭合，电梯停在二层。

3）外选上行过程。当电梯在二层时，如果三层按下外选按钮 D3，电梯离开二层 SQ2 断开，三层指示灯 L3 亮，电梯停在三层 SQ3 闭合，L3 灯灭。

三层电梯模拟示意图如图 8-19 所示。

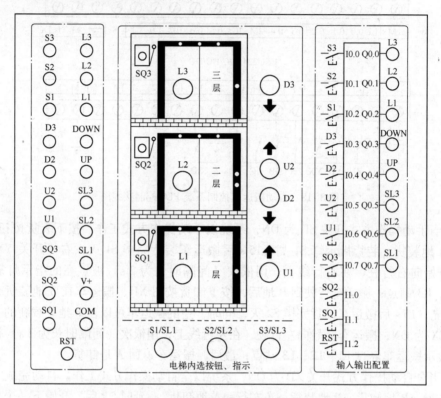

图 8-19　三层电梯模拟示意图

2. 控制系统 I/O 分配

控制系统 PLC 的 I/O 分配见表 8-5。

表 8-5　I/O 端口分配表

输入/输出控制功能	输入/输出点	输入/输出控制功能	输入/输出点
三层内选按钮 S3	I0.0	复位 RST	I1.2
二层内选按钮 S2	I0.1	三层指示 L3	Q0.0
一层内选按钮 S1	I0.2	二层指示 L2	Q0.1
三层下呼按钮 D3	I0.3	一层指示 L1	Q0.2
二层下呼按钮 D2	I0.4	控制电动机轿厢下降（指示 DOWN）	Q0.3
二层上呼按钮 U2	I0.5	控制电动机使轿厢上升（指示 UP）	Q0.4
一层上呼按钮 U1	I0.6	三层内选指示 SL3	Q0.5
三层行程开关 SQ3	I0.7	二层内选指示 SL2	Q0.6
二层行程开关 SQ2	I1.0	一层内选指示 SL1	Q0.7
一层行程开关 SQ1	I1.1		

3. 选择 PLC 型号

根据 I/O 资源的配置可知，系统共有 11 个开关量输入点，8 个开关量输出点，此处选用了西门子公司的 S7 - 200 PLC CPU224。

4. 控制系统接线图

读者可参考本书介绍的应用实例，自行设计三层电梯控制系统的接线图。

注意：

1）控制电梯上行和下行的电动机主电路读者可以参考相关专业资料。

2）电梯控制电路中的各路电源电压要分别符合 PLC 及外部接触器、指示灯等元器件对工作电压的要求。

5. 控制系统梯形图程序

三层电梯梯形图程序由电子文档提供。

8.8 项目技能实训

8.8.1 交流异步电动机星 - 三角（Y - △）减压起动控制系统

1. 实训目的

1）熟悉和掌握 PLC 控制系统的设计方法、步骤。

2）进一步掌握 S7 - 200 PLC 的程序设计方法。

2. 实训内容

（1）工作原理

交流异步电动机星 - 三角减压起动的工作过程是：电动机在起动过程中，首先将三绕组的尾端连在一起，首端则接在三相电源上，此时形成星形连接；经过一段时间，再将三相绕组的首尾依次相连，在三个连接点处，加上三相交流电源，实现三角形连接。

（2）PLC 控制系统

利用 S7 - 200 PLC 控制系统实现交流异步电动机星 - 三角减压起动。

利用 STEP 7 - Micro/WIN V4.0 编写步进电机运动控制的梯形图程序。

3. 实训设备及元器件

1）S7 - 200 PLC 实验工作台或 PLC 装置。

2）安装有 STEP 7 - Micro/WIN 编程软件的 PC。

3）PC/PPI + 通信电缆线。

4）开关、继电器或接触器、导线等必备器件。

4. 系统控制要求

对交流异步电动机星 - 三角减压起动控制系统的要求如下。

1）实现交流异步电动机的起动、停止控制。

2）实现交流异步电动机起动 1 ~ 2 s 后，进入星形运行控制。

3）实现交流异步电动机起动 5 ~ 7 s 后，进入三角形运行控制。

5. 控制系统 I/O 资源分配

PLC 系统设计时，资源分配非常重要。资源规划的好坏，将直接影响系统软件的设计质量。根据系统控制要求，设计使用3个继电器分别控制电动机的起停、星形与三角形运行，资源分配表见表8-6。

表8-6 系统 I/O 资源分配表

名　称	代码	I/O映像寄存器地址	功能说明
起动按钮	SB1	I0.0	电动机起动
停止按钮	SB2	I0.2	电动机停止
控制继电器1	KM1	Q0.0	控制电动机的起停
控制继电器2	KM2	Q0.2	控制电动机三角形运转
控制继电器3	KM3	Q0.3	控制电动机星形运转

6. 选定 PLC 型号

根据 I/O 资源的配置可知，系统共有2个开关量输入点，3个开关量输出点，无模拟量输入/输出点，故可以选择 CPU22X 系列 PLC。又考虑到 I/O 点的利用率和 PLC 的价格，选用了西门子公司的 S7－200 PLC CPU221。

7. 控制系统原理图

如图 8-20a 所示为交流异步电动机星－三角减压起动主电路，M 为三相绕组电动机，每相绕组均有首尾接头；继电器 KM1、KM2、KM3 分别控制电动机的起停、三角形运行、星形运行。

继电器 KM1 控制着电动机三相绕组的首端与 ABC 三相电源相连，在电动机起动过程中，继电器 KM2 控制着电动机三相绕组的首尾相连成为三角形，继电器 KM3 控制着电动机三相绕组的尾端连接在一起成为星形。

如图 8-20b 所示为交流异步电动机星－三角减压起动控制外围接线图，PLC 的输入开

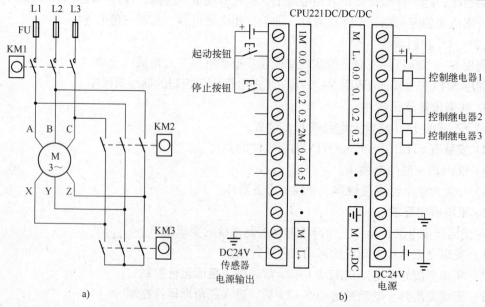

图 8-20 电动机星－三角减压起动控制原理图

a）电动机主电路工作原理图 b）电动机 PLC 控制接线图

278

关量 I0.0 和 I0.2 能检测来自按钮 SB1 和 SB2 的输入信号，PLC 的输出开关量 Q0.0、Q0.2 和 Q0.3 的输出值，用于驱动外部控制继电器，以实现相应的控制动作。

8. 控制系统软件设计

交流异步电动机星–三角减压起动控制程序如图 8-21 所示。

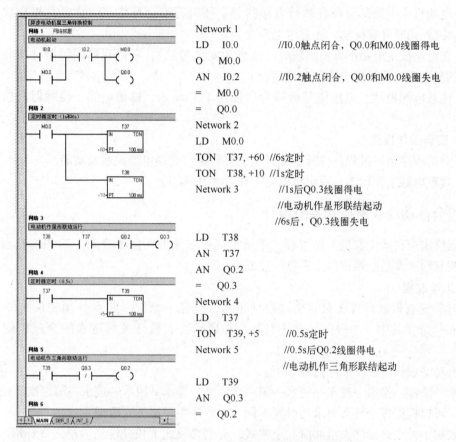

图 8-21　电动机星–三角减压起动控制程序

交流异步电动机星–三角减压起动控制程序工作过程如下。

1) 按下起动按钮 SB1，常开触点 I0.0 闭合，M0.0 线圈得电，常开触点 M0.0 闭合，同时 Q0.0 线圈得电，即继电器 KM1 的线圈得电，电动机三相绕组首端与三相电源相连。

2) 1 s 后 Q0.3 线圈得电，即继电器 KM3 的线圈得电，电动机三相绕组的尾端连在一起，电动机作星形联结起动。

3) 6 s 后 Q0.3 线圈失电，即继电器 KM3 的线圈失电。

4) 0.5 s 后 Q0.2 线圈得电，即继电器 KM2 的线圈得电，电动机三相绕组的头尾依次相连，在三个连接点处，加上三相交流电源，电动机作三角形联结运行。

5) 按下停止按钮 SB2，电动机停止运行。

9. 实训操作步骤

1) 按图 8-19 进行 PLC 外部硬件线路连接。

2) 将 PC/PPI + 通信电缆线与 PC 连接。

3) 启动编程软件，编辑如图 8-21 的梯形图程序。

4）编译、保存、下载梯形图程序到 S7 – 200 PLC 中。

5）启动运行 PLC，通过操作按钮控制，观察运行结果，发现运行错误或需要修改程序时，重复上面过程。

10. 注意事项

1）电动机主电路部分应在教师直接指导下按规范安全操作，防止电动机在缺相时工作，电动机外壳要可靠接地，注意用电安全。

2）在电动机主电路不方便实现时（或者为安全起见），可以观察接触器（或相应的指示灯）的状态来确定控制电路的工作情况。

3）注意电源极性、电压值是否符合所使用 PLC 输入、输出电路、接触器及指示灯的要求。

11. 实训操作报告

1）分析程序运行过程，外部连接开关、接触器与软继电器关系及功能。

2）观察电路工作状态，写出该电路工作过程和状态。

8.8.2 全自动洗衣机控制系统设计

下面给出全自动洗衣机工作过程、系统控制要求及 I/O 资源分配，其 PLC 选型、外部接线、控制程序及系统调试由读者自行完成。

1. 工作过程

全自动洗衣机就是将洗衣的全过程（进水 – 洗涤 – 漂洗 – 脱水）预先设定好 N 个程序，洗衣时选择其中一个程序，打开水龙头和启动洗衣机开关后洗衣的全过程就会自动完成。

全自动洗衣机的工作顺序过程如下。

进水→洗涤→排水→脱水→进水→第一次漂洗→排水→脱水→进水→第二次漂洗→排水→脱水。可以根据每个环节要求的时间不同，在程序中设定不同数据。

本系统中，全自动洗衣机共有 6 个模式，分别为模式 1 快速洗涤、模式 2 标准、模式 3 大件洗涤、模式 4 洗涤、模式 5 漂洗、模式 6 脱水。其中快速洗涤、标准、大件洗涤模式均完成工作顺序所有过程，但在每个环节的时间不同；在洗涤模式中，用户可以手动调节洗涤时间；漂洗与脱水模式为自动模式，不允许用户调节时间。

2. 系统控制要求

对全自动洗衣机的基本要求如下。

1）按下总开关，数码管显示 0。

2）实现洗衣机的模式选择，选择模式由 7 段数码管显示模式对应的数字，七段数码管采用共阴极连接方式，由扩展模块 EM222 控制（地址 QB2）；选择洗涤模式 4 时，数码管闪烁，并通过时间加减开关设置洗涤时间。

3）再次按下第二步骤中选择的模式，表示确认该模式，并按其功能运行。

3. 控制系统 I/O 资源分配

全自动洗衣机 I/O 分配见表 8-7。

4. PLC 选型及外部接线

PLC 选型及外部接线由读者自行完成（电子文档提供参考答案）。

表 8-7　系统 I/O 资源分配表

名　称	符　号	地　址	说　明
总开关	SB0	I0.0	系统启动
开关	SB1	I0.1	模式 1 快速洗涤
开关	SB2	I0.2	模式 2 标准
开关	SB3	I0.3	模式 3 大件洗涤
开关	SB4	I0.4	模式 4 洗涤
开关	SB5	I0.5	模式 5 漂洗
开关	SB6	I0.6	模式 6 脱水
开关	SB7	I1.0	增加时间（T1）
开关	SB8	I1.1	减少时间（T2）
交流接触器	KM5	Q0.7	进水
	KM4	Q0.6	排水
	KM3	Q0.5	电动机正转开关
	KM2	Q0.4	电动机反转开关
	KM1	Q0.3	脱水开关
七段数码管	XS	扩展 EM222（QB2）	模式 x 数字显示

5. 控制系统程序设计

全自动洗衣机控制程序由读者自行完成（电子文档提供参考答案）。

8.9　思考与习题

1. PLC 控制系统的结构类型有哪些？各有什么特性？
2. 简述 PLC 控制系统的一般设计步骤。
3. 输入外围电路在什么情况下可以进行化简？输出外围电路在什么情况下可以进行化简？
4. 在设计输入输出外围电路时应注意哪些问题？
5. 为了提高 PLC 控制系统的可靠性，应采取哪些措施？
6. 如何进行 PLC 机型选择？
7. 简述 PLC 软件设计内容和步骤。
8. 试简述 PLC 联机调试的过程。
9. 设计实现 3 台电动机的顺序起动/停止电路。要求：

1）按起动按钮后，3 台电动机按照 M1、M2、M3 的顺序起动。
2）按停止按钮后，3 台电动机按照 M3、M2、M1 的顺序停止。
3）动作之间要有一定的时间间隔。

10. 如图 8-22 所示是一个简单的邮件分拣系统工作示意图。系统启动后绿灯 L1 亮表示可以进邮件，S1 为 ON 表示模拟检测邮件的光信号检测到了邮件，拨码器模拟邮件的邮码，从拨码器读到的邮码的正常值为 1、2、3、4、5，若是此 5 个数中的任一个，则红灯 L2 亮，电动机 M5 运行，将邮件分拣至邮箱内，完后 L2 灭、L1 亮，表示可以继续分拣邮件。若读到的邮码不是该 5 个数，则红灯 L2 闪烁，表示出错，电动机 M5 停止，重新起动后，能重新运行。试用 PLC 对该邮件分拣系统进行控制，并写出梯形图程序。

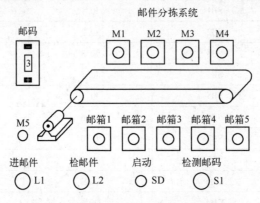

图 8-22　简单邮件分拣系统工作示意图

11. 三水泵双恒压无塔供水系统，能同时保证居民生活用水的需要和消防用水的要求。生活和消防用水共用 3 台水泵，平时消防管网关闭，3 台水泵根据生活用水量，按一定的控制逻辑运行，使生活供水在恒压状态下进行。当发生火灾时，消防管网打开，生活用水管网关闭，3 台水泵供消防用水使用，并根据用水量的大小，使消防供水也在恒压状态下进行。火灾结束后，3 台水泵继续为生活供水使用。试用 PLC 对双恒压无塔供水设备进行控制。控制要求如下。

1）3 台水泵在起动时要有软启动功能，且根据恒压的需要，采取"先开先停"的原则接入和退出。

2）在用水量小的情况下，如果一台水泵连续运行时间超过 3h，则要切换到下一台水泵，即系统具有"倒泵功能"，避免某一台水泵工作时间过长。

3）生活供水时，系统应低恒压值运行，消防供水时系统应高恒压值运行。

12. 试设计一个三层电梯的 PLC 控制系统，画出外部接线，编写梯形图程序。

控制要求如下。

1）设楼层有呼叫信号时，电梯自动运行到该层后停止。

2）如果同时有二层（上、下）或三层（下）楼呼叫时，以先后顺序排列，同方向就近楼层优先，电梯运行到就近楼层停止，门自动开，等待电梯门关严后，电梯自行起动，运行至下一楼层。

3）如果同时有一层（上）或二层（上、下）楼呼叫时，以先后顺序排列，同方向就近楼层优先，电梯运行到就近楼层停止，门自动开，等待电梯门关严后，电梯自行起动，运行至下一楼层。

4）如果同时有一层（上）、二层（上、下）、三层（下）楼呼叫时，以电梯所在层优先起动。

第9章 STEP 7 – Micro/WIN 编程软件及应用

STEP 7 – Micro/WIN 是西门子公司专门为 S7 – 200 PLC 设计的能在 Windows 操作系统下运行的编程软件。该软件可以在线（联机）或离线（脱机）方式下开发用户程序，并可以在线实时监控用户程序的执行状态。其功能强大、使用方便、简单易学、多种编程语言能满足不同用户要求。本章主要从软件安装、功能简介、程序设计、编辑编译、调试监控和下载运行等几个方面介绍 STEP 7 – Micro/WIN 编程软件功能和使用方法。

9.1 STEP 7 – Micro/WIN V4.0 安装

STEP 7 – Micro/WIN 是在 Windows 平台上运行的 S7 – 200 PLC 编程软件，该软件为用户开发、编辑和监控自己的应用程序提供了良好的编程环境，简单易学。由 STEP 7 – Micro/WIN V4.0 设计的用户程序结构简单清晰，能很容易地解决复杂的自动控制任务。STEP 7 – Micro/WIN 目前最新版本为 V4.0，可用于所有 S7 – 200 PLC 机型，并能兼容老版本 V3.1 和 V3.2。

9.1.1 PC 配置要求

STEP 7 – Micro/WIN V4.0 既可以在 PC 上运行，也可以在西门子公司的编程器上运行。PC 或编程器的最小配置如下。

操作系统为 Windows 2000、Windows XP、Windows 7 系统。

计算机硬件配置为 586 以上兼容机，内存 64MB 以上，VGA 显示器，至少 350MB 以上硬盘空间，Windows 支持的鼠标。

通信电缆为专用 PC/PPI 电缆（或使用一个通信处理器卡），用于 PC 与 PLC 连接。

9.1.2 硬件连接

目前，S7 – 200 CPU 大多采用 PC/PPI 电缆直接与 PC 相连。典型的单 S7 – 200 CPU 与 PC 连接如图 9-1 所示。该连接中，PC/PPI 电缆一端与 PC 的 RS – 232 通信口（一般为 COM1 口）相连，另一端与 PLC 的 RS – 485 通信口相连。

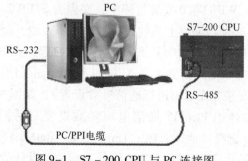

图 9-1 S7 – 200 CPU 与 PC 连接图

9.1.3 软件安装

将 STEP 7 – Micro/WIN V4.0 的安装光盘插入 PC 的 CD – ROM 中，安装向导程序将自动启动并引导用户完成整个安装过程。用户还可以在安装目录中双击 setup. exe 图标，进入安装向导，按照安装向导完成软件的安装。

1）选择安装程序界面的语言，STEP 7 – Micro/WIN V4.0 提供了德语、法语、西班牙语、意大利语和英语五个选项，系统默认使用英语，如图 9-2 所示。

图 9-2　选择安装语言对话框

2）在图 9-2 中单击"确定"按钮，安装向导进入 STEP 7 – Micro/WIN V4.0 的安装界面，如图 9-3 所示。然后按照向导提示，接受 License 条款，单击"Next"按钮继续。

3）图 9-4 为 STEP 7 – Micro/WIN V4.0 安装目录文件夹选择对话框，单击"Browse…"按钮可以更改安装目录文件夹，然后单击"Next"按钮继续。

 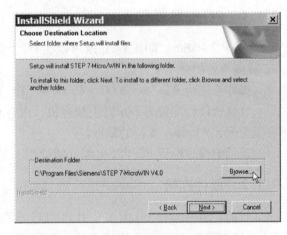

图 9-3　程序安装向导窗口　　　　　　　　图 9-4　程序安装目录选择对话框

4）在 STEP 7 – Micro/WIN V4.0 安装过程中，必须为 STEP 7 – Micro/WIN V4.0 配置波特率和站地址，其波特率必须与网络上其他设备的波特率一致，而且站地址必须唯一。由于之前已经用 PC/PPI 电缆将 S7 – 200 CPU 和 PC 连接在一起，在 STEP 7 – Micro/WIN V4.0 SP3 安装过程中，系统会提示用户设置 PG/PC 接口参数（如果用户在安装软件时，没有连接 PC/PPI 电缆，可以在安装完成后再进行通信参数设置），如图 9-5 所示。在图 9-5 中单击"Properties…"按钮，弹出 PC/PPI 通信电缆参数设置对话框，在"Address"栏中为 STEP 7 – Micro/WIN V4.0 选择站地址，在"Transmission Rate"栏中为 STEP 7 – Micro/WIN V4.0 设置波特率，如图 9-6 所示。PC/PPI 电缆的通信地址默认值为 0（通常情况，不需要改变 STEP 7 – Micro/WIN V4.0 的默认站地址），通信波特率默认值为 9.6 kbit/s。如果需要修改某些参数，可以直接进行有关修改，再单击"OK"按钮，保存设置后退出接口设置对话框，继续程序安装。

图 9-5　PG/PC 接口设置对话框

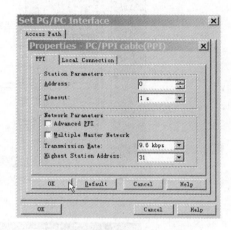

图 9-6　接口属性对话框

5）STEP 7 – Micro/WIN V4.0 SP3 安装完成窗口如图 9-7 所示，同时提示用户在使用该软件之前，必须重新启动 PC，单击"Finish"按钮完成软件的安装。需要注意的是，在 Windows 2000、Windows XP 或 Windows Vista 操作系统上安装 STEP 7 – Micro/WIN 后，必须以管理员权限登录 PC。

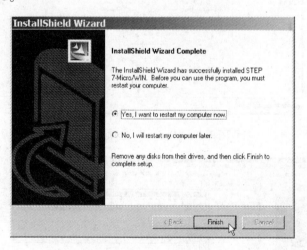

图 9-7　程序安装完成对话框

6）重启计算机后，STEP 7 – Micro/WIN V4.0 图标将会显示在 Windows 桌面上。此时运行 STEP 7 – Micro/WIN V4.0 为英文界面，如果用户想要使用中文界面，必须进行设置。如图 9-8 所示，在主菜单中，选择"Tools"中的"Options"选项。在弹出的 Options 选项对话框中，选择"General"（常规），对话框右半部分会显示"Language"选项，选择"Chinese"，如图 9-9 所示。单击"OK"按钮，保存退出，重新启动 STEP 7 – Micro/WIN V4.0 后即为中文操作界面，如图 9-10 所示。

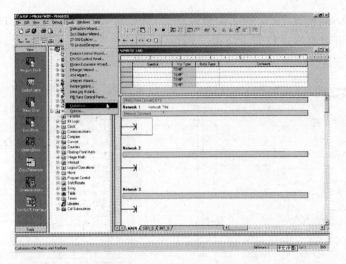

图 9-8 "Tool"菜单选项

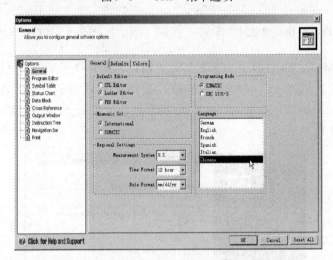

图 9-9 "Options"选项对话框

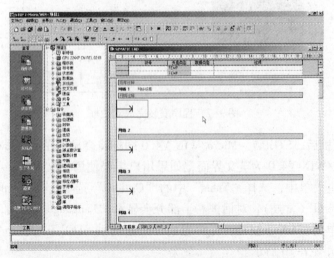

图 9-10 STEP 7 - Micro/WIN V4.0 中文操作界面

9.1.4 在线连接

在完成硬件连接和软件安装后，就可建立 PC 与 S7-200 CPU 的在线连接了，其步骤如下。

1）在 STEP 7-Micro/WIN V4.0 主操作界面下，单击操作栏中的"通信"图标或选择主菜单中的"查看→组件→通信"选项，如图 9-11 所示。则会出现一个通信建立结果对话框，显示是否连接了 CPU 主机，如图 9-12 所示。

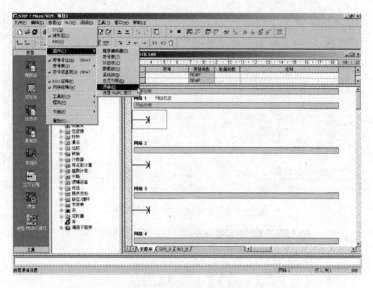

图 9-11　通信选项窗口

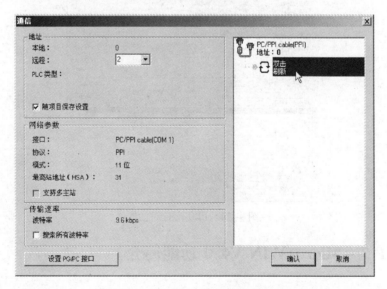

图 9-12　通信建立结果对话框 1

2）在图 9-12 中双击"双击刷新"图标，STEP 7-Micro/WIN V4.0 将检查连接的所有 S7-200 CPU 站，并为每个站建立一个 CPU 图标，如图 9-13 所示。在图 9-13 中，显示出 PC 与 CPU224XP 的通信，通信地址为 2。

3）双击要进行通信的站，在通信建立对话框中可以显示所选站的通信参数，如图9-14所示。此时，可以建立与 S7 - 200 CPU 的在线联系，如进行主机组态、上传和下载用户程序等操作。

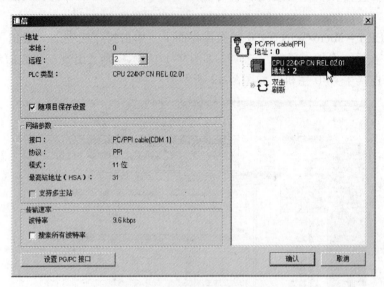

图9-13　通信建立结果对话框2

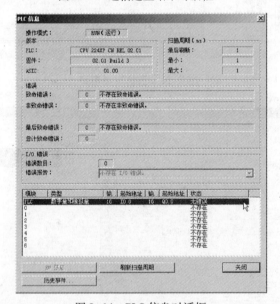

图9-14　PLC信息对话框

9.2　STEP 7 – Micro/WIN V4.0 功能简介

9.2.1　编程软件基本功能

STEP 7 – Micro/WIN V4.0 是在 Windows 平台上运行 S7 – 200 PLC 的编程工具，具有强大的功能：

1）在离线（脱机）方式下可以实现对程序的编辑、编译、调试和系统组态。

2）在线方式下可通过联机通信的方式上传和下载用户程序及组态数据，编辑和修改用户程序。

3）支持 STL、LAD、FBD 三种编程语言，并且可以在三者之间任意切换。

4）在编辑过程中具有简单的语法检查功能，能够在程序错误行处加上红色曲线进行标注。

5）具有文档管理和密码保护等功能。

6）提供软件工具，能帮助用户调试和监控程序。

7）提供设计复杂程序的向导功能，如指令向导功能、PID 自整定界面、配方向导等。

8）支持 TD 200 和 TD 200C 文本显示界面（TD 200 向导）。

9.2.2　窗口组件及功能

启动 STEP 7 – Micro/WIN V4.0 编程软件，其主界面如图 9-15 所示。它采用了标准的 Windows 界面，熟悉 Windows 的用户可以轻松掌握。

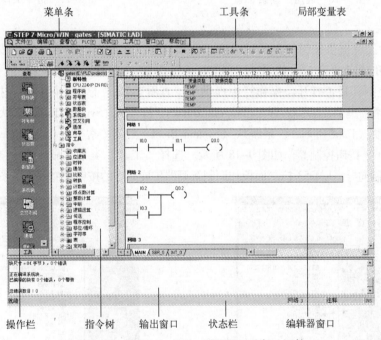

图 9-15　STEP 7 – Micro/WIN V4.0 窗口组件

1. 菜单条

与基于 Windows 的其他应用软件一样，位于窗口最上方的是 STEP 7 – Micro/WIN V4.0 的菜单条。它包括文件、编辑、查看、PLC、调试、工具、窗口及帮助 8 个主菜单选项，这些菜单包含了通常情况下控制编程软件运行的命令，可使用鼠标或热键执行操作。

2. 工具条

工具条是一种代替命令或下拉菜单的便利工具，通常是为最常用的 STEP 7 – Micro/WIN V4.0 操作提供便利的鼠标访问。用户可以定制每个工具条的内容和外观，将最常用的操作以按钮的形式设定到工具条中。工具条可以用鼠标进行拖动，放到用户认为合适的位置。通用的工具条如图 9-16 所示，常用的指令工具条如图 9-17 所示。

插入网络
删除网络
POU注释
网络注释
查看隐藏每个网络的符号信息表
切换书签：设置或清除书签
下一个书签：滚动程序至下一个书签
前一个书签：滚动程序至前一个书签
清除全部书签
在项目中应用所有的符号
从未定义符号建立表格
常数说明符：切换SIMATIC类型定义符显示开/关

图 9-16　通用工具条

插入向下连线
插入向上连线
插入向左连线
插入向右连线
插入触点
插入线圈
插入指令盒

图 9-17　指令工具条

3. 操作栏

操作栏为编程提供按钮控制的快速窗口切换功能，在操作栏中单击任何按钮，主窗口就切换成此按钮对应的窗口。操作栏可用主菜单中的"查看→框架→导航条（Navigation Bar）"选项控制其是否打开。操作栏中提供了"查看"和"工具"两种编程按钮控制群组。

选择"查看"类别，显示程序块（Program Block）、符号表（Symbol Table）、状态图表（Status Chart）、数据块（Data Block）、系统块（System Block）、交叉索引（Cross Reference）及通信（Communication）按钮控制等，如图 9-18 所示。选择"工具"类别，显示指令向导、文本显示向导、位置控制向导、EM253 控制面板和调制解调器扩展向导的按钮控制等，如图 9-19 所示。

图 9-18　查看按钮控制群组

图 9-19　工具按钮控制群组

4. 指令树

提供所有项目对象和为当前程序编辑器（LAD 或 STL）提供的所有指令的树型视图。指令树可用主菜单中的"查看→框架→指令树"选项控制其是否打开。

5. 输出窗口

用来显示程序编译的结果信息。如各程序块（主程序、子程序数量及子程序号、中断程序数量及中断程序号等）及各块大小、编译结果有无错误以及错误编码及其位置。指令树可用主菜单中的"查看→框架→输出窗口"选项控制其是否打开。

6. 状态条

提供在 STEP 7 – Micro/WIN V4.0 中操作时的操作状态信息。如在编辑模式中工作时，它会显示简要的状态说明、当前网络号码及光标位置等编辑信息。

7. 程序编辑器

程序编辑器包含局部变量表和程序视图窗口，如图 9-20 所示。如果需要，用户可以拖动分割条，扩展程序视图，并覆盖局部变量表。当用户在主程序之外，建立子程序或中断程序时，标记出现在程序编辑器窗口的底部。单击该标记，可在子程序、中断和主程序之间移动。

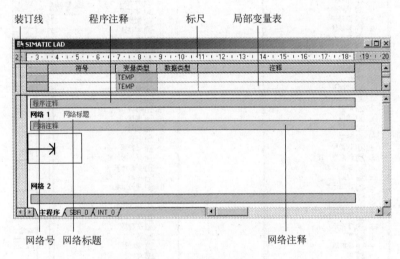

图 9-20　程序编辑器窗口

8. 局部变量表

每个程序块都对应一个局部变量，在带有参数的子程序调用中，参数的传递就是通过局部变量表进行的。局部变量表包含对局部变量所作的赋值（即子程序和中断程序使用的变量）。

9.3　程序编辑

利用 STEP 7 – Micro/WIN V4.0 编程软件进行程序编辑，是学习掌握 STEP 7 – Micro/WIN V4.0 编程软件的重要目的。本节以实现一个具有自启动功能的定时器为例，重点介绍梯形图编辑器下的编辑过程和基本操作。

9.3.1 建立项目

1. 新建项目

双击 STEP 7 – Micro/WIN V4.0 图标，或在命令菜单中选择"开始→SIMATIC→STEP 7 – Micro/WIN V4.0"启动应用程序，同时会打开一个新项目。单击工具条中的"新建"按钮或者选择主菜单中"文件→新建"命令也能新建一个项目文件，如图 9-21 所示。一个新建项目程序的指令树，包含程序块、符号表、数据块、系统块、通信以及工具等 9 个相关的块，其中程序块中有一个主程序 OB1，一个子程序 SBR_0 和一个中断程序 INT_0。

用户可以根据实际需要对新建项目进行修改：

(1) 选择 CPU 主机型号

右键单击"CPU224XP CN REL 02.01"图标，在弹出的命令中选择"类型"，如图 9-22 所示。在弹出的 PLC 类型对话框中选择合适的 PLC 类型，如图 9-23 所示。

图 9-21　项目指令树

图 9-22　选择 CPU 型号

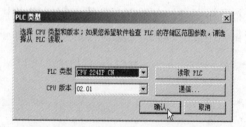

图 9-23　PLC 类型对话框

(2) 添加子程序或中断程序

右键单击程序块图标，选择"插入→子程序"或"插入→中断程序"即可添加一个新

292

的子程序或中断程序，如图9-24所示。

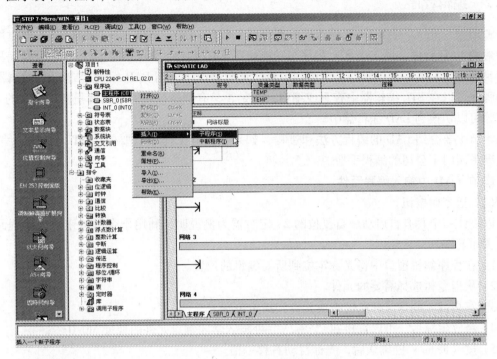

图9-24　插入子程序命令对话框

（3）程序更名

在项目中所有的程序都可以修改名称，通过右键单击程序图标，在弹出的对话框中选择重命名，则可以修改程序名称。

（4）项目更名

在主菜单中选择"文件→另存为…"命令，在弹出的对话框中，可以更改项目名称，还可以选择用户项目保存的位置，如图9-25所示。

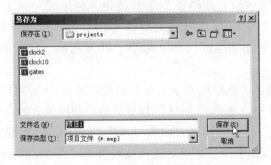

图9-25　项目保存对话框

2. 打开现有的项目

在STEP 7 – Micro/WIN V4.0编程软件主界面中，单击工具栏中的"打开"按钮，允许用户浏览一个现有项目，并且打开该项目；如果用户最近在某项目中工作过，该项目就会在"文件"菜单下列出，可直接选择并打开。

9.3.2 编辑程序

STEP 7 – Micro/WIN V4.0 编程软件有很强的编辑功能，提供了 3 种编辑器来创建用户的梯形图 LAD 程序、语句表 STL 程序与功能块图 FBD 程序，而且用任何一种编辑器编写的程序都可以用另外一种编辑器来浏览和编辑。通常情况下，用 LAD 编辑器或 FBD 编辑器编写的程序可以在 STL 编辑器中查看或编辑，但是，只有严格按照网络块编程格式编写的 STL 程序才可以切换到 LAD 编辑器中。

本节主要介绍 LAD 的编程方法和过程，如果在实际工作中需要使用 STL 和 FBD 编程，可以参考西门子公司的编程手册。

1. 在 LAD 中输入编程元件

（1）指令树按钮

以设计一个具有自启动、自复位的 2 s 定时器为例说明，利用指令树按钮输入编程元件的步骤如下。

1）在程序编辑窗口中将光标定位到所要编辑的位置。

2）从指令树选择需要的元件。

3）双击或者按住鼠标左键拖放元件到指定位置。

4）释放鼠标后，可以直接在 "?? . ?" 处输入常闭触点元件的地址 M0.0。

5）按〈Enter〉键确认后，光标自动右移一格。

6）同理选择接通延时定时器 TON。

7）在定时器上方的 "????" 输入定时器号 T37。

8）按〈Enter〉键确认后，光标自动移动到预置时间值参数处，输入 20 再按 "Enter" 键确认。

9）单击 "网络注释"，输入注释信息 "启动定时器"，按 "Enter" 键确认，完成设计。

图 9-26 所示为定时器程序段，用于实现定时器的启动功能。

（2）工具条按钮

单击指令工具条上的触点、线圈或指令盒按钮，会出现一个下拉列表，如图 9-27 所示。滚动或键入开头的几个字母，浏览至所需的指令，双击所需的指令或使用〈Enter〉键插入该指令。也可以使用功能键（F4 = 触点、F6 = 线圈、F9 = 指令盒）插入一个类属指令。

仍然以 2 s 定时器为例，此处用指令工具条的按钮完成 2 s 定时器的另外两个程序段。

1）在输入触点指令中，选择 " >=1" 指令，拖放到网络 2 的合适位置。

2）单击触点上方 "????"，输入定时器号 T37，按〈Enter〉键确认后，光标会自动移动到比较指令下方的比较值参数，在该处输入比较值 30，再按〈Enter〉键确认。

3）选择线圈指令，拖放输出线圈到程序段 2 中，并输入地址 Q0.0，按〈Enter〉键确认。

4）在网络 3 中，输入常开触点 T33，输出线圈 M0.0，并按〈Enter〉键确认后，完成了具有自启动、自复位的 2 s 定时器的程序，如图 9-28 所示。

在程序段 1 中，100 ms 定时器 T37 在 2 s 后输出，但是在输入触点 M0.0 处通过的脉冲太狭窄，不利于状态图监视；在程序段 2 中，利用比较指令，当定时器大于等于 30，S7 – 200 的输

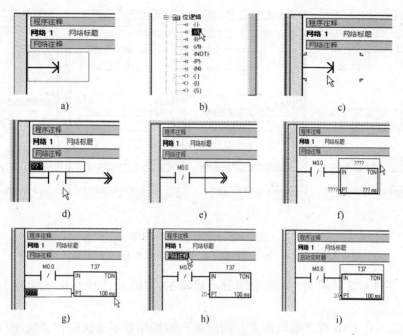

图 9-26 定时器程序段

a) 选择编辑位置　b) 选择常闭触点元件　c) 拖放到指定位置　d) 释放鼠标　e) 输入元件地址

f) 选择定时器元件　g) 输入预置时间值　h) 输入网络标注　i) 完成设计

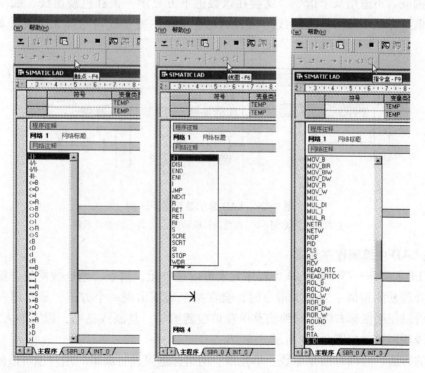

图 9-27 类属指令列表

出点 Q0.0 闭合，这样，就可以由状态图监视程序的工作情况；程序段 3 是使定时器具有复位功能，当定时器计时值到达预置时间值 30 时，定时器触点闭合，T33 闭合会使 M0.0

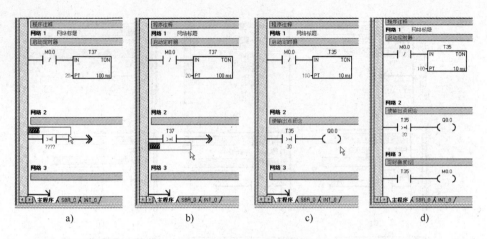

图 9-28 定时器 LAD 程序

a) 输入比较指令 b) 输入比较值 c) 输入输出线圈 Q0.0 d) 输入网络注释

置位，由于定时器是利用 M0.0 的常闭触点启动的，M0.0 的状态由 0 变为 1 会使定时器复位。

需要注意，在 LAD 程序编辑器中，用户输入的操作数不合法时，系统能自动显示不同的错误信息提示。当用户输入非法的地址值或符号时，字体自动显示为红色。只有用有效数值替换后才自动更改为系统默认字体颜色（黑色），如图 9-29a 所示。如果用户输入的数值超过了范围或者不适用某个指令，就会在该数值下方显示一条红色波浪线，如图 9-29b 所示。而数值下方的一条绿色波浪线，则表示正在使用的变量或符号尚未定义，如图 9-29c 所示。

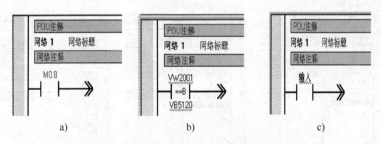

图 9-29 LAD 显示条目错误示例

a) 红色文字示例 b) 红色波浪线示例 c) 绿色波浪线示例

2. 在 LAD 中编辑程序元素

在 STEP 7 - Micro/WIN V4.0 中程序元素可以是单元、指令、地址或网络，编辑方法与普通文字处理软件相似。当单击指令时，会在指令周围出现一个方框，显示用户选择的指令。用户可以使用鼠标右键单击弹出菜单在该位置剪切、复制或粘贴，以及插入或删除行、列、垂直线或网络，如图 9-30 所示。

同样的方法，可以对指令参数、单元格、网络标题等进行编辑。用户也可以使用工具条按钮、标准窗口控制键和"编辑"菜单对程序元素进行剪切、复制或粘贴等操作。如果需要删除某个元件时，最快捷的方法是使用〈Delete〉键直接删除。

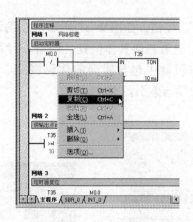

图 9-30　程序元件编辑

9.3.3　创建逻辑网络的规则

在 LAD 编程中，必须遵循一定的规则，才能减少程序错误。

1. 放置元件的规则

外部输入/输出继电器、内部继电器、定时器、计数器等器件的触点可多次重复使用，无需用复杂的程序结构来减少触点的使用次数。每个梯形图程序必须符合顺序执行的原则，即从左到右，从上到下地执行。不符合顺序执行的电路不能直接编程。

2. 放置触点的规则

每个网络必须以一个触点开始，但网络不能以触点终止。梯形图每一行都是从左母线开始，线圈接在右边，触点不能放在线圈的右边。另外，串联触点可无限次地使用。

3. 放置线圈的规则

线圈不能直接与左母线相连，线圈用于终止逻辑网络。一个网络可有若干个线圈，但要求线圈位于该特定网络的并行分支上，即两个或两个以上的线圈可以并联输出。此外，不能在网络上串联两个或两个以上线圈，即不能在一个网络的一条水平线上放置多个线圈。

4. 放置方框的规则

如果方框有使能输出端 ENO，使能位扩充至方框外，这意味着用户可以在方框后放置更多的指令。在网络的同级线路中，可以串联若干个带 ENO 的方框。如果方框没有 ENO，则不能在其后放置任何指令。

5. 网络尺寸限制

用户可以将程序编辑器窗口视作划分为单元格的网格（单元格是可放置指令、参数指定值或绘制线段的区域）。在网格中，一个单独的网络最多能垂直扩充 32 个单元格或水平扩充 32 个单元。可以在程序编辑器中用鼠标右键单击并选择"选项"菜单项，改变网格大小（网格初始宽度为 100）。

9.4　编译下载

9.4.1　程序编译

程序编辑完成后，可以选择菜单"PLC→编译或全部编译"命令进行离线编译，或者单击工具条的"编译或全部编译"按钮，如图9-31所示。在编译时，"输出窗口"列出发生的所有错误，如图9-32所示。查看错误具体位置（网络、行和列）以及错误类型时，用户可以双击错误线，调出程序编辑器中包含错误的代码网络。编译程序错误代码可以查看STEP 7 – Micro/WIN V4.0 的帮助与索引。

图9-31　程序编译命令

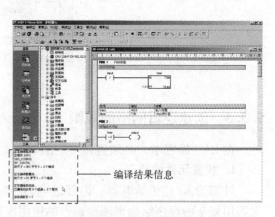

图9-32　编译结果显示

9.4.2　程序下载

如果编译无误，用户就可以将程序下载到PLC中了。当下载程序到PLC中时，新的下载块内容将覆盖PLC块中的内容。因此，在开始下载之前，用户要按以下步骤操作。

1）下载程序之前，用户必须核实PLC是否位于"停止"模式。可以检查PLC上的模式指示灯，如果PLC未设为"停止"模式，应单击工具条中的"停止"按钮，或选择菜单"PLC→停止"命令。

2）单击工具条中的"下载"按钮，或选择菜单"文件→下载"命令，如图9-33所示，出现"下载"对话框。

图9-33　程序下载命令

3）用户在初次发出下载命令时，根据默认值，"程序块""数据块"和"系统块"复选框被选择，如果不需要下载某一特定的块，清除该复选框即可，如图9-34所示。出于安全考虑，用户在下载程序时，程序块、数据块和系统块将被储存在永久存储器中，而配方和数据记录配置将储存在存储卡中，并更新原有的配方和数据记录。单击"下载"按钮开始用户程序的下载。

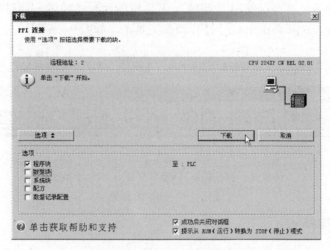

图9-34　程序下载对话框

4）如果下载成功，用户可以看到"输出窗口"中程序下载情况的信息，如图9-35所示。

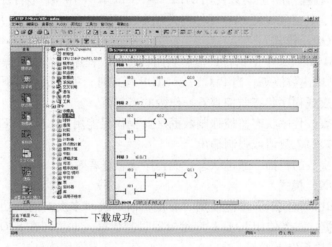

图9-35　程序下载成功信息显示

5）如果STEP 7 - Micro/WIN V4.0中用于用户的PLC类型的数值与用户实际使用的PLC不匹配，会显示警告信息："为项目所选的PLC类型与远程PLC类型不匹配。继续下载吗？"此时用户可终止程序下载，纠正PLC类型后，再单击"下载"按钮，重新开始程序下载。

6）一旦下载成功，在PLC中运行程序之前，必须将PLC从"停止"模式转换为"运行"模式。单击工具条中的"运行"按钮，或选择菜单"PLC→运行"命令。

9.5 调试监控

STEP 7 – Micro/WIN V4.0 编程软件提供了一系列工具，可使用户直接在软件环境下调试并监视用户程序的执行。当用户成功运行 STEP 7 – Micro/WIN V4.0，建立和 PLC 的通信并向 PLC 下载程序后，就可以使用"调试"工具栏的诊断功能了。通过单击工具栏按钮或从"调试"菜单列表选择调试工具，打开调试工具条，如图9-36 所示。

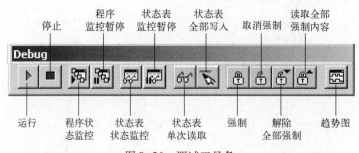

图9-36 调试工具条

9.5.1 PLC 工作模式

PLC 工作模式决定了调试及运行监控操作的类型，S7 – 200 CPU 主要有 STOP 和 RUN 两种工作模式。STOP 模式下可以编辑编译程序，但是不能执行程序；RUN 模式下不仅可以执行程序，还可以编辑、编译及监控程序操作和数据。

PC 和 PLC 建立通信后，就可以使用 STEP 7 – Micro/WIN V4.0，软件控制 STOP 或 RUN 模式的选择了，此时，还必须保证 PLC 硬件模式开关处于 TERM（终端）或 RUN（运行）位置。

1. 停止（STOP）模式

虽然程序在 STOP 模式中不执行，但可利用状态表或程序状态查看操作数当前数值、强制写入数值、强制输出数值等。当 PLC 位于 STOP 模式时，可以执行以下操作。

1）利用状态表或程序状态监控查看操作数的当前值。

2）利用状态表或程序状态监控强制数据（此操作只能用在 LAD 和 FBD 程序状态中）。

3）利用状态表写入数值或强制输出。

4）执行有限次数的扫描，通过状态表或程序状态查看效果。

2. 运行（RUN）模式

当 PLC 位于 RUN 模式时，不能使用"首次扫描"或"多次扫描"功能。但可以在状态表中写入/强制数据，或者使用 LAD 程序编辑器强制数据，方法与在 STOP 模式中强制数据相同。此外还可以执行以下操作：

1）使用状态表采集不断变化的 PLC 数据的连续更新信息。如果使用单次更新，状态表监控必须先关闭，才能使用"单次读取"命令。

2）使用程序状态监控采集不断变化的 PLC 数据的连续更新信息。

3）使用"运行模式中的程序编辑"功能编辑程序，并将改动下载至 PLC。

9.5.2 选择扫描次数

将 PLC 置于 STOP 模式，在联机通信时，选择单次或多次扫描来监视用户程序，可以有效地提高用户程序的调试效率。

1. 初次扫描

首先将 PLC 置于 STOP 模式，然后选择菜单"调试（Debug）→初次扫描（First Scans）"命令，如图 9-37 所示。第一次扫描时，SM0.1 数值为 1（打开）。

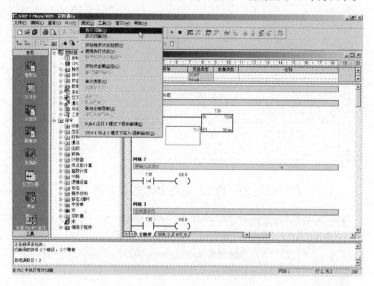

图 9-37　选择扫描命令

2. 多次扫描

首先将 PLC 置于 STOP 模式，然后选择菜单"调试（Debug）→多次扫描（Multiple Scans）"命令，弹出如图 9-38 所示的扫描次数设置对话框。扫描次数的范围是 1～65 535，系统默认为 1 次。设置合适的扫描次数后，单击"确认"按钮进行监视。

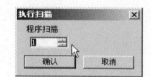

图 9-38　设置扫描次数对话框

9.5.3　状态监控

所谓状态监控是指显示程序在 PLC 中执行时的有关 PLC 数据的当前值和能流状态的信息。可以使用状态表监控和程序状态监控窗口读取、写入和强制 PLC 数据值。在控制程序的执行过程中，PLC 数据的动态改变可用两种方式查看。

1. 程序状态监控

程序状态监控是指在程序编辑器窗口中显示状态数据。当前 PLC 数据会显示在引用该数据的 LAD 图形或 STL 语句旁边。LAD 图形也显示能流，由此可看出哪个图形分支在活动中。单击工具条中的"程序状态监控"按钮，或选择菜单"调试→开始程序状态监控"命令，即可打开程序状态监控功能。

此处以简单的门电路为例，如图 9-39 所示为门电路的 LAD 程序，该程序包含三个程序段。其中，I0.0、I0.1、I0.2 及 I0.3 为输入点，Q0.0、Q0.1 及 Q0.2 为输出点。网络 1 实现了与门功能，网络 2 实现了或门功能，网络 3 实现了或非门的功能。图 9-40 所示为该程序的 LAD 状态监控结果。

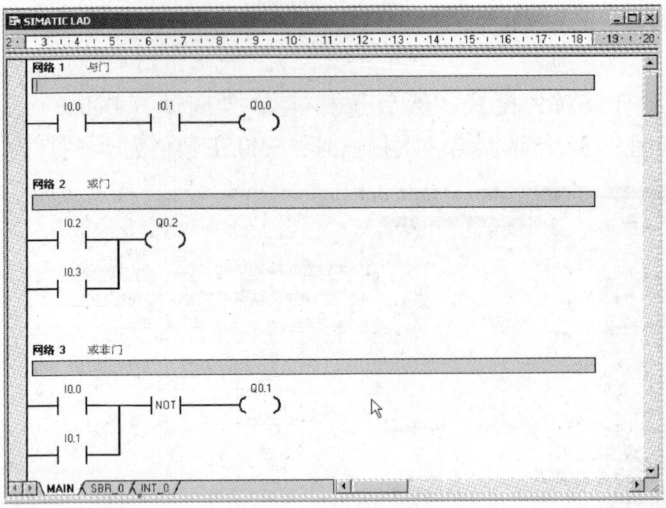

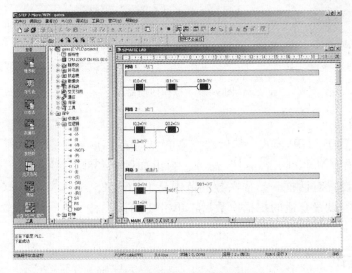

图 9-39　简单门电路 LAD 程序示例

图 9-40　梯形图 LAD 状态监视图

在执行程序状态监控时，编辑器的程序段会有不同的颜色变换。

1）程序被扫描时，电源母线会变蓝色显示；图形中的能流会变蓝色表示；触点接通时，指令会变蓝色显示；线圈输出接通时，指令会变蓝色显示；指令有能流输入并准确无误地成功执行时，指令盒方框会变蓝色显示。

2）绿色的定时器和计数器表示定时器和计数器包含有效数据。

3）红色表示指令执行时发生错误。

4）灰色（默认状态）表示无能流、指令未扫描（跳过或未调用）或 PLC 位于 STOP 模式。如跳转和标签指令激活时，以能流的颜色显示；如果为非激活状态，则显示为灰色。

2. 趋势图显示

趋势图显示是指用随时间而变的 PLC 数据绘图跟踪状态数据。用户可以将现有的状态表在表格视图和趋势视图之间切换，新的趋势数据也可在趋势视图中直接生成。

仍以门电路为例说明，图9-41为该程序的趋势图监视图，其中，图a是无强制值的情况，从趋势图中可以清晰地看到，当输入点I0.0和I0.1有一个为低电平时，输出点Q0.0就为低电平，只有它们同时为高电平时，Q0.0才为高电平，完全符合与门的功能。图b对输入点I0.1做了强制处理，在趋势图中可以看到，该点始终保持强制值不变。

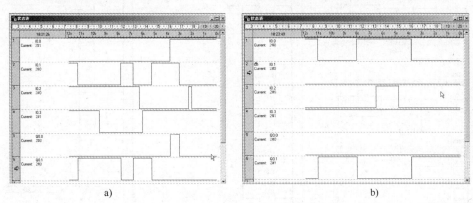

a)   b)

图9-41　趋势图监视示例

a）无强制数值的趋势　b）有强制数值的趋势

9.6　技能项目实训：STEP 7 – Micro/WIN 编程软件练习

1. 实验目的

1）熟练掌握 STEP 7 – Micro/WIN V4.0 编程软件的使用。

2）练习相对复杂梯形图程序的编写。

3）进一步掌握编程软件的编辑、编译、下载、调试程序的方法。

2. 实验内容

1）熟悉 STEP 7 – Micro/WIN V4.0 编程软件的菜单、工具条、操作栏、指令树的功能和使用方法。

2）利用 STEP 7 – Micro/WIN V4.0 编写 LED 数码显示控制电路的梯形图程序。

要求：按下启动按钮后，LED 数码管开始分别显示 7 个段（显示次序是段 a、b、c、d、e、f、g），随后显示数字及字符，显示次序是 0、1、2、3、4、5、6、7、8、9、A、B、C、D、E、F，断开启动按钮程序停止运行，输出 QB0。

3. 实验设备及元器件

1）S7 – 200 PLC 实验工作台或 PLC 装置。

2）安装有 STEP 7 – Micro/WIN 编程软件的 PC。

3）PC/PPI + 通信电缆线。

4）开关、指示灯、LED 数码管、导线等必备器件。

4. 实验操作步骤

1）将 PC/PPI + 通信电缆线与 PC 连接，Q0.0 ~ Q0.6 连接 LED 数码管。

2）运行 STEP 7 – Micro/WIN 编程软件，编辑梯形图程序。

提示：

LED 数码显示控制电路的梯形图程序，可以利用移位寄存器指令 SHRB，梯形图参考程序如图 9-42 所示。

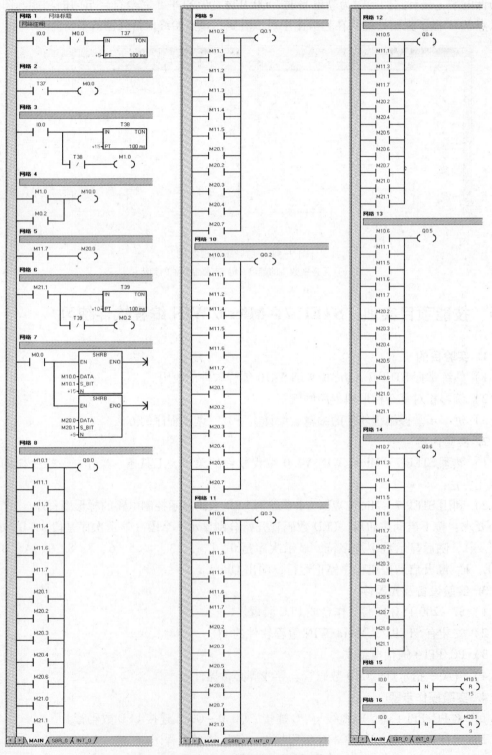

图 9-42　LED 数码显示控制程序

3）编译、保存、下载梯形图程序到 S7 - 200 PLC 中。

4）启动运行 PLC，观察运行结果，发现运行错误或需要修改程序时，重复上面过程。

5. 注意事项

LED 数码管段 a、b、c、d、e、f、g 分别与 Q0.0 ~ Q0.6 对应连接，这里未使用数码管 dp 段。

6. 实训操作报告

1）整理出运行调试后的梯形图程序。

2）写出该程序的调试步骤和观察结果。

思考题：

1）如果需要 LED 数码管显示 0、1、2、3、4、5、6、7、8、9，十个数字程序如何改变？

2）如果需要 LED 数码管显示 9、8、7、6、5、4、3、2、1、0，十个数字程序如何改变？

9.7 思考与习题

1. 简述 STEP 7 - Micro/WIN V4.0 编程软件的主要功能。

2. 在 STEP 7 - Micro/WIN V4.0 编程软件中，如何建立主程序、子程序和中断程序？

3. 如何配置 PC 与 S7 - 200 的通信参数？

4. 在使用梯形图编辑程序时要注意哪些问题？

5. 指出图 9-43 所示梯形图程序的错误，并改正之。

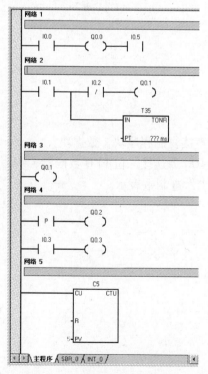

图 9-43　第 5 题梯形图程序

6. 写出图 9-44 所示梯形图的语句表。

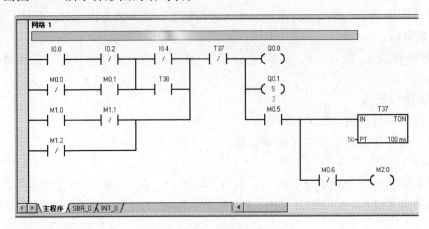

图 9-44　第 6 题梯形图程序

7. 根据本题中的语句表程序，写出其对应的梯形图程序，并判断其功能。

Network 1
LD　　I0.0
EU
S　　　Q0.0, 1
Network 2
LD　　M0.0
O　　　M0.1
AN　　T37
　=　　　M0.0
TON　　T37, +20
Network 3
LD　　T37
R　　　Q0.0, 1

8. 对于不同项目，如何直接复制程序块、数据块？

9. 在 PLC 输出端 Q0.0 ~ Q0.7 连接一位 LED 数码管，编写程序实现该数码管显示输入信号 I0.0 ~ I0.3 的状态，用十六进制数表示。

附　　录

附录 A　电气控制线路基本图形和文字符号

（GB/T4728.1～4728.5—2005、GB/T 4728.6～4728.13—2008 标准）

序号	名称	图形符号	文字符号	序号	名称	图形符号	文字符号
1	一般开关（机械式）		Q	15	延时闭合常闭触点		KT
2	限位开关（常开触点）		SL	16	延时断开常闭触点		KT
3	限位开关（常闭触点）		SL	17	一般继电器		K
4	限位开关（复合触点）		SL	18	电流继电器	I	KA
5	启动按钮		SB_{ST}	19	过电流继电器	$I>$	KOA
6	停止按钮		SR_{SS}	20	电压继电器	U	KV
7	复合按钮		SB	21	过电压继电器	$U>$	KOV
8	接触器（线圈）		KM	22	欠电压继电器	$U<$	KUV
9	接触器（动合触点）		KM	23	时间继电器（定时限）		KT
10	接触器（动断触点）		KM	24	一般继电器线圈		KA
11	接触器的主动合触点		KM	25	欠压继电器线圈	$U<$	KV
12	接触器的主动断触点		KM	26	过流继电器线圈	$I>$	KA
13	延时闭合常开触点		KT	27	通电延时（缓吸）线圈		KT
14	延时断开常开触点		KT	.28	继电延时（缓放）线圈		KT

序号	名称	图形符号	文字符号	序号	名称	图形符号	文字符号
29	热继电器		FR	47	晶体三极管 （NPN型）		VT
30	热继电器 （常闭触点）		FR	48	晶体三极管 （PNP型）		VT
31	电磁铁		YB	49	单结晶体管		VSJ
32	熔断器		FU	50	一般接地符号		E
33	信号灯		HL	51	接机壳或 接地板		PU
34	接插器 （插头，插座）		XS；XP	52	电压表	V	PV
35	电压互感器		TA	53	电流表	A	PA
36	电流互感器		TA	54	功率表	W	PW
37	电阻器 一般符号		R	55	电度表	Wh	PWh
38	电位器		RP	56	无功功率表	var	PR
39	电容器 一般符号		C	57	功率因素表	cosφ	PPF
40	极性电容器		C	58	频率表	Hz	PF
41	可调电容器		C	59	交流发电机	G ∼	GA
42	双联同调 可变电容器		C	60	交流电动机	M ∼	MA
43	电抗器		L	61	三相笼型 异步电动机	M 3∼	MC
44	晶体二极管		V；VD	62	三相绕线型 异步电动机	M 3∼	MW
45	晶闸管		V；VTH	63	直流发电机	G	GD
46	稳压二极管		V；VS	64	直流电动机	M	MD

序号	名称	图形符号	文字符号	序号	名称	图形符号	文字符号
65	直流伺服电动机	(SM)	SM	70	桥式整流器	◁▷	VR
66	交流伺服电动机	(SM~)	SM	71	端子	○	X
67	直流测速发动机	(TG)	TG	72	可拆卸的端子	○	X
68	交流测速发动机	(TG~)	TG	73	电铃	◠	HAB（EB；PB）
69	步进电动机	(TG)	M	74	蜂鸣器	◠	HAB（PUB）

附录 B　S7 – 200 PLC 基本指令集

布尔指令			
指令格式	说　明	指令格式	说　明
LD　N LDI　N LDN　N LDNI　N	装载 立即装载 取反后装载 取反后立即装载	ODx IN1，IN2	"或"双字比较的结果 IN1（x：＜，＜＝，＝，＞＝，＞，＜＞）IN2
O　N OI　N ON　N ONI　N	或 立即"或" 取反后"或" 取反后立即"或"	NOT	堆栈取反
		EU ED	检测上升沿 检测下降沿
LDBx N1，N2	装载字节比较的结果 N1（x：＜，＜＝，＝，＞＝，＞，＜＞）N2	＝　　Bit ＝1　Bit	赋值 立即赋值
		LPS LRD LPP LDS　N	逻辑进栈（堆栈控制） 逻辑读（堆栈控制） 逻辑出栈（堆栈控制） 装载堆栈（堆栈控制）
ABx N1，N2	"与"字节比较的结果 IN1（x：＜，＜＝，＝，＞＝，＞，＜＞）IN2	A　N AI　N AN　N ANI　N	与 立即"与" 取反后"与" 取反后立即"与"
OBx IN1，IN2	"或"字节比较的结果 IN1（x：＜，＜＝，＝，＞＝，＞，＜＞）IN2	S　　BIT，N R　　BIT，N SI　　IT，N RI　　BIT，N	置位一个区域 复位一个区域 立即置位一个区域 立即复位一个区域
LDDx IN1，IN2	装载双字比较的结果 IN1（x：＜，＜＝，＝，＞＝，＞，＜＞）IN2	LDWx IN1，IN2	装载字比较的结果 N1（x：＜，＜＝，＝，＞＝，＞，＜＞）N2
ADx IN1，IN2	"与"双字比较的结果 IN1（x：＜，＜＝，＝，＞＝，＞，＜＞）IN2		

布尔指令

指令格式	说　明	指令格式	说　明
AWx IN1, IN2	"与"字比较的结果 IN1（x：<，<=，=，>=， >，<>）IN2	ORx IN1, IN2	"或"实数比较的结果 IN1（x：<，<=，=，>=， >，<>）IN2
OWx N1, N2	"或"字比较的结果 IN1（x：<，<=，=，>=， >，<>）IN2	AENO	与 ENO
		ALD OLD	与装载 或装载
LDRx IN1, IN2	装载实数比较的结果 IN1（x：<，<=，=，>=， >，<>）IN2	LDSx IN1, IN2 ASx IN1, IN2 OSXI IN1, IN2	字符串比较的装载结果 IN1（x：=，<>）IN2 字符串比较的"与"结果 IN1（x：=，<>）IN2 字符串比较的"或"结果 IN1（x：=，<>）IN2
ARx IN1, IN2	"与"实数比较的结果 IN1（x：<，<=，=，>=， >，<>）IN2		

传送、移位、循环和填充指令

指令格式	说　明	指令格式	说　明

MOVB IN, OUT
MOVW IN, OUT
MOVD IN, OUT
MOVR IN, OUT
	字节、字、双字和实数传送	SRB OUT, N
		SRW OUT, N
		SRD OUT, N
			字节、字和双字右移

		SLB OUT, N SLW OUT, N SLD OUT, N	字节、字和双字左移
BIR IN, OUT BIW IN, OUT	立即读取传送字节 立即写入传送字节	RRB OUT, N RRW OUT, N RRD OUT, N	字节、字和双字循环右移
BMB IN, OUT, N BMW IN, OUT, N BMD IN, OUT, N	字节、字和双字块传送		
SWAP IN	交换字节	RLB OUT, N RLW OUT, N RLD OUT, N	字节、字和双字循环左移
SHRB DATA, SBIT, N	寄存器移位		

数学、增减指令

指令格式	说　明	指令格式	说　明
+ I IN1, OUT + D IN1, OUT + R IN1, OUT	整数、双整数或实数加法 IN1 + OUT = OUT	* I IN1, OUT * D IN1, OUT * R IN1, IN2	整数、双整数或实数乘法 IN1 * OUT = OUT
− I IN1, OUT − D IN1, OUT − R IN1, OUT	整数、双整数或实数减法 OUT − N1 = OUT	/I IN1, OUT /D, IN1, OUT /R IN1, OUT	整数、双整数或实数除法 OUT / IN1 = OUT
MUL IN1, OUT	整数乘法（16 × 16 −>32）	DIV IN1, OUT	整数除法（16/16 −>32）
SQRT IN, OUT	平方根	SIN IN, OUT	正弦
LN IN, OUT	自然对数	COS IN, OUT	余弦
EXP IN, OUT	自然指数	TAN IN, OUT	正切
INCB OUT INCW OUT INCD OUT	字节、字和双字增1	DECB OUT DECW OUT DECD OUT	字节、字和双字减1
PID Table, Loop	PID 回路		

逻辑操作

指 令 格 式	说 明	指 令 格 式	说 明
ANDB IN1，OUT ANDW IN1，OUT ANDD IN1，OUT	对字节、字和双字取逻辑"与"	XORB IN1，OUT XORW IN1，OUT XORD IN1，OUT	对字节、字和双字取逻辑"异或"
ORB IN1，OUT ORW IN1，OUT ORD IN1，OUT	对字节、字和双字取逻辑"或"	INVB OUT INVW OUT INVD OUT	对字节、字和双字取反（1的补码）

表、查找和转换指令

指 令 格 式	说 明	指 令 格 式	说 明
ATT TABLE，DATA	把数据加到表中	FILL IN，OUT，N	用给定值占满存储器空间
LIFO TABLE，DATA FIFO TABLE，DATA	从表中取数据	BCDI OUT IBCD OUT	把 BCD 码转换成整数 把整数转换成 BCD 码
FND = TBL，PTN，INDX FND <> TBL，PTN，INDX FND < TBL，PTN，INDX FND > TBL，PTN，INDX	根据比较条件在表中查找数据	BTI IN，OUT ITB IN，OUT ITD IN，OUT DTI IN，OUT	把字节转换成整数 把整数转换成字节 把整数转换成双整数 把双整数转换成整数
DTR IN，OUT TRUNC IN，OUT ROUND IN，OUT	把双字转换成实数 把实数转换成双字 把实数转换成双字	ATH IN，OUT，LEN HTA IN，OUT，LEN ITA IN，OUT，FMT DTA IN，OUT，FM RTA IN，OUT，FM	把 ASCII 码转换成十六进制格式 把十六进制格式转换成 ASCII 码 把整数转换成 ASCII 码 把双整数转换成 ASCII 码 把实数转换成 ASCII 码
DECO IN，OUT ENCO IN，OUT	解码 编码		
SEG IN，OUT	产生七段格式		
ITS IN，FMT，OUT DTS IN，FMT，OUT RTS IN，FMT，OUT	把整数转为字符串 把双整数转换成字符串 把实数转换成字符串	STI STR，INDX，OUT STD STR，INDX，OUT STR STR，INDX，OUT	把子字符串转换成整数 把子字符串转换成双整数 把子字符串转换成实数

定时器和计数器指令

指 令 格 式	说 明	指 令 格 式	说 明
TON Txxx，PT TOF Txxx，PT TONR Txxx，PT BITIM OUT CITIM IN，OUT	接通延时定时器 断开延时定时器 带记忆的接通延时定时器 启动间隔定时器 计算间隔定时器	CTU Cxxx，PV CTD Cxxx，PV CTUD Cxxx，PV	增计数 减计数 增/减计数

程序控制指令

指 令 格 式	说 明	指 令 格 式	说 明
END	程序的条件结束	FOR INDX，INIT，FINAL NEXT	For/Next 循环
STOP	切换到 STOP 模式		
WDR	看门狗复位（300 ms）	DLED IN	诊断 LED
JMP N IBL N	跳到定义的标号 定义一个跳转的标号	LSCR N SCRT N CSCRE SCRE	顺控继电器段的启动、转换，条件结束和结束
CALL N[N1，…]	调用子程序[N1，…可以有16 个可选参数]		
CRET	从 SBR 条件返回		

字符串指令		实时时钟指令	
指 令 格 式	说 明	指 令 格 式	说 明
SLEN IN, OUT	字符串长度		
SCAT IN, OUT	连接字符串	TODR T	读实时时钟
SCPY IN, OUT	复制字符串	TODW T	写实时时钟
SSCPY IN, INDX, N,OUT	复制子字符串	TODRX T	扩展读实时时钟
CFND IN1, IN2, OUT	字符串中查找第一个字符	TODWX T	扩展写实时时钟
SFND IN1, IN2, OUT	在字符串中查找字符串		
中断指令		通信指令	
指 令 格 式	说 明	指 令 格 式	说 明
CRETI	从中断条件返回	XMT TABLE, PORT	自由端口传送
		RCV TABLE, PORT	自由端口接受消息
ENI	允许中断	TODR TABLE, PORT	网络读
DISI	禁止中断	TODW TABLE, PORT	网络写
ATCH INT, EVENT	给事件分配中断程序	GPA ADDR, PORT	获取端口地址
DTCH EVENT	解除事件	SPA ADDR, PORT	设置端口地址
高速指令			
指 令 格 式	说 明		
HDEF HSC, Mode	定义高速计数器模式		
HSC N	激活高速计数器		
PLS X	脉冲输出		

参 考 文 献

[1] 赵全利. S7 – 200 PLC 基础及应用 [M]. 北京：机械工业出版社，2010.
[2] 廖常初. S7 – 200 PLC 编程及应用 [M]. 北京：机械工业出版社，2010.
[3] 王永华. 现代电气控制及 PLC 应用技术 [M]. 北京：北京航空航天大学出版社，2004.
[4] 梅丽凤. 电气控制及 PLC 应用技术 [M]. 北京：机械工业出版社，2012.

自动化类畅销教材 TOP6

PLC 基础及应用 第 3 版

书号：978-7-111-46182-1

作者：廖常初　　　　　定价：32.00 元

获奖情况：普通高等教育"十一五"国家级规划
　　　　　教材

推荐简言：

　　由金牌作者廖常初编写，本书第 2 版（书号：978-7-111-12295-1）自 2007 年起，累计印刷 12 次，销量超过 100000 册，年均销量近 15000 册。

自动化生产线安装与调试

书号：978-7-111-34438-4

作者：何用辉　　　　　定价：39.00 元

推荐简言：

　　本书为校企合作特色教材，自 2011 年出版以来，已累计印刷 4 次，销量超过 13000 册，年均销量 4000 余册。

　　配套超值光盘，包含：教学课件、实况视频、动画仿真等多种课程教学资源。

电机与电气控制项目教程

书号：978-7-111-24515-5

作者：徐建俊　　　　　定价：29.00 元

获奖情况：国家级精品课程配套教材
　　　　　省级高等学校评优精品教材

推荐简言：

　　本教材以"工学结合、项目引导、'教学做'一体化"为编写原则。

　　自 2008 年出版以来，累计印刷 6 次，销量超过 22000 册，年均销量近 4000 册。

变频技术原理与应用（第 2 版）

书号：978-7-111-11364-5

作者：吕汀　　　　定价：29.00 元

获奖情况：2008 年度普通高等教育精品教材
　　　　　普通高等教育"十一五"国家级规划教材

推荐简言：

　　本书第 2 版自 2007 年出版以来，累计印刷 9 次，销量近 35000 册，年均销量近 5000 册。

电工与电子技术基础（第 2 版）

书号：978-7-111-08312-2

主编：周元兴　　　　定价：39.00 元

获奖情况：2008 年度普通高等教育精品教材
　　　　　普通高等教育"十一五"国家级规划教材

推荐简言：

　　本书第 2 版自 2008 年出版以来，累计印刷 7 次，销量超过 42000 册，年均销量近 7000 册。

三菱 FX$_{2N}$ 系列 PLC 应用技术

书号：978-7-111-30053-3

作者：刘建华　　　　定价：22.00 元

推荐简言：

　　本书以工作过程为导向，引入大量编程实例，符合职业教育类学生的需要。

　　本书自 2010 年出版以来，累计印刷 5 次，销量近 20000 册，年均销量近 5000 册。